再生能源發電(第二版)

洪志明、歐庭嘉　編著

林惠民　校閱

全華圖書股份有限公司

國家圖書館出版品預行編目資料

再生能源發電 / 洪志明、歐庭嘉編著. – 二
版. -- 新北市：全華圖書, 2020.09
面；　公分
ISBN 978-986-503-479-5(平裝)

1.能源技術 2.再生 3.發電

400.15　　　　　　　　　　109013313

再生能源發電(第二版)

作者 / 洪志明、歐庭嘉

發行人 / 陳本源

執行編輯 / 張峻銘

出版者 / 全華圖書股份有限公司

郵政帳號 / 0100836-1 號

印刷者 / 宏懋打字印刷股份有限公司

圖書編號 / 0621001

二版一刷 / 2020 年 09 月

定價 / 新台幣 580 元

ISBN / 978-986-503-479-5(平裝)

全華圖書 / www.chwa.com.tw

全華網路書店 Open Tech / www.opentech.com.tw

若您對書籍內容、排版印刷有任何問題，歡迎來信指導 book@chwa.com.tw

臺北總公司(北區營業處)
地址：23671 新北市土城區忠義路 21 號
電話：(02) 2262-5666
傳真：(02) 6637-3695、6637-3696

南區營業處
地址：80769 高雄市三民區應安街 12 號
電話：(07) 381-1377
傳真：(07) 862-5562

中區營業處
地址：40256 臺中市南區樹義一巷 26 號
電話：(04) 2261-8485
傳真：(04) 3600-9806

推薦序

　　隨著全球經濟發展及人口快速增長,電力需求亦隨之劇增,人類當前所仰賴之化石燃料引發了全球暖化與環境汙染等問題。近年來分散式電力資源之相關技術與應用被廣泛的探討與研究,以期達成改善電能使用效率、增加再生能源占比、節能減碳與提升供電可靠度等目標,然而分散式電力資源對原有配電系統之衝擊亦隨其併網量增加而日漸顯著。為提升配電系統能源使用效率、舒緩區域供電壅塞、增加再生能源滲透率及增強供電可靠度,目前國際間均朝向結合分散式電力資源之技術發展,期望透過妥善整合分散式電力資源與用戶端電能管理技術,以促進電力系統運轉效能,及提升能源使用效率與供電可靠度。

　　分散式電力資源的範圍涵蓋了各式分散式電源、儲能系統、自動需量反應及用戶端負載管理等,隨著資通訊技術升級,各國紛紛投入智慧電網相關技術之研發,其中整合分散式電力資源被視為最重要的關鍵技術之一。為解決現存於電力系統問題並減輕分散式電力資源伴隨之衝擊,台灣已於 2010 年開始科技部即以國家型能源計畫(National Energy Program, NEP)發展智慧電網策略與技術之研究,其中整合智慧家庭/建築電能管理系統、儲能系統、需量反應與分散式電源,透過資訊擷取與監控系統,導入相關資通訊與人工智慧技術擷取、儲存及分析相關用電與環境資訊,以進行電力潮流與實/虛功率與負載調度控制,以維持配電系統運轉之穩定、可靠、安全、品質、經濟與效能。

　　本書作者長期於再生能源領域研究並已發表數十篇國際期刊論文,藉由作者多年的研究經驗撰寫成「再生能源發電」一書。本書共有十七章分為四篇，第一篇為基礎篇、第二篇為理論應用篇、第三篇為實務應用篇及第四篇為節能技術篇，是一本理論和實務應用兼具的書籍。書中作者納入人工智慧技術應用於再生能源發電及微電網系統，且更進一步介紹智慧電網、智慧型電能管理及智慧型需量和節能控制等，適合作為電機與控制領域教科書，也可作為從事再生能源發電與智慧電網電能管理研究人員入門最佳的參考書籍之一。

國立成功大學　電機工程系　特聘教授兼系主任

楊宏澤　博士

推薦序

　　近年來，由於全球氣候變遷議題，致使各國無不致力於潔淨能源的開發，以期減少溫室氣體的排放。本書「再生能源發電」為目前國內正在發展的再生能源及分散式電源的發展現況作一詳細的介紹，同時將各種再生能源的混合發電技術包括併網控制理論與動態模型進行整合，期望能提共未來的複合型發電系統能夠發展具備較完整的電力供應及提高其系統運轉的可靠度作一有效之參考。

　　我國行政院於 2008 年核定「永續能源政策綱領」，以能源、環保與經濟三贏為政策目標，其基本原則為建立高效率、高價值、低排放及低依賴的能源供應與消費型態，因此「節能減碳」已列為政府當前的重要施政方向。未來台灣也將逐漸朝「低碳家園」的目標邁進。「永續能源政策綱領」中更明白宣示為兼顧我國「能源安全」、「經濟發展」與「環境保護」，除在需求端要提倡節約能源和提升能源效率之外，在供應端更要促進能源多元化，提高低碳能源的比例，積極發展潔淨能源，持續推動電力供應區域化。我國設定在 2025 年時再生能源發電要佔總電力 20% 的推廣目標，其中太陽光電裝置容量 20GW，離岸及陸域風電裝置容量分別為 5.5GW 及 1.2GW。由於再生能源的不穩定與間歇性，與傳統負載曲線相比，其殘載曲線的變動程度將更為劇烈，因此高佔比之再生能源的電力系統仍必須透過儲能技術進行電力調節，以提升再生能源在電力系統的彈性能力。本書的撰寫恰為因應此發展趨勢，透過書中再生能源混合發電系統之模型控制與能源管理技術分析與探討，確保其電力系統能在未來高佔比再生能源與各種低碳能源裝置下，仍能穩定且有效率的運轉。

本書針對再生能源及分散式電源的現況與發展作一完整的原理介紹，其內容由淺至深。書中作者亦將人工智慧的網路架構應用至再生能源複合型發電系統，如風光互補等整合發電系統之最大功率追蹤控制，可為未來國內發展的智慧型微電網提昇其再生能源滲透率及其發電效能所利用的相關控制理論及架構作一有效之參考，亦能循序漸進的引導讀者進入再生能源混合發電控制的技術領域，同時開啓其控制架構的新思維，未來更可推廣應用於國內智慧電網之混合再生能源之複合型發電系統及相關整合型能源的控制模型與能源管理技術。

國立中山大學　電機工程系　教授兼系主任
鄭志強　博士

推薦序

　　在全球高度重視氣候變遷議題與追求永續發展的趨勢中，綠色能源的應用已為世界各國重點發展領域，也是各國能源戰略布局與相互競逐的新興產業。近年全球性氣候變遷及空汙問題，更引起能源及電力議題之熱烈討論。在此背景下，以風力、太陽光電等再生能源發電替代化石能源發電，已成為各國進行電力建設的重要課題，僅 2018 一年，全世界新增設太陽能發電裝置容量就高達 100GW。但再生能源發電具不穩定的特性，促使傳統電力網路須進行升級，於是各先進國家紛紛推動「智慧電網」的技術開發與建置。

　　對臺灣而言，推動節能減碳及提高再生能源占比是我國能源政策之重要發展項目，其規劃及推動包括節能、創能、儲能及智慧系統整合等各項工作。期達成「能源發展綱領」所揭櫫確保能源安全、發展綠色經濟、兼顧環境永續與落實社會公平之台灣能源永續發展願景。其中太陽光電夏季發電多，可提供尖峰用電需求，風力發電冬季發電多，可減少燃煤發電，有助降低污染，符合我國用電特性並兼顧環保，再加上該兩者發電技術相對成熟，故台灣以太陽能發電及風力發電作為主要發展項目，近來並積極發展電池儲能與智慧型電網相關技術開發與應用。

　　本書作者長期從事再生能源領域研究工作，能在繁忙工作中，犧牲假日與無數夜晚，合力將多年淬鍊的知識與經驗撰寫成這本「再生能源發電」，實屬可貴。本書內容區分四大篇，分別為基礎篇、理論應用篇、實務應用篇及節能技術篇，其內容充實豐富，能讓讀者快速且全面學習「再生能源發電」。此書包含風力、太陽能及波浪等多種再生能源架構與實務應用，更進一步介紹智慧型電網、能源管理與節能控制等新技術，不但是初學者的入門教科書，更是相關研究人員的最佳參考書。

國立彰化師範大學　電機工程系　教授兼工學院長

陳良瑞　博士

再版序

　　本書共有十七章分爲四篇，第一篇爲基礎篇、第二篇爲理論應用篇、第三篇爲實務應用篇及第四篇爲節能技術篇，使讀者能夠融會貫通，各種再生能源發展架構與實務應用，是一本能源方面知識的良好參考書籍。

　　本次改版修訂之處甚多，加入「利用溫差的熱電發電技術」、「類神經網路之理論與應用」、「分散式發電之微電網系統運轉與控制」、「應用即時能源管理和功率控制於混合發電之微電網」、「應用燃料電池最大功率追蹤於微電網能源管理系統」、「應用智慧型最大功率追蹤控制器於離岸式風力發電系統」、「整合風力與波浪發電系統」、「智慧型電能管理系統」、「智慧型 ZigBee 無線空調節能系統」、「雙迴路需量控制系統及需量預測方法」等內容，使理論與實務作最好的結合，希望能協助國內大學生、碩士生及對能源科技有興趣的研究人員，能夠進入再生能源與節能技術的研究發展領域發揮所長。

　　本書內容適合大學含以上程度理工學系之讀者閱讀，亦可作爲從事再生能源研究發展之工程技術人員的參考資料。

　　本書的修訂完成，特別感謝國立中山大學電機工程學系林惠民教授及能源管理實驗室諸位師兄弟們的資料提供，以及全華圖書公司編輯處楊素華副理及其團隊的協助方能順利改版。

　　最後由於筆者才疏學淺、公餘中完成，雖經多次校對，實難免有疏漏之處，尚祈希望先進專家不吝指正，不勝感激。

洪志明　博士　謹識

序言

因台灣能源缺乏，故須仰賴進口能源，但因地理位置的優勢，日照量相當充裕，而離島、沿海及高山等地區常年風力強勁，因此相當適合風力與太陽能發電的發展。然而單一再生能源易受季節、氣候變化等因素所影響，導致發電量不穩定，系統之供電連續性不佳，且柴油引擎和燃料電池發電系統常用來供應容量較小的電力系統。為了減少燃料成本及石化燃料所造成的污染，故結合太陽能與風力發電，並搭配柴油和燃料電池發電，可使複合發電系統具有較完善的電力供應以及提高系統的可靠度，因此如何提升再生能源發電效率是目前學界及相關研究人員重要的課題。

本書撰寫目的在使初學者瞭解再生能源發展現況、複合發電系統組成及風力與太陽能發電之最大功率追蹤原理，未來電力系統逐漸朝向分散式電源發展，擴大再生能源利用，提高能源的利用效率，降低能源密集度。然而再生能源及新能源發電的不穩定特性，需發展即時有效之監控和調度分散式再生電源微電網技術，降低分散式電源併網帶來的衝擊，希望有助於學生及相關研究人員對再生能源和微電網技術有進一步深入的瞭解，並進而能將其發展與應用。

本書的完成要感謝國立中山大學電機工程學系林惠民教授及能源管理實驗室諸位學長和學弟們的協助，以及家人的支持與鼓勵才能順利完成，最後要感謝全華圖書公司編輯處楊素華副理及其團隊的協助方能順利出版。

本書係利用工作和研究之閒暇時間並參考相關書籍及參考文獻撰寫和編輯而成，雖悉心校訂，錯誤之處在所難免，希望先進專家惠賜指正，不勝感激。

洪志明　謹識

2012.08　高雄　鳳山

編輯部序

「系統編輯」是我們的編輯方針，我們所提供給您的，絕不只是一本書，而是關於這門學問的所有知識，它們由淺入深，循序漸進。

本書介紹再生能源發展現況、複合發電系統組成及風力與太陽能發電之最大功率追蹤原理，以及未來電力系統之分散式電源發展趨勢，並說明如何擴大再生能源利用，提高能源的利用效率，降低能源密集度。本書運用 Matlab/Simulink 套裝工具軟體的 SimPowerSystems 工具箱來建構混合發電與微電網系統，並模擬市電併聯型混合發電系統，做暫態與穩態分析，並且將智慧型系統結合太陽能、通訊及網路做不同方式的開發，藉此能助讀者對再生能源和智慧型技術有進一步深入的瞭解，並進而能將其發展與應用。本書適合科大電機系「再生能源發電」、「再生能源技術」課程使用。

同時，為了使您能有系統且循序漸進研習相關方面的叢書，我們以流程圖方式，列出各有關圖書的閱讀順序，以減少您研習此門學問的摸索時間，並能對這門學問有完整的知識。若您在這方面有任何問題，歡迎來函聯繫，我們將竭誠為您服務。

相關叢書介紹

書號：0602902
書名：綠色能源(第三版)
編著：黃鎮江
16K/264 頁/400 元

書號：0582803
書名：智慧型控制：分析與設計
　　　(第四版)
編著：林俊良
16K/456 頁/560 元

書號：0597704
書名：太陽電池技術入門(第五版)
編著：林明獻
16K/282 頁/420 元

書號：0598301
書名：電力品質(第二版)
編著：江榮城
20K/520 頁/520 元

書號：0379801
書名：太陽光電能供電與照明系統綜
　　　論(第二版)
編著：吳財福.陳裕愷.張健軒
20K/488 頁/500 元

◎上列書價若有變動，請以
最新定價為準。

流程圖

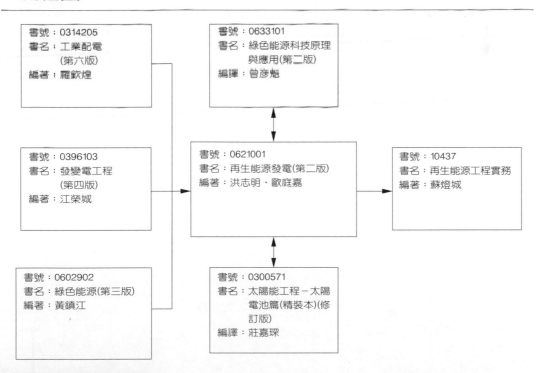

書號：0314205
書名：工業配電
　　　(第六版)
編著：羅欽煌

書號：0633101
書名：綠色能源科技原理
　　　與應用(第二版)
編譯：曾彥魁

書號：0396103
書名：發變電工程
　　　(第四版)
編著：江榮城

書號：0621001
書名：再生能源發電(第二版)
編著：洪志明、歐庭嘉

書號：10437
書名：再生能源工程實務
編著：蘇燈城

書號：0602902
書名：綠色能源(第三版)
編著：黃鎮江

書號：0300571
書名：太陽能工程－太陽
　　　電池篇(精裝本)(修
　　　訂版)
編譯：莊嘉琛

目録

第三章　混合發電系統之模型與原理

第四章　風力發電機併聯市電之相關問題

第五章　類神經網路之理論與應用

第二篇　理論應用篇

第六章　分散式發電之微電網系統運轉與控制

第七章　應用即時能源管理和功率控制於混合發電之微電網

第十章　整合發電系統

第三篇　實務應用篇

第十一章　綠建築之再生能源與儲能系統整合技術

第十二章　智慧型電網技術

第十三章　人工智慧太陽能追日系統

第十四章　太陽能儲能充電系統

第十五章　結合複合式通訊模組與 MDMS 的智慧型電能管理系統

第四篇　節能技術篇

第十六章　智慧型 ZigBee 無線空調節能系統

第十七章　雙迴路需量控制系統及需量預測方法

1 緒論

🌀 1-1 前言

　　全球能源的主要來源為石化能源，如石油、煤及天然氣等。石化能源在燃燒之後，會產生如二氧化碳、硫氧化物及碳氫化合物等氣體，這些有毒氣體都是空氣污染和溫室效應的最大兇手。有鑑於世界能源有限，石油與天然氣在未來數十年即將枯竭耗盡，而台灣四面環海地狹人稠，缺乏豐富的天然資源，百分之九十五的能源均仰賴進口，所以尋替代能源則是當務之急。在 2005 年 2 月 16 日，《京都議定書》正式生效。議定書所設定的目標為：全球工業化國家至 2012 年時，必須將溫室氣體的排放總量降至 1990 年的排放總量再減低 5.2%。再生能源因為具有潔淨、低溫室氣體排放及自產能源的特性，愈來愈多的國家將再生能源列為未來能源政策考慮重點之一。

　　為了符合永續發展的精神，因此積極發展新興的能源是事在必行。近幾年來，國內外皆積極研發綠色環保的替代能源。所謂替代能源是指石化能源之外的能源，包括太陽能、風力、潮汐、燃料電池、地熱等，且能夠重複使用不虞匱乏之能源。而台灣位處於亞熱帶地區，東北季風相當盛行，日照量也相當充裕，在離島、沿海及高山地區等蘊藏大量的風力來源，因此相當適合風力發電及太陽能發電，為替代能源的主力。根據分析結果，太陽能的潛力無窮，陽光照射地球 40 分鐘帶來的能量，相當於全球一年的能源總消耗量，太陽能可經由太陽能電池直接轉換為電能，直接取用的太陽能，沒有造成任何污染且無噪音，是非常乾淨的能源。而利用風力運轉發的方式雖然是目前最符合環保的方式之一，但是風力發站的設置也有可能危害鳥類或海洋生物的小小生命。台灣常有眾多的候鳥過境，如果風力發電站設置於棲息地附近，即使風力機組的扇葉不致殺死飛行的鳥兒，也會影響棲息地附近的生態。因此，在發展新能源之際，相關單位也應兼顧環境生態的永續經營與管理，才不至於顧此失彼。

 ## 1-2　太陽能發展近況

　　有鑑於世界能源有限，石油與天然氣在未來數十年即將枯竭耗盡，而台灣四面環海地狹人稠，缺乏豐富的天然資源，百分之九十五的能源均仰賴進口，所以尋替代能源則是當務之急。而京都議定書又嚴格限制二氧化碳的排放量，並施以貿易制裁的手段，對台灣的經濟造成很大的衝擊，不僅控管核能、火力發電廠的設立，更要積極研發綠色環保的替代能源。

　　所謂替代能源是指石化能源之外的能源，包括太陽能、風力、潮汐、燃料電池、地熱等，且能夠重複使用不虞匱乏之能源，鑑於風力裝置需要大面積土地，且容易造成環境問題（如噪音，對當地環境形成破壞等），及較強風力的季節與尖峰用電季節無法搭配，除離島及少數地區外，國內適宜裝設風力發電機的地點並不多，因此太陽能發電的可行性相對比較高。近年來國內各廠商對太陽能電池製程技術提升，發電效率提高，而且價格日趨便宜，裝設也相對較容易。太陽光能是一種無空氣污染，無噪音汙染的乾淨能源，若能極力推展勢必能成為能源新寵兒。

　　油價居高不下，傳統燃煤、燃石油等發電方式受到限制，在眾多的替代性能源中，太陽能對台灣較具發展優勢，太陽能電池生產技術與半導體產業製程技術相似，台灣又擁有半導體產業雄厚的基礎及電子產業發展健全，未來有機會在全球太陽光電產業建立特有定位，發展成為台灣獨有的競爭優勢。

　　為此，電池儲存技術也相形重要，鉛酸電池可二次使用，可減少一次電池的廢棄物問題，儲存多餘的電力，供應晚上或陰天時使用無虞，其應用也相當廣泛，不乏汽車、電動機車、備用電源等，表 1-1 為世界各地日照量。

表 1-1 世界各地太陽能平均年日照量

國家	地區	平均年日照量(kwh/m^2)
台灣	台北	46.25
	台南	58.34
	恆春	65.54
美國	邁阿密	65.54
瑞典	斯德哥爾摩	36.37
澳洲	坎培拉	63.74
日本	東京	39.25

太陽能電池的發展不斷的往高效率與低成本的方向發展,而其他系統零主件的價格也持續在降低,而且產量越來越多,加上環保意識高漲的現在,使用太陽能的人也漸漸增加,而含有太陽能發電的物品跟建築物也越來越多,太陽能發電將是世界上的一大潮流。

我國 2016 年 5 月宣布提升 2025 年安裝量目標 20GW,加上電力環境單純、補助政策承諾度高,吸引許多國內外系統商和金融業者的關注。截至 2017 年 12 月,台灣太陽光電累積安裝量為 1,767.7MW,欲達成 2025 年累積安裝 20GW 的目標,突破關鍵在於土地規劃、足夠的電網容量,以及資金投入,雖已擬定相關策略方針因應,但仍為重大挑戰。

我國地狹人稠、山地多平原少,20GW 太陽光電目標亟需要安裝空間,目前設置的 1GW 幾乎已在日照地形最適合的土地中完成,因此政府著手盤點找尋適當可運用的、新的潛在土地空間。地面型部分,發展關鍵在於土地,將靈活運用農委會開放的地層下陷區、鹽業用地、汙染土地、封閉掩埋場及高鐵沿線的地層下陷區,供設置地面型太陽能發電廠。目前設置太陽光電的土地盤點:鹽類用地排除國家濕地保護區域後有 803 公頃。農委會開放地層下陷 18 區 1,253 公頃,滯洪池、水庫則盤點出 2,721 公頃。掩埋場和汙染地共盤點出 2,633 公頃。

屋頂型太陽光電則以中央公有屋頂、工業廠房、農業大棚、其他屋頂(地方公有屋頂、民宅、商用)。考量擴大推動太陽光電政策及兼顧太陽光電系統之結構安全,違建屋頂部分可依各地方政府之自治法規下進行相關審查、取得相關簽證及執照等程序後方能設置。

1-3 風力發電發展近況

　　台灣是一個海島，風力資源良好。每年約有半年以上的東北季風期，風力資源豐富。全球暖化和氣候變遷，成為近年來全球電業經營必須面對的嚴肅課題，為因應京都議定書，減少 CO_2 排放量，台電配合政府的「永續能源政策綱領」，積極開發再生能源，台電認為風力發電是目前技術最成熟、最具經濟效益的再生能源，可抑制二氧化碳排放。因而民國 91 年擬定「風力發電十年發展計畫」，分期執行下列風力發電計畫，迄今台電已完成 162 部總容量 28.9 萬瓩的風力發電機組，累計投資總額約 190 億元，容量達成率約 96%：

一、風力發電第一期計畫(民國 92 年 1 月至民國 97 年 12 月)

　　台電公司於現有電廠內及台灣西部沿海風能資源豐富地區，設置風力發電機組 60 部，總裝置容量約 98,960 瓩，其風力發電站設置如表 1-2 所示：

表 1-2　風力發電第一期計畫風力發電站設置表

風力發電場址	單機容量×機組數	裝置總容量	商業運轉（民國）
石門風力	660 瓩×6	3,960 瓩	94/1
大潭(Ⅰ)風力	1,500 瓩×3	4,500 瓩	94/6
觀園風力	1,500 瓩×20	30,000 瓩	95/5
香山風力	2,000 瓩×6	12,000 瓩	96/12～98/1
台中港區風力	2,000 瓩×18	36,000 瓩	97/12～98/1
台中電廠風力	2,000 瓩×4	8,000 瓩	96/4
恆春風力	1,500 瓩×3	4,500 瓩	94/5

二、風力發電第二期計畫(民國 94 年 1 月至民國 100 年 9 月)

　　規劃於西部濱海地區設置 58 部 2,000 瓩風力機組，裝置容量 116,000 瓩，其風力發電站設置如表 1-3 所示：

表 1-3　風力發電第二期計畫風力發電站設置表

風力發電場址	單機容量×機組數	裝置總容量	商業運轉（民國）
彰工(Ⅰ)風力	2000 瓩×23	46000 瓩	96/4
雲林麥寮(Ⅰ)風力	2,000 瓩×15	30,000 瓩	98/1
四湖風力	2,000 瓩×14	28,000 瓩	99/10
林口風力	2,000 瓩×3	6,000 瓩	100/3
大潭風力	2,000 瓩×3	6,000 瓩	100/7

三、風力發電第三期計畫(民國 96 年 1 月至民國 100 年 7 月)

　　規劃於大潭防風林區、彰工Ⅱ、彰化王功、雲林麥寮Ⅱ等場址，設置 31 部 2000 瓩及 2,300 瓩風力機組，裝置容量約 55,000 瓩，其風力發電站設置如表 1-4 所示：

表 1-4　風力發電第三期計畫風力發電站設置表

風力發電場址	單機容量×機組數	裝置總容量	商業運轉(民國)
彰工(Ⅱ)風力	2,000 瓩×8	16,000 瓩	99/12
雲林麥寮(Ⅱ)風力	2,000 瓩×8	16,000 瓩	99/5
彰化王功風力	2,300 瓩×10	23,000 瓩	100/3
大潭(Ⅱ)風力	2,000 瓩×3、2,300 瓩×2	10,600 瓩	100/7

四、離島風力發電計畫

　　民國 90 年及 94 年在澎湖中屯完成 8 部風力機組，後又在金門金沙與澎湖湖西完成 8 部風力機組，目前離島風機總裝置容量為 14,200 瓩。離島風力發電站設置如表 1-5 所示：

表 1-5　離島風力發電計畫風力發電站設置表

風力發電場址	單機容量×機組數	裝置總容量	商業運轉(民國)
金門金沙風力	2,000 瓩×2	4,000 瓩	99/7
澎湖湖西風力	900 瓩×6	5,400 瓩	99/12

　　我國為了加速國內離岸風力發電之開發設置及帶動臺灣離岸產業的發展，經濟部已於 2012 年 7 月公告並啟動「風力發電離岸系統示範獎勵辦法」，並於 2016 年底完成首座離岸風電示範機組的設置，在 2020 年以前完成首座離岸風電示範風場。

　　2018 年政府將展開離岸風電遴選與競標作業，展開大規模的風場開發，預計將帶動超過新台幣九千億元的離岸風場投資，可產出綠能電力，達成 2025 年非核家園的目標。同時，政府也積極透過內需市場的提升，建構我國離岸風電完整產業鏈，活絡在地經濟。

　　世界風能協會發布 2018 全球風能市場報告，2018 年風力發電新增 51.3GW，未來前景仍強勁，預計到 2024 年將新增 300GW 以上。世界風能協會於 2019 年 4 月 11 日發布「2018 全球風能市場報告」，指出 2018 年陸域及離岸風電新增 51.3GW 裝置容量，雖相較 2017 年新增容量減少了 4%，但仍肯定對風能產業而言是積極的一年。

風力發電蓬勃發展除了政策支持外，報告中指出尚有三項關鍵驅動因素：

(1) 風電行業參與者改變了原本的商業模式，擴大其業務範圍並在核心業務之外進行投資，包括投資充電站、收購零售經銷商或通過收購能源貿易公司擴大競爭力進而推動風能成長

(2) 結合其他類型發電廠及其他以價值導向的能源解決方案提供了發展機會

(3) 將風能作為電力採購主要偏好的企業增加導致穩定增長。

2018 年亞洲區域風能發展亮點包括：

(1) 中國大陸在 2018 年新增裝置容量比例為全球最高，離岸風電佔全球新增量 40%，陸域風電佔全球新增量 45%

(2) 東南亞國家如越南和菲律賓等政府已設定風能目標

(3) 印尼和泰國已制定風能發展計畫，以減少對核燃料和化石燃料的依賴。

2018 年拉丁美洲區域風能發展亮點包括：

(1) 拉丁美洲風電市場在過去十年中不斷增長，總裝置容量達到 25GW

(2) 與其他再生能源結合之競標和招標計畫將推動該地區的風能安裝量，如巴西和阿根廷等國家進行陸域風能和太陽能聯合競標

(3) 哥倫比亞設定 2022 年再生能源目標為 1.5GW，並著手建立自己的風電市場。

2018 年非洲和中東區域風能發展亮點包括：

(1) 埃及於 2018 年新增 380MW，為非洲第一。

(2) 預計南非、埃及、肯亞和摩洛哥等國到 2023 年新增陸域風機裝置容量超過 6GW。

　　全球離岸風力發電技術大規模商業化已將近 30 年，世界風能協會統計 2018 年新增風力發電裝置容量共 51,316MW，新增量前三名為中國大陸(23,000MW，占比為 44.8%)、美國(7,588MW，占比為 14.8%)及德國(3,371MW，占比為 6.6%)，累計風力發電裝置容量共 591,549MW，累計量前三名為中國大陸(211,392MW，占比為 35.7%)、美國(96,665MW，占比為 16.3%)及德國(59,560MW，占比為 10%)。2018 年離岸風電全球新裝置容量約為 4,496MW，全球總裝置容量累計 23,140MW，其中 18,278MW (79%)位於歐洲，剩餘 20%主要在亞洲地區如中國大陸(4,588MW)、日本跟南韓。

　　離岸風電均化成本自 2012 年起顯著下降，截至 2018 年已下降至 120 美元/MWh，未來預估將持續下降；而陸域風電於 2016 年起均化成本降幅顯著，截至 2018 年已低於 60 美元/MWh。

 ## 1-4　燃料電池發展現況

　　燃料電池是一種添加燃料即可直接將化學能直接轉變成電能的發電裝置的一次電池，不同於一般鉛酸、鎳氫或鋰電池必須是先經過充電步驟才能使用的二次電池，因此可以隨即添加燃料使用且省卻充電等待時間，又具有較高的能量密度及低污染的特性，因此成為熱門的替代能源技術之一，人們更期待這種綠色能源能早日對民生用途有所貢獻。

　　燃料電池的發展肇始於航太和國防的應用。但隨著石化能源的缺乏和地球環境保育的需求，清潔的各種替代能源，如燃料電池的合成技術，逐漸被產業界開發並加以廣泛應用；由於燃料電池具有轉換效率高、對環境污染小等優點，受到世界各國的普遍重視。

　　燃料電池的主要差異在於合成的電解質，而不是在燃料電池的應用面；燃料電池的種類是依不同的電解質而有所不同，可分為鹼性燃料電池(Alkaline Fuel Cell, AFC)、磷酸型燃料電池(Phosphoric Acid Fuel Cell, PAFC)、熔融碳酸鹽燃料電池(Molten Carbon Fuel Cell, MCFC)、質子交換膜燃料電池(Proton Exchange Membrane Fuel Cell,

PEMFC)、固態氧化物燃料電池(Solid Oxide Fuel Cell, SOFC)、直接甲醇燃料電池(Direct Methanol Fuel Cell, DMFC)。

其中燃料電池是目前最具代表性的石化資源，對世界經濟及人類生活佔有重要的地位。不過，地球的石油儲量是有限的，其存量正在快速消耗中。二十世紀人類便經歷了三次石油危機，也因為這個全球性的能源危機，使國際間更加重視開發替代能源，推動燃料電池的發展及應用，使燃料電池成為未來新生能源的一顆星。另外，氫能亦為一種潔淨的能源新應用，且具有使用效率高及安全度高之優點，先進國家基於能源安全與環境永續發展而積極投入研發，將其視為解決傳統化石燃料困境之長期方案；而未來世界氫能之應用，預期主要將透過燃料電池來實現。

1-5　智慧電網技術發展現況

當今傳統電力系統面臨諸多挑戰，例如現行離線方式之應變計畫，存在發生連鎖停電的風險、再生能源與新能源發電的不穩定、開發中國家人口成長速度遠高於電網的建置速度等。面對以上挑戰，世界各國之電源供應系統逐漸朝向分散式電源發展，擴大再生能源利用，提高能源的利用效率，降低能源密集度。然而再生能源及新能源發電的不穩定特性，當其併入電網之容量佔比逐步提高而達到某個程度時，自會影響電力系統的穩定度，需發展即時有效監控/調度分散式或再生式電源技術，降低分散式電源併網帶來的衝擊，因此，美國、歐洲與日本等先進國家，近年都積極投入先進電網技術研究。

考慮國家安全及能源問題，導入分散式電源及提高電網效率，便成為我國的既定政策及發展方向。未來微電網技術導入後，短期可提高台灣電力網路對分散式電力承載容量，中長期則可用於電力設備之資產管理、變壓器負載管理與竊電防治。新興的微電網系統產業是台灣新能源產業的新藍海，建議國內需跨領域整合電力電子、電機與資通訊產業，發展微電網系統，並累積長期運轉經驗，微電網系統產業才有可能成功發展，進入先進國家市場或其產業供應鏈。為能協助國內微電網相關產業與研究單位了解微電網技術發展現況與市場發展趨勢，掌握並開拓國際間微電網技術導入後，擴大之分散式電力設備市場。

近年來由於電力系統負載的持續成長及環保意識抬頭，為了提高系統容量以增加系統穩定度及供電可靠度，興建傳統大型發電廠收到強烈的阻力，因此未來的電力系統中，再生能源型分散式電源(Distributed Generation, DG)使用數目必大量增加。傳統電網規劃方法是以集中發電及經由被動的配電網路傳輸到用戶端，因所有用戶均經由同一配電網路供電，固其電力品質幾乎相同。當由大量小型分散式電源重整後之配電網路，可依用戶需求不同進行分類，改善系統可靠度和定義電力品質層級，此即為微電網(Micro-Grid)，因此當發生主電網電力不足、跳脫或是突發斷電情形時，彼此間互聯之微電網便能相互支援，以減少偶發事件造成的損失。

 ## 1-6　再生能源市場現況與發展趨勢

一、再生能源

「新能源(Green Energy)」，廣義的定義有：

1. 再生能源(Renewable Energy)，包括太陽能(熱能、光電能)、風能、水力、生質能、海洋能、地熱、大氣熱能(熱泵、地下水、河流等)。

2. 回收能源(Recycled Energy)，包括廢熱(工業廢熱回收、LNG 冷能回收)、廢棄物能(焚化爐、污水與糞便沼氣、工業廢水發酵等)。

3. 能源新利用(Innovative Use of Conventional Energy)，包括潔淨車輛(電動車、瓦斯車等)、汽電共生、燃料電池。無論何種新能源的研發與推廣，在能源效益、環境、經濟、技術升級等層面均具有相當多的優點，特別是再生能源的發展，更是我國走向分散式能源開發的新起點。

國際能源署(International Energy Agency, IEA)的預測則是認為：從 2000 年到 2030年，全球的總發電量成長率為 2.4%，在各項能源的發展中，以替代性能源成長最大，達 5.9%，是最值得研究與開發，也是比較永續的做法，詳細資料請參考表 1-6。

表 1-6　國際能源署對於全球 2030 年能源發展預測　　單位：TWh(兆瓦／小時)

能源發電量	2000	2010	2020	2030	30 年平均成長率(%)
煤	5,989	7,143	9,075	11,590	2.2
石油	1,241	1,348	1,371	1,326	0.2
天然氣	2,676	4,947	7,696	9,923	4.5
汽電共生	0	0	15	349	N/A
核能	2,586	2,889	2,758	2,697	0.1
水力	2,650	3,188	3,800	4,259	1.6

表 1-6　國際能源署對於全球 2030 年能源發展預測　　單位：TWh(兆瓦／小時)(續)

能源發電量	2000	2010	2020	2030	30 年平均成長率(%)
替代性能源	249	521	863	1,381	5.9
總發電量	15,391	20,037	25,578	31,524	2.4

二、全球再生能源市場現況與展望

　　國際能源署(IEA)表示，全球再生能源發電量預計在 5 年內提升 50%，主要是由住家、建築物與企業安裝太陽能光電系統(PV)所帶動。以再生能源為基礎的總發電量將在 2024 年前，從 2018 年的 2.5 兆瓦(TW)增加 1.2 兆瓦，相當於美國當前電總裝置容量規模。國際能源署有關全球再生能源議題年度報告顯示，這項成長以太陽能光電系統占近 60%，而岸上風力發電占 25%。在全球總發電量中，再生能源發電占比將在 2024 年前，由目前的 26%提升到 30%。

　　國際能源署執行董事比羅爾說：「再生能源如今已是全球第 2 大發電來源，但我們若要朝實現長期氣候變遷、空氣品質和能源使用目標前進，仍需再精進。」，能源署說，太陽能光電系統發電成本料將在 2024 年前，從 15%進一步降低到 35%，使這項技術更獲青睞，列舉各項再生能源成本比較如表 1-7 所示。

表 1-7　各項再生能源成本比較

	目前能源成本 US/kWh	未來潛在能源成本 US/kWh	投資成本 US/kWh
風力發電	4～8	3～10	850～1,700
生質能電力	3～12	4～10	500～6,000
太陽光電	25～160	5～25	5,000～18,000
太陽熱能發電	12～34	4～20	2,500～6,000
低溫太陽熱能	2～25	2～10	300～1,700
小水力發電	2～12	2～10	700～8,000
地熱發電	2～10	1～8	800～3,000

　　根據國際能源署統計，1970～2001 年間，全球再生能源發電量以風力與太陽能成長速度最為顯著，平均年增率約 18%；而自 1990 年起，水力、傳統生質能、地熱等再生能源發電量則呈現趨緩現象。國際能源署預測未來 30 年內非水力再生能源發電量之平均年成長速度約 5.9%，其中將以風力與太陽能發電量之成長速度最快，其平均年增率分別為 10%以及 16%。

　　我國政府已核定「太陽光電 2 年推動計畫」、「綠能屋頂全民參與方案」及「風力發電 4 年推動計畫」，採短期達標、中長期治本的策略，逐步落實 109 年再生能源裝置容量 1,087.5 萬瓩、114 年達 2,742.3 萬瓩的目標，如表 1-8 所示。再生能源發電占比在太陽光電、離岸風電等各項推動措施努力下，預計可由 108 年的 7% 提升至 114 年的 20%。

表 1-8　再生能源裝置容量規劃

項目	再生能源裝置容量(萬瓩)			
	105	106	109	114
太陽光電	124.5	176.8	650	2,000
陸域風力	68.2	68.4	81.4	120
離岸風力	0	0.8	52	300 (550)
地熱能	0	0	15	20
生質能	72.7	72.7	76.8	81.3
水力	208.9	208.9	210	215
燃料電池	--	--	2.25	6
總計	474.3	527.6	1,087.5	2,742.3 (2,992.3)

2 分散式電源

 ## 2-1　簡介

　　世界各國之電源供應系統逐漸由集中式電源朝向分散式電源發展，推廣靠近用戶端且容量小之分散式電源並且引進新能源，作為傳統大型集中式供電系統之輔助性及替代性電力。分散式電源的優勢在於容易尋覓設置地點、設備投資靈活度高、易對應峰載之時空間、可作為孤島運轉或緊急發電電源、較高的綜合能源利用效率、較低的故障率、管理容易、可利用低碳能源及減少輸變電與配電線路設備的投資。

　　分散式電源與電力公司變電站或配電饋線併聯運轉且接於靠近負載側之發電系統。分散式電源可分再生能源與非再生能源，據估計到西元 2012 年時，併入至電力系統之分散式電源比例將會成長 20%左右。在大量的分散式電源併入電力系統前，對其併入電力系統所造成的衝擊評估是相當重要的，本章將介紹分散式電源的種類並探討其對電力系統所帶來的影響。

分散式電源可區分爲再生能源與非再生能源，再生能源包含有：風力發電、太陽能發電、水力發電、地熱發電、生質能發電及潮汐發電等，而非再生能源則有汽電共生、燃料電池、火力發電、微渦輪機(Micro Turbine)發電等。以下將針對風力發電、太陽能發電、水力發電、地熱發電、潮汐發電、溫差的熱電發電技術做一簡要之概述。

2-2　風力發電

今日低污染、高經濟效益的風力資源受到舉世的矚目，在歐洲，風力發電已是重要的電力來源。我們預測，未來風力發電將朝向大型化、離岸式的應用發展前進。風力發電係依靠空氣的流動(風)來推動風力發電機的葉片而發電，爲現代風力應用的主流。風力發電機大多於風速介於 2.5～25 公尺/秒間發電，由於風能與風速的三次方成正比，故風速愈高發電量愈大。風力發電機機組的型式依其形狀和旋轉軸的方式，可分爲水平軸式和垂直軸式，由於後者具有較低的旋轉速率、功率係數及需要相當大的葉片材料，比較不適合發電使用，在風力發電機市場的佔有率也相當的低。

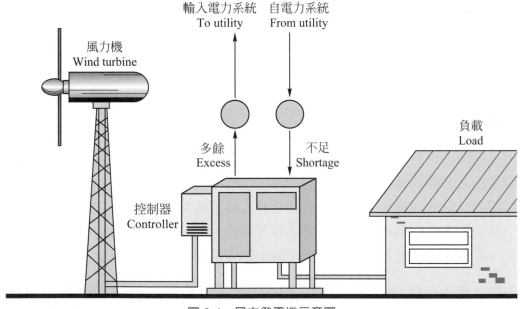

圖 2-1　風力發電機示意圖

風力發電所需要的裝置，基本上可分渦輪機、發電機、鐵塔與控制系統四個部分。圖 2-1 爲風力發電機之示意圖，而風力機結構圖如圖 2-2 所示。

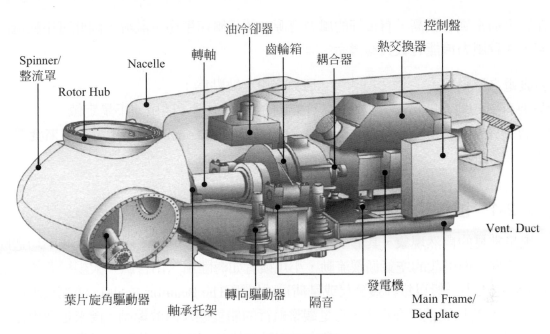

圖 2-2　風力機結構圖

　　風力機是將風的動能轉變為機械能的重要部件，它由兩片或兩片以上之螺旋槳形的葉片所組成的，當風吹向葉片時，葉片上會產生氣動力來使風力機轉動。而發電機的作用是將渦輪機所得到的轉速，經過傳動鏈帶動發電機運轉，讓機械能轉變為電能。產生的電力再經由輸配電線路的傳輸，以供民眾使用。鐵塔是支撐風力機、尾舵和發電機的構架，一般會將其修建得比較高，目的是為了能獲得較大和較均勻的風力。而控制系統可經由量測計監視風力電廠運轉的狀況，且其可控制開關保護設備保護風力發電機組，避免風力發電機組故障。風力機的設置必須考慮一些環境因素，如風性與地理條件，優良的風力機場需風性良好，曝露性佳且不受外物遮擋，此外交通便利亦可降低投資成本。好的風力機的必須具備效率高、可靠與耐久三大要件。

　　為避免機組間有擾流情況影響，一般風力機配置方式是依照風行的方向調整。設置機組時如與主風向垂直時，則機組間應該至少相距葉輪直徑的 2 到 3 倍；如與主風向平行則要相距 5 到 6 倍以上。此外，為了獲得更好的發電效能，設置環境通常選擇風大且較偏遠的地方，並與住家保持距離，避免噪音及陰影干擾。設置地點應避開通訊或雷達站，並接近電力網以降低輸配電的成本。依據風力發電廠與系統並聯的規劃分析，系統負載變化和風力機組評選的結果決定最適合的機組容量，由於技術進步迅速，單機容量已由 1980 年的 400kW 提高至現在的 3.6MW 發展相當迅速，因此成本大大的降低。風力發電已有往離岸式發展的趨勢，主要的場址是在海域淺海地區。因為在海上通常風速較高，有很好的風力資源，並且風速平穩少亂流，因此可用較低的塔架，而且風力機能有較長的壽命。

風力發電之優點為：
(1)只要有風的地方即可設立
(2)不會造成空氣污染
(3)不需要熱能。

風力發電之缺點為：
(1)風能的來源不穩，因風速不是定值
(2)風速必須大於 2.5m/s 以上，才可被來發電。

🌳 2-2-1　風能的來源

　　風是常見的自然現象，其形成源於地球的自轉以及區域性太陽輻射吸收不均造成的溫度差異，而引起的空氣循環流動，小規模者如海陸風、山谷風，大規模者如東北季風。風速大小一般以每秒幾公尺或是蒲福式風級(The Beaufort Scale)，蒲福氏風級表(如表 2-1)最初只能適用在海上，它是觀察航行的船隻態及海浪編制。後來也適用在陸上，而它是觀察煙、樹葉及技的搖動、或旗幟的搖動而編制。蒲福式風級表 1～12 來編制，但在某些國家，在 12 風級後再加上 13～17 等級，但普遍來說，風級表只由 1～12 等級表示，風速愈高其所蘊藏的能量也愈大。人類使用風力能源的歷史由來已久，數千年前即已懂得利用風力拖動船隻航行。根據古文，一千年前中國利用風車汲水、灌溉及磨碎穀物。後來風車經荷蘭、希臘等歐洲國家加以改良後，更進而發揚光大，成為中世紀歐洲重要的動力來源，如圖 2-3 所示。

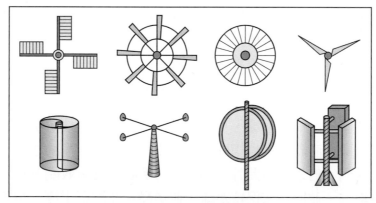

圖 2-3　垂直軸風車圖

表 2-1　蒲福式風級表

蒲福風級	風之稱謂	一般敘述	每秒公尺 m/s
0	無風 calm	煙直上。	不足 0.3
1	軟風 light air	僅煙能表示風向，但不能轉動風標。	0.3～1.5
2	輕風 slight breeze	人面感覺有風，樹葉搖動，普通之風標轉動。	1.6～3.3
3	微風 gentle breeze	樹葉及小枝搖動不息，旌旗飄展。	3.4～5.4
4	和風 moderate breeze	塵土及碎紙被風吹揚，樹之分枝搖動。	5.5～7.9
5	清風 fresh breeze	有葉之小樹開始搖擺。	8.0～10.7
6	強風 strong breeze	樹之木枝搖動，電線發出呼呼嘯聲，張傘困難。	10.8～13.8
7	疾風 near gale	全樹搖動，逆風行走感困難。	13.9～17.1
8	大風 gale	小樹枝被吹折，步行不能前進。	17.2～20.7
9	烈風 strong gale	建築物有損壞，煙囪被吹倒。	20.8～24.4
10	狂風 storm	樹被風拔起，建築物有相當破壞。	24.5～28.4
11	暴風 violent storm	極少見，如出現必有重大災害。	28.5～32.6
12	颶風 hurricane	極少見，其摧毀力極大。	32.7～36.9

🌳 2-2-2　風力發電機的設置場所

由於風遇障礙物會消耗其能量，所以風力發電廠最好設置在開闊區域以增加能量轉換效率，此外，風向的穩定性亦十分重要，除了可增加風能的取得外，更能延長風機的壽命。目前，風力發電廠的建置地點大致可以歸為以下兩類：

一、陸地

舉凡陸地上所有地形(如山區、平地、海邊、沙漠、極地等等)，幾乎都可以建置風力發電廠，不過礙於法令與飛安的限制，部分地區雖風能強勁，但是不能發展(如機場附近)，如圖 2-4 所示為台電公司在伸港、線西鄉海邊設立 23 部風力發電機組。

圖 2-4　陸上型風力發電機系統圖　　圖 2-5　海上風力發電機系統圖(圖片來源：英國貿易投資署)

二、海上

　　建置海上風力發電廠(又稱離岸式風力發電廠)是未來的發展趨勢。由於世界各國相繼大力發展風力發電，已致陸地上可建置風電地點快速減少，所以目前大型風力發電廠的發展大多是以海上為主。如英國將興建的「倫敦陣列(London Array)」，除此之外，丹麥、瑞典、德國亦有海上風力發電廠，四面環海的英國，擁有全歐洲最大的風力資源，非常適合發展離岸風力發電廠。估計覆蓋面積和倫敦大小差不多的風力發電廠，就足以提供全英國 10%所需的電力。而號稱全球最大的離岸風力發電廠，也在 2010年 9 月間在英國東南部肯特郡(Kent)外海正式啟用，發電量高達 30 萬瓩(300MW)，可供數十萬戶家庭用電所需，如圖 2-5 所示。

　　風力發電所需成本大致上分為二種，一種為建置成本，另一種為發電成本。其中發電成本中的燃料成本因風能為地球自然生成之力量，故只需要維修成本。風力發電並不會產生廢熱，亦沒有溫室氣體的問題，只需穩定風力即可順利發電。好的風力機必須具備效率高、可靠與耐久三大要件。

2-2-3　風力機的種類與特色

　　風力機的種類很多，如依其形狀及旋轉軸的方式區分，可分為水平軸式和垂直軸式兩種風力機結構，如圖 2-6 所示。

(a)　　　　　　　　　　　　　(b)

圖 2-6　風力機結構(a)水平軸式；(b)垂直軸式

一、水平軸式風力機

1.　螺旋槳型風力機

風力發電最常用的是螺旋槳型，一般為 2 翼或 3 翼型，也有單翼者或 4 翼以上者。翼的形將類以飛機之螺旋槳，螺旋槳形需要作方位控制，至少在達到額定風速前，使旋轉面與風向垂直，如圖 2-7 所示。

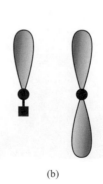

(a)　　　　　　　　　　　　　(b)

圖 2-7　螺旋槳風車

2. 多翼型風力機

為美國中、西部牧場揚水用多翼型風渦輪機(又稱美國風力機)，一部風車約有 20 枚葉片，為典型低轉速、大轉矩風力機，如圖 2-8 所示。

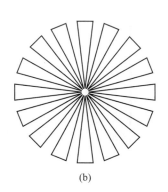

(a)   (b)

圖 2-8　多翼形風車

3. 荷蘭型風力機

在歐洲特別是荷蘭、比利時使用的荷蘭型風力機。有驅動風車全體追隨風的類型(Post Mill)與只有小屋上部驅動的類型(Tower Mill)，如圖 2-9 所示。

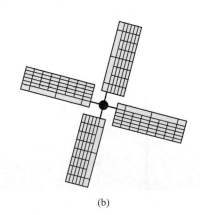

(a)   (b)

圖 2-9　荷蘭式風車

4. 帆翼型風力機

這是地中海沿岸及各島早就使用的布製風力機,如圖 2-10 所示。

(a)

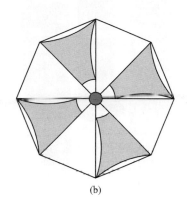
(b)

圖 2-10　帆翼形風車

5. 輪機型風力機

輪機型風力機與燃汽輪機或蒸汽輪機同樣,由靜翼(Stator)或動翼(Rotor)構成。

二、垂直軸風力機

1. 達流斯型風力機

達流斯型風力機為較新開發的垂直軸形風車,為紀念法國發明者而命名。翼數大者為 2～3 枚,此翼呈跳繩旋動之形式,以便旋轉時不承受彎矩。此風力機的旋轉與風向無關,系統簡單而成本較低,但啟動性較差,如圖 2-11 所示。

(a)

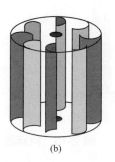
(b)

圖 2-11　達流斯型風車

2. **迴轉磨坊型風力機**

為垂直軸揚力型的迴轉磨坊(Gyro Mill)型風力機，垂直安裝的對稱翼型葉片(3
～4 枚)，可隨風向之變化而自動改變迎風角，故其結構較複雜，價格比較高，
但可改變螺距角，啟動性良好，可維持一定轉速，效率極高，如圖 2-12 所示。

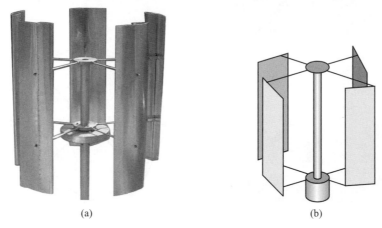

(a)　　　　　　　　　　　　(b)

圖 2-12　　迴轉磨坊型風車

3. **特殊風力機**

較特殊的風力機則有：離心吐出型、移動翼型、四螺懸線型和無塔型等，如圖
2-13 所示。

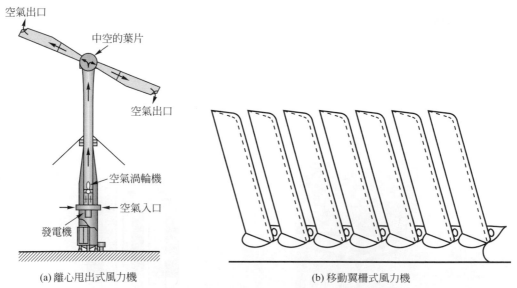

(a) 離心甩出式風力機　　　　　　　　　(b) 移動翼柵式風力機

圖 2-13　　特殊風力機之結構圖(圖片來源：中國百科網)

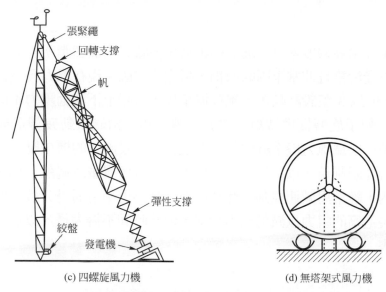

(c) 四螺旋風力機　　　　　　　　(d) 無塔架式風力機

圖 2-13　特殊風力機之結構圖(圖片來源：中國百科網)(續)

2-2-4　風力發電系統的組成

　　風力發電機有直接連至大型的電力系統網路或中間有經整流器及轉換器等設備才接至系統。一般常見的風力發電機主要可分為葉片、發電機、塔架與控制系統四個部分，其風力機架構圖如圖 2-14 所示。

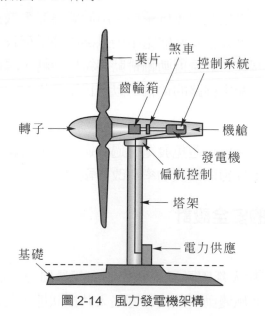

圖 2-14　風力發電機架構

1. **葉片**

   風力機的葉片由高密度木材、玻璃纖維強化塑膠或環氧樹脂所製成，其外部經常塗一層不受污染且非常牢固耐磨損，耐化學侵蝕。現在風力發電機有 2 片或 3 片葉片，但以 3 葉設計較多。風經過葉片，引起上下流動壓力不同，製造舉力使得葉片轉子旋轉提供轉矩。由於旋轉力和連續的振動疲勞造成的機械壓力，使得葉片成為風力機系統中最脆弱連結。在暴風下的機械壓力造成葉片的傷害須有合理限制值，以保護整個葉片轉子和避免過載或過熱。為了達到此速在限定值內，經常用減速控制，此時風力流動不再平滑而是分散，此時葉片的旋角較高製造高的阻力以減低輸出功率，但此時間不得太長，以避免高的震盪和機械傷害。

2. **塔架**

   支撐整個風力機和機艙，材質由鋼筋構成或是混凝土製作，因為風速隨高度增加會越大，使得風力機獲得更多能量和產生更多的電力，過去塔架高度為 20 至 50 公尺，對於中、大型的風力機而言，塔架高度稍微比轉子直徑高，小型風力發電機的塔架則比轉子的直徑大好幾倍。否則將無法承受不良風，因太接近地面而有阻擋物。

3. **發電機**

   目前最常用感應發電機及同步發電機，由於感應發電機在風力機所處環境中有較低維護成本，故世界已安裝機組中仍以感應發電機較多。發電機的作用是將渦輪機所得到的轉速，經過傳動軸帶動發電機運轉，讓機械能轉變為電能。產生的電力再經由輸配電線路的傳輸，以供民眾使用。

4. **控制系統**

   決定風力機起動、跳機以避免發電機過載過熱造成繞組受損，另收取各測量值維持轉子定速或葉片獲取最大功率和改善電力功因。

🌳 2-2-5　風力機的安全設計

一、安全對策

　　風車系統素來的事故大都因颱風或春初的突起暴風等使風車系統全體連同支持塔破壞，風車系統受自然風變動所致的影響陷入共振狀態，葉片亦因運轉工作而振動受損，故對系統振動的耐振處置為安全對策之最大課題，而減少施加於風車系統的加振力之對策有：

1. 風車設置場所選風強而風向、風速變化少的場所

2. 改良風向響應性，盡量避免斜風

3. 增高支持塔，在風擾亂少的位置設置風車

4. 增高風車葉片的製作精密度，使品質均勻

　　防振對策須先避免風車葉片之共振，為此須檢討風車葉片之彎曲(平面方向、邊緣方向)、扭曲造成的固有振動數及振動模式，如葉片彎曲的一次模式之固有振動數與額定運轉時的旋轉周波數及其高次周波數需有充分的差距，但由於自然風的風速經常變動，無法一直處於避免共振的狀態運轉，此時風車轉子與支持塔之間最好設吸振支持裝置。

　　葉片的扭曲剛性低時，Flapping 運動與 Feathering 運動會互相干涉引起顫動(葉片激烈振動的現象)，故須增高葉片的扭曲剛性，即扭曲中心線移到 Feathering 軸上。且為了不發生失速顫動，即使稍微犧牲效率也須從失速域附近降低葉片的功率輸出係數，當然葉片之設計也須避免功率輸出係數因失速而驟降，以取得最佳之平衡點。另一方面，風車之支持塔亦須考量性能及經濟性，構造體須為較柔軟的結構，但若支持塔的剛性不夠，風車轉子全體會共振，而懸臂式旋轉軸進行圓運動時會搖晃轉子以致引起破壞現象，對此的防振對策是增大支持塔的剛性並拉設撐條以集中塔上部的重物。支持塔作成圓筒形時，為防止周期性卡爾曼漩渦可將圓筒表面粗化以避免發生有規則的大漩渦。

二、保全對策

　　設置野外偏僻處的風車欲以最少的保養檢查運轉而能長期安全運作時，可參考以下對策：

1. 防止疲勞

假設風車穩定運轉時的轉速為 300rpm，在此狀態持續運轉時，1P (旋轉一周發生一次)的振動一年發生 1.6×10^8 次，再考慮無風的時間，一年也反覆 10^7 次，若葉片數增加則峰值減少但發生之頻率增加，故使用耐疲勞之材料並降低應力以避免轉子與轂部結合部分的應力集中。

2. 磨耗、腐蝕對策

風車的支持塔若因高度不夠高，風車葉片易因砂塵等異物而受損傷，則可以複合材料保護葉片表面或將前緣部施行護緣處理(Tipping)。而在海岸附近設置風

車時，須避免使用鎂等不耐鹽害的材料，且為防止電解腐蝕須注意異種金屬的結合。

3. **雪害、結冰對策**

   冰雪附著風車葉片時會引起葉片不平衡運轉，使葉片運轉時發生振動，同時有冰片散落所致的事故，故須考量耐雪害及冰的構造或防冰裝置。

4. **強風對策**

   颱風的風速超過某限度或轉子過度旋轉時，以 Feathering 抑制旋轉或設計保安裝置避免強風，依情況有時須用可倒式塔架使風車系統連同支持塔傾倒。

 # 2-3　太陽能發電

　　太陽每年照射到地球表面的能量，約為目前全世界每年所需能量的一萬多倍。其中有 30%之太陽能被反射回太空。約有 50%為地球表面吸收後，因此得以維持地球表面的溫度。約 20%的太陽能將地表的水蒸發成水蒸氣，形成雲、雨及空氣的流動(水力和風力的由來)，同時也造成海洋表面和底層的溫差。太陽日照必須從太陽天體運動與地球之間的相對關係開始探討，因為日照強度變化會隨著地理位置、大氣狀況、季節、時間等而改變。

2-3-1　太陽運行模式

　　在太陽系裡，地球是以太陽為中心在固定的軌道上，對太陽進行公轉，如圖 2-15 所示。

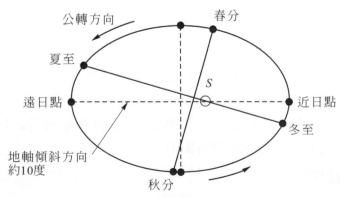

圖 2-15　地球對太陽公轉

　　地球是由西向東自轉且以逆時針公轉，而地球繞著太陽公轉之軌道平面呈橢圓形稱爲『黃道(ecliptic)』，垂直地球南北極的大圓爲地球赤道，其赤道平面與黃道平面的交角叫做黃赤交角，爲 23°26′，當地球繞行太陽公轉且因爲地球地軸呈 23.5 度傾斜，當地球在黃道不同位置上時，因太陽直射地球的位置不同，故輻射能量也會變動，而地球也就有四季及晝夜長短的變化。

　　地球繞太陽公轉是以橢圓形軌道運行，太陽位於橢圓兩焦點中的一個。所以太陽到地球表面的輻射能量與太陽和地球距離的平方成反比，因此太陽到達地球表面的輻射能量 Q 爲：

$$Q = S_0 \times \left(\frac{R^0}{R} \right)^2 \tag{2-1}$$

Q：太陽到達地球表面的輻射能量
S_0：太陽常數

　　太陽常數爲太陽與地球之平均距離處，垂直於太陽輻射方向之單位面積及單位時間所接收到的太陽能量。依據 Frohlich and Brusa (1981)所建議的值如下：

$$S_0 = 1367 \pm 7 \left(\frac{\text{w}}{\text{m}^2} \right)$$

R：太陽與地球距離，稱爲日地距離。
R^0：日地平均距離，又稱天文單位。
1 天文單位(R^0) = 1.496×10^8(km)

　　日地距離在近日點時爲最小，其值爲 0.983 天文單位，而最大值在遠日點，其值爲 1.017 天文單位。

　　1969 年美國太空總署基於航太和其他工程設計標準的需要，專門成立了一個太陽電磁輻射委員會(CSER)，該委員會分析高空測得的資料，說明四種造成太陽常數誤差的原因：

1.　輻射度量單位不同。

2.　因爲大氣層中水氣成分的變化差異，造成紅外線波段部份的誤差不確定。

3.　在大氣中測不到太陽光譜最外兩端的光線輻射值。

4.　由有大氣存在情況下的測量結果來外推至零大氣時，任何技術都是有缺陷的。

目前最接近實際值的太陽常數為世界氣象組織，儀器和觀測方法委員會(WMO CIMO)於 1981 年建議的數值為 136±7(w/m²)。

🌳 2-3-2　太陽位置

太陽位置常以太陽高度角和太陽方位角來代表，其中太陽高度角(h)和太陽方位角(A)依照球面三角的數學原理，可得其公式如下：

$$\sin h = \sin\delta \times \sin\phi + \cos\delta \times \cos\phi \times \cos t \tag{2-2}$$

$$\sin A = \frac{\cos\delta \times \sin t}{\cos h} \tag{2-3}$$

(2-2)式和(2-3)式中，各項因子的意義如下：

一、太陽高度角(h)

太陽高度角即為太陽與水平面的夾角，用來表示太陽所在的高度，亦可採用天頂距(zenith angle)Z 來表示，而天頂距為太陽與天頂的夾角。h 之範圍為 90°～0°之間。如圖 2-16 所示

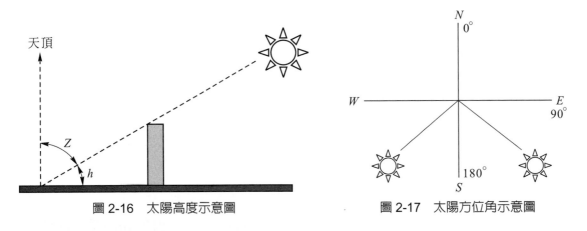

圖 2-16　太陽高度示意圖　　　　圖 2-17　太陽方位角示意圖

二、太陽方位角(A)

太陽方位角以正北方為 0°，東為 90°，南為 180°，西為 270°，自觀察者所在地朝向正北的方向順時針旋轉，測至觀察者與太陽連線在地平面上的投影之間的夾角，如圖 2-17 所示。

三、緯度(ϕ)

緯度是以地平面的垂線與赤道平面的夾角，自赤道到北極方向為北緯，到南極方向為南緯，表 2-2 為台灣部分城市之參考緯度。

表 2-2　為台灣部分城市之參考緯度

地名	基隆	台北	新竹	台中
緯度	25°08′	25°02′	24°48′	24°09′
地名	嘉義	台南	高雄	花蓮
緯度	23°30′	23°00′	22°37′	23°58′

四、時角(t)

地球自轉一周 360° 需 24 小時，故每小時轉 15°，時角計算是以中午 12 時為基準，午前為負值，午後為正值。無論任何季節在中午 12 時，其 $t = 0$。

時角的計算方法如下：

$$t = (T - 12) \times 15° \tag{2-4}$$

其中，$t =$ 時角。

$T =$ 時間(以 24 小時制來計算時間)。

五、赤緯(δ)

地球繞太陽公轉的軌道平面稱黃道面，而地球的自轉軸稱極軸。極軸和黃道面呈 66.5°，這角度在公轉中不會改變，因此會產生每日太陽高度的不同以及一年四季的變化。從赤道向北，赤緯為正值，向南為負值，如圖 2-18 和表 2-3 所示。

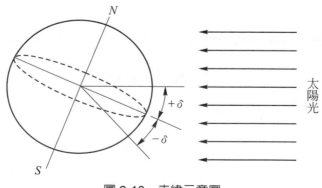

圖 2-18　赤緯示意圖

表 2-3　為台灣 24 節氣之赤緯值

節氣	立春	雨水	驚蟄	春分	清明	穀雨	立夏	小滿
日期	2 月 4 日	2 月 19 日	3 月 6 日	3 月 21 日	4 月 5 日	4 月 20 日	5 月 6 日	5 月 21 日
赤緯	−16°23′	−11°29′	−5°53′	±0°00′	5°51′	11°19′	16°22′	20°04′
節氣	芒種	夏至	小暑	大暑	立秋	處暑	白露	秋分
日期	6 月 6 日	6 月 22 日	7 月 7 日	7 月 23 日	8 月 8 日	8 月 23 日	9 月 8 日	9 月 23 日
赤緯	22°35′	23°26′	22°39′	20°12′	16°18′	11°38′	5°55′	0°00′
節氣	寒露	霜降	立冬	小雪	大雪	冬至	小寒	大寒
日期	10 月 8 日	10 月 24 日	11 月 8 日	11 月 23 日	12 月 7 日	12 月 22 日	1 月 6 日	1 月 20 日
赤緯	−5°40′	−11°33′	−16°24′	−20°23′	−22°32′	−23°26′	−22°34′	−20°14′

2-3-3　時差與日出日落時刻

通常求出時角(t)值後，可用時角計算公式推回日常鐘錶所使用的時間，為計算日常鐘錶的時間，需先獲得時差(E_t)。時差(equation time)即為視太陽時間(apparent solar time)和平均太陽時間(mean solar time)的差異。因為太陽在黃道上的運動是不等速的，故視太陽日的長短也就不盡相同，一般人使用的鐘錶時間因所在地理位置的不同，而人為制訂了各標準時區的平均太陽時。平均太陽時 S 是基本均勻的時間計量系統，但也因為是人為假想制訂，所以無法實際觀測，不過可以間接地由視太陽時 S_0 求得，其中差異量就是時差。

$$S_0 = S + E_t \tag{2-5}$$

其中，S：平均太陽時　　　　S_0：視太陽時

由於視太陽的視運動是不均勻的，因此時差(E_t)也會一直有所改變，其近似的公式可表示如下：

$$E_t = 0.0028 - 1.9857\sin\theta + 9.9059\sin 2\theta - 7.0924\cos\theta - 0.6882\cos 2\theta \tag{2-6}$$

其中，θ：日角　　　　　　　N：積日，就是日期在一年內 365 天的對應順序

$$\theta = \frac{2\pi t}{365.2422}, \quad t = N - N_0$$

除了春(秋)分的時候，太陽會從正東日出，正西日落外，其餘均和東西向形成一個角度的變化。在計算日出日落的時間時，均視太陽高度角為零度($h = 0°$)帶入計算式子中，可以得知日出和日落的時角公式：

$$\sin h = \sin\delta \times \sin\phi + \cos\delta \times \cos\phi \times \cos t$$

$$\sin 0 = 0 = \sin\delta \times \sin\phi + \cos\delta \times \cos\phi \times \cos t$$

$$\cos t = -\tan\phi \times \tan\delta \qquad\qquad (2\text{-}7)$$

由(2-7)式可知，日出和日落時的時角(t_{sr}、t_{ss})為$\cos^{-1}(-\tan\phi \times \tan\delta)$，再代入(2-4)式，並加上(2-5)式所示因時差所產生的差異量，便可得知日出時間(T_{sr})以及日落時間(T_{ss})：

$$T_{sr} = 12 - \frac{t_{sr}}{15} - E_t$$

$$T_{ss} = 12 + \frac{t_{sr}}{15} - E_t \qquad\qquad (2\text{-}8)$$

其中，T_{sr}：日出時間　　　　　　T_{ss}：日落時間

　　　　t_{sr}：日出時間的時角　　　E_t：時差(單位：小時)

🌱 2-3-4　太陽輻射能量

太陽輻射是從太陽發射出來的能量，其能量分佈酷似凱氏溫度為 6000 度的「黑體(black body)」，或稱完全輻射體所發射的能量。輻射以 3×10^8(m/s)的速度前進，大約歷時 8 分鐘到達地球的大氣層。在太陽與地球的平均距離處，垂直於太陽光束的單位面積所接受的太陽輻射能量，其值為 1.353kW/m^2。

一年當中有四天是具有特殊的意義，那就是地球軌道在夏至與冬至，地球傾斜效應為最大；而地球軌道在春分和秋分，相對的地球傾斜效應作用最小。

太陽輻射量與太陽能之間的關係，主要可以分成「光」和「熱」的影響兩個部分。

一般來說，太陽輻射能量傳播到地表的方式有下列三種：可以分為直達輻射(direct solar radiation)、漫射輻射(diffuse radiation)、反射輻射(reflected radiation)，如圖 2-19 所示。

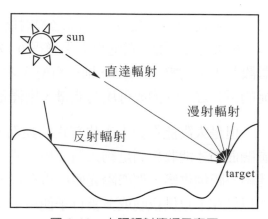

圖 2-19　太陽輻射傳播示意圖

1. **直達輻射**：穿透過大氣層直接抵達地表，而被吸收之太陽輻射即為直達輻射 (direct solar radiation)，而到達地面的直達輻射量，會受到大氣透射率及太陽高度角的不同而有所改變。

2. **漫射輻射**：是經過大氣吸收、散射或經地面反射等已被改變方向的輻射，其中包含了由太陽輻射經大氣吸收、散射後，間接到達的天空輻射及由地面物體吸收後，再發散的地表輻射。

3. **反射輻射**：大氣會吸收太陽直達輻射能量和來自地表的輻射能量，同時會因吸收輻射能量多寡，造成大氣本身溫度變化而產生對地表的輻射，此種輻射稱為反輻射。若大氣中水氣較多時，對太陽直達輻射的吸收較大，反輻射亦大。

影響地面所接受太陽輻射的因子主要有三類，分別是天文因子、大氣因子和地表因子。

1. **天文因子**對於太陽輻射狀況的影響主要有：太陽赤緯、太陽高度角、太陽方位角及日地距離等，這些因素會決定各地區所接受到的太陽輻射量大小。

2. **大氣因子**對於太陽輻射的影響，主要是因為太陽輻射在大氣中會受到二氧化碳、臭氧、氧氣或水氣等的散射和吸收，造成地面上實際接收的太陽輻射量被減弱，這些分子造成的散射情況非常複雜，所以要精確地描述太陽輻射在大氣中的傳輸現象有其困難度。

3. **地表因子**對太陽輻射的影響，會因為地形和地表覆蓋物的不同而異，地形的影響主要是海拔高度、坡度、坡向及地形間的相互影響。而地表覆蓋物的影響主要是：覆蓋物的物理性質和覆蓋狀況，一般常見的地表覆蓋物有植被、水域和雪被等覆蓋情況。舉例來說雪地具有很大的反射率，而水域卻具有較低的反射率。

太陽能即地球接收自太陽之輻射能，其直接或間接地提供地球上絕大部份之能源。地球與大氣圈不斷地自太陽獲得 0.17×10^{18}W 之輻射量，數量實在大得難以想像。假設每人平均需要 10^3W，則一百億人才不過是需要 10^{13}W，因此只要將抵達地表太陽能的百分之一轉換成可用的能量，則滿足全球能源需求已是綽綽有餘。

但是太陽能在先天上也有它的缺點，首先，它是「稀薄的」(Diluted)能源，需要廣闊面積才能收集到足夠人類使用的能量。其次，太陽能是「間歇性的」能源，無法連續不斷地供應，例如陽光僅出現在白天，而且時常受到雲層掩蔽，因此太陽能必須加以儲存，以供夜晚或多雲日子使用，故有時需要他種輔助之能源設備配合使用。

2-3-5 太陽能原理

太陽能電池其基本原理主要係將高純度之半導體材料加入一些不純的物質,使其呈現不同的性質。例如在矽中加入硼可形成 p 型半導體,加入磷可形成 n 型半導體,在將 pn 兩種半導體相接合,形成太陽電池,如圖 2-20 所示。

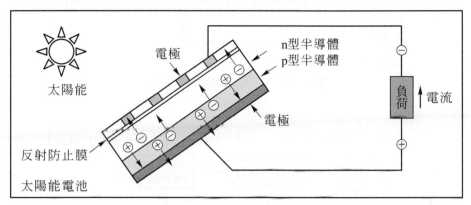

圖 2-20　太陽能電池原理圖

當光線照射時,攜帶足夠能量之光子(Photon),將可破壞晶體共價鍵而產生電子與電洞,帶負電的電子朝 N 領域(表面)移動,帶正電的電洞往 P 領域(裡面)移動,形成電動勢。若與相當負載串接時,將產生電流通過,提供電力。由於太陽電池產生的電是直流電,因此若需提供電力給家電用品或各式電器則需加裝直/交流轉換器,將直流電轉換成交流電,給一般負載使用。當沒太陽光或陽光不足以至無法發電時,系統即會切換至市電網路,由市電網路供電給負載使用。太陽能發電系統依其架構可分為獨立發電系統如圖 2-21 所示,公用電力併聯系統如圖 2-22 所示以及混合系統如圖 2-23 所示。

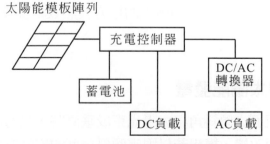

圖 2-21　太陽能獨立發電系統

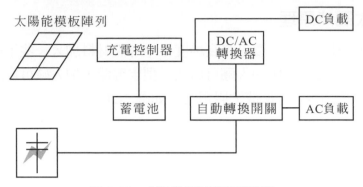

圖 2-22　太陽電能併聯市電系統

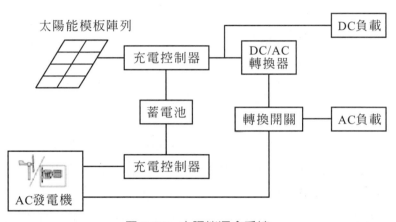

圖 2-23　太陽能混合系統

太陽能發電之優點為：
(1)它是乾淨且取之不盡的能源。
(2)建廠容易。
(3)安全性高。

太陽能發電之缺點為：
(1)有足夠的陽光才會發電，亦即只有白天才能發電。
(2)因受陰雨天影響，發電時間無法控制。
(3)風大的地方其熱效率會降低。

2-3-6　追日型太陽能發電

　　當太陽能模組板正面之傾斜角與太陽光束成垂直時，具有最佳發電效率，但陽光的日照角度隨著時間而改變，模組若以固定傾斜角度的安裝方式，皆無法接收到的直射的太陽光束，發電效能也因此大幅降低，追日型太陽能發電系統於是因應而生。許多已裝設的系統證明，追日型系統的發電量較非追日型的系統發電量更多。而為了在同樣的日照時間內獲取更高的發電能量，諸多太陽能電廠/發電站會採用追日型發電系統，以達到更高的經濟效益。為了精準達到追日目的，追日型發電系統發展出不同型式，包括：

1. 單軸追日系統

    (1)固定仰角式追日系統

    (2)水平單軸式追日系統

2. 雙軸追日系統

3. 垂直單軸追日系統

太陽能板的發電量大小與安裝正確與否有絕對關係，一般注意幾個重點為：

1. **避開陰影**：陰影影響發電量極大，安裝時應避開可能之陰影。

2. **面向正南(北半球)**：在北半球應面向正南以接受最大的陽光照射。在南半球則需面對正北。

3. **傾斜角度**：緯度越大，陽光越在南邊，為接受最大的陽光照射，太陽能板安裝應有傾斜角度。以並聯系統而言，一般採用當地緯度作為適當傾斜角；以獨立系統而言，為使光電板在冬天接受較大陽光通常以緯度加上 10～15 度作為傾斜角度，例如在台灣緯度為 23 度，則需傾斜 33～38 度左右。

4. **選用適當的電力線**：適當電力線能傳導最佳電力，

　　依不同的地點，安裝角度的數值決定可是需要經過精密測量計算出來的。依每個不同案例選擇出最適當的安裝角度，而非採取一個通用固定值的簡易設定。如此一來將可使發電系統達到最佳受光面積，最佳化發電效果。

 ## 2-4　水力發電

　　小水力發電係利用河川、湖泊等位於高處具有位能的水流至低處，將其中所含之位能轉換成水輪機之動能，再藉水輪機為原動機，推動發電機產生電能如圖 2-24 所示。因水力發電廠所發出的電力其電壓低，要輸送到遠距離的用戶，必須將電壓經過變壓器提高後，再由架空輸電線輸送到用戶集中區的變電所，再次降低為適合於家庭用戶、工廠之用電設備之電壓，並由配電線輸電到各工廠及家庭用戶。

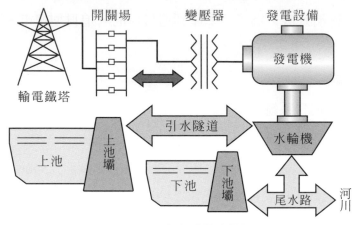

圖 2-24　水力發電流程圖

　　近年來歐、美、日各先進國家在小水力發電機組製造已有突破性的發展和改善，將小水力發電機組標準化，降低成本、提高小水力發電機組的經濟性，目前使用技術成熟的機組可分為衝擊式和反動式兩種，衝擊式機組將水的位能變為動能，利用噴嘴產生高速噴流，衝擊動輪葉片轉動水輪機，培爾頓‧貫流式均屬之。反動式機組係將水的位能轉變成動能，利用水的動輪以及壓力能產生反作用力推動水輪機，法蘭西新式、S-管狀式水輪機等。

 ## 2-5　地熱發電

　　地熱能主要來自地球內部放射性元素衰變所釋出之能量，和儲存於地核熔岩之大量熱能，其依賴岩石之導熱性或藉助熔岩與水之向上移動而傳導至地球表面。地熱能之數量異常龐大，依粗略估算，地球之總熱含量約有 3×10^{27} 仟卡。開發技術上，經濟有效利用者，僅為地殼底下數公里深之熱源。地殼內之地熱能，主要儲存於岩石本身，而少部分則儲存在岩石孔隙或裂隙之水中。地熱能乃一低能量密度之能源，必須經由大量岩石集取。目前的技術只能局部集中於地殼淺部的地熱能源予以開發利用，此種地熱能源局部集中而有明顯地熱徵兆的地區稱為地熱區，經調查探勘後證實具有開發價值稱為地熱田，地熱資源就是指有開發價值的地熱能源。

　　地熱發電的基本原理乃利用無止盡的地熱來加熱地下水，使其成為過熱蒸汽後，當作工作流體以推動渦輪機旋轉發電。即將地熱轉換為機械能，再將機械能轉換為電能；和火力發電的原理是相同的。不過，火力發電推動渦輪機的工作流體必須靠燃燒重油或煤碳來維持，不但費時且過程中易造成污染；相反的，地熱發電等於把鍋爐和燃料都放在地下，只需將蒸汽取出便能夠達到發電的目的，如圖 2-25 所示。

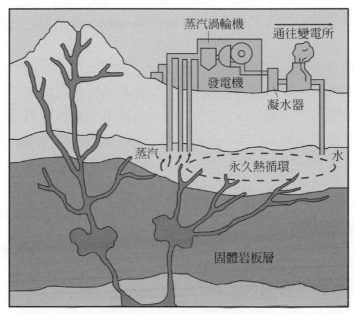

圖 2-25　地熱發電示意圖

　　一般地熱區所產生的流體大致上可分為蒸汽型和熱水型兩種型態，如果蒸汽中所含不凝結汽體之比例較高或熱水中有較高含量之化學成份時，所採用的發電方式也不同，通常可分三種形式，分別為乾蒸汽式(Dry Steam)、閃發蒸汽式(Flash Steam)、雙循環式(Binary Steam) 與總流式(Total Flow Type)。

1.　Dry Steam 的發電方式主要是先將水導入地層下，利用地熱將水轉換為水蒸汽，經由導管收集水蒸汽，水蒸汽再經由渦輪機直接去驅動發電

2.　Flash Steam 的發電方式與 DrySteam 類似，唯一不同處是蒸汽係經由一噴嘴射出，且有些熱流體會在噴嘴迅速蒸發，而使噴嘴的壓力更大，使得噴向渦輪機的蒸汽更強，發電的效率越高。

3.　BinarySteam 的發電方式是利用熱交換的方式來產生蒸汽，進而帶動發電機發電。

4.　Total Flow Type 的發電方式主要是將地熱井產生的熱流體，包括蒸汽及熱水的兩相混合體，同時導入特殊設計的渦輪機，由動能及壓力能帶動傳動軸能連接發電機而產生電力。

地熱發電廠四種發電的模式地熱發電之優點為：

(1) 地熱的蘊藏量很豐富。

(2) 單位成本比開採石化燃料或核能低。

(3) 建造地熱廠時間短且容易。

(4) 會製造污染或溫室氣體，而且不會製造噪音，可靠性高。

地熱發電廠四種發電的模式地熱發電之缺點為：

(1) 熱效率低，只有 30%的地熱能可用來推動渦輪發電機。

(2) 所流出的熱水含有很高的礦物質。

(3) 一些有毒氣體(如硫、硼、銨摩尼亞、硫化氫和二氧化硫)會隨著熱氣噴入空氣中，造成空氣污染。

(4) 開挖地底愈深，成本便愈高，所以用地熱能發電十分昂貴。

台灣地熱潛能

台灣有許多地熱能源值得開發，初步評估全省廿六處主要地熱區的發電潛能約為 1000MW，相當於年產 250 萬噸煤產量；如再包含其他熱能直接利用，並以三十年開發期間來估算，總潛能相當於 25,500 萬噸煤產量，市場潛力非常可觀。台灣位於環太平洋火山活動帶西緣，在北部大屯山區曾有相當規模的火山及火成侵入活動，全島共有百餘處溫泉地熱徵兆，所以地熱資源的潛能可說是相當高。目前地熱發電總裝置容量為 3,300KW，若以 1000MW 發電潛能估計，大屯山佔 50%東部地區佔 35%，其他地區則約佔 15%。

據台灣工業技術研究院能源與資源所對台灣地熱潛能的評估，主要地熱區的地熱潛能估計約 745MW，其中：

・大屯火山岩地熱區	500MW	・霧鹿地熱區	60MW
・清水地熱區	60MW	・知本地熱區	25MW
・山地熱區	40MW	・金崙地熱區	60MW

2-6　海洋再生能源

海洋占地球表面的 70%以上，利用其物理特性，透過能量之間的轉換，就可獲得海洋再生能源。海洋再生能源泛指儲存在海水中可供利用的能源，具有下列特色：雖然單位能量小，但總蘊藏量大；來源不虞匱乏，只要有太陽、月亮等天體，就有海洋再生能源；對環境衝擊較小，屬乾淨能源。一般而言，海洋的再生能源可分為波浪能、潮差能、海(潮)流能及溫差能等。

氣候變遷似乎越來越劇烈，姑且不論這些現象是否與燃燒化石燃料造成大氣二氧化碳濃度增加有關，若能減少或降低人為因素對環境的干擾，對地球的永續發展應有相當的助益。因此，若要經濟持續地成長，又要降低對環境的衝擊，海洋再生能源的開發是一個值得考慮的方向。臺電估計海洋所蘊藏的再生能源如表 2-4 所示。

表 2-4　海洋再生能源之分類

海洋再生能源種類	預估蘊藏量	可開發蘊藏量
海洋溫差能	30,000 百萬瓦	3,000 百萬瓦
波浪能	10,000 百萬瓦	100 百萬瓦
潮汐能	1,000 百萬瓦	10 百萬瓦
海流能	3,750 百萬瓦	75 百萬瓦

2-6-1　潮汐發電

因太陽、月球等天體引力作用，使海水水位變化，稱為「潮汐」。潮差發電的原理是利用潮汐造成的海水水位變動推動渦輪，從位能的變化獲取電能，發電原理近似水力發電。潮差發電通常建置在潮差較大的河口或海灣，以攔水壩攔水，在壩堤適當地點設置可控制出入的水閘門，並在水閘門裝設水輪發電機。漲潮時，海水流入攔水閘門推動水輪發電機發電，退潮時，則利用海水流出閘門發電。潮差能是目前海洋能技術中最成熟的，其能量與潮差的平方及蓄水面積成正比。

在臺灣附近海域，由於潮波自太平洋向臺灣傳遞，從臺灣南、北二端進入臺灣海峽，並在海峽中部會合，在臺中附近產生較大潮差，因此西岸能量密度較大。但因潮差發電廠址通常需要有良好的峽灣地形，以利於建築攔水壩攔截潮汐發電，而臺灣西岸並無這種條件，因此不太具有開發潛力。

1966 年，法國在蘭斯河(Rance River)口建立第 1 座 240 百萬瓦的潮差發電廠，每年約可提供 540×10^9 瓦時的電力，也就是 540×10^6 度(1 度相當於 1×10^3 瓦時)。而加拿大的安納波里斯河(Annapolis River)，大潮時潮差可達 8.7 公尺，小潮時潮差也可達 4.4 公尺，因此在 1984 年建造了一座 20 百萬瓦的潮差發電廠。

海(潮)流發電的原理與風力發電相似，風力發電是利用風力推動發電機葉片，海(潮)流發電則是利用海洋中的水流推動水輪機，把動能轉換成電能，其功率和密度與面積成正比，並與流速的 3 次方成正比。由於海水的密度是大氣的 800 倍，若葉片轉動的截面積相同，當海流流速是空氣的 1／9 時，海流能仍稍大於風力能。

　　流速較強的海流大多位在大洋西側的洋流，如北大西洋的灣流、北太平洋的黑潮。黑潮起源於赤道，向北流經菲律賓東北轉而沿台灣東部海域北上至日本。黑潮流速強，流軸穩定，且離台灣東岸僅數十公里。長期觀測的海流資料顯示，在水深 50 公尺，綠島附近的流速有 90% 以上超過 0.5 公尺／秒，平均約為 1 公尺／秒。因此，台灣東部海域單位截面積的功率較其他周遭海域高，是一個良好的海流能試驗場。

　　除了海流外，由潮汐的漲退引起的規律性潮流也可以使用。基隆的和平島與基隆嶼之間的基隆海檻及澎湖附近海域，因受地形的影響，潮流流速較強，平均可達 1 公尺／秒，與黑潮流速相當，是開發潮流能的可能場址。

　　國際上，目前英國愛爾蘭北部有全球唯一商業運轉的潮流發電，以 2.4 公尺／秒的流速，兩具葉片直徑 16 公尺的螺槳，可產生 1.2 百萬瓦，而每潮汐周期約產生 10×10^6 瓦時。

　　潮汐是因地球、太陽和月亮問的引力作用，使得海水的水位有了高低變化而形成之。海水受地球離心力和月球的引力作用，而往月球方向和相反方向凸出，這種現象稱為漲潮，由於地球每日自轉一周，所以普遍每日有滿潮、退潮各兩次。潮汐發電就是利用海水水位高低所產生的位能，將它轉換成為電能，其方式是在海灣或河口地區圍築蓄水池，並且在圍堤的適當地點，建築可供海水流通的可控制閘門，在閘門的地方設置水輪發電機，當漲潮時，海水經由此閘門流入蓄水池並推動水輪發電機發電，退潮時海水亦經由此閘門再推動水輪發電機發電，亦即是利用海水漲潮和退潮時的水位差所產生的大量動力，來推動水輪發電機發電，如圖 2-26 所示。

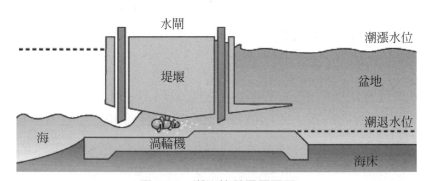

圖 2-26　潮汐能發電原理圖

潮汐能的原理

1. 在沿海地點築起堤壩，以便取得潮汐能。

2. 每當漲潮時，海水便會流入水庫內，此時水閘便會因此而有所升高，之後便關上，令水積存至高位。

3. 而每當退潮的時候，海水便會由堤壩中退卻，因而形成堤內的水位比外面的高。

4. 堤內的水位一直上升，而堤外的水位則繼續下降時，這個水位的差距便能轉化成為其他能量。此時，只要再將水庫內的水排放出來，當水流過渦輪時，這便可推動發電機以供發電。

潮汐發電站的類型可分以下幾種：

1. **單庫單向型潮汐發站**：只建一水庫，漲潮時進水，退潮時放水，驅動水輪發電機組以發電。

2. **單庫雙向型潮汐發站**：只建一水庫，但其水輪電機組的結構在漲潮或退潮時均可發電，也就是只要水庫內外有電位差的存在，就可以發電。

3. **雙庫雙向型潮汐發站**：建兩個相鄰的水庫。水輪發電機組位於兩水庫間的隔壩內，一水庫只在漲潮時進水，另一個只在退潮時放水。兩水庫水位始終保持不同，故可全日發電。

另外潮汐發電條件為：足夠的潮差、可供蓄水的海灣及河口及較窄的建壩寬度。

潮汐發電與普通水力發電原理類似，通過出水庫，在漲潮時將海水儲存在水庫內，以勢能的形式保存，然後，在落潮時放出海水，利用高、低潮位之間的落差，推動水輪機旋轉，帶動發電機發電。差別在於海水與河水不同，蓄積的海水落差不大，但流量較大，並且呈間歇性，從而潮汐發電的水輪機結構要適合低水頭、大流量的特點。潮汐發電是水力發電的一種。在有條件的海灣或感潮口建築堤壩、閘門和廠房，圍成水庫，水庫水位與外海潮位之間形成一定的潮差(即工作水頭)，從而可驅動水輪發電機組發電。與潮汐發電相關的技術進步極為迅速，已開發出多種將潮汐能轉變為機械能的機械設備，如螺旋槳式水輪機、軸流式水輪機、開敞環流式水輪機等，日本甚至開始利用人造衛星提供潮流資訊資料。利用潮汐發電日趨成熟，已進人實用階段。國外案例潮汐發電彙整資料如表 2-5 所示。

表 2-5　潮汐發電-國外案例彙整(資料來源:高雄市潔淨能源設計規劃計畫網站)

編號	設置地點縣市/位置	名稱	建造/啓用時間	裝置容量	發電量	效益說明
1	法國 / Brittany	蘭斯(Rance)潮汐發電廠	1966	240 MW	600 GWh	設在法國西部沿海、聖馬洛灣蘭斯河口的俾塔尼士(Brittany),共設置 24 台雙向渦流發電機,渦輪直徑爲 5.3 公尺,於漲、退潮時可雙向發電,供應全法國0.012%的用電量
2	俄羅斯 / 莫曼斯克	基斯拉雅(Kislaya)潮汐發電廠	1968～2007	1.7 MW (1 × 0.2MW)		位於俄羅斯北方白海(White Sea)、巴倫支海(Barents Sea)交界的基斯拉雅海灣,最初爲小型實驗性質潮汐電廠。2007年末,俄羅斯電力公司新設置 1.5MW 的實驗型垂直式渦輪機(orthogonal turbine)於原潮汐站位置,作爲建立大型潮汐電廠的先期測試。
3	加拿大 / Nova Scotia	Annapolis Royal 潮汐發電廠	1980-1984	20 MW	50 GWh	爲於芬迪灣(the Bay of Fundy),是北美洲第一座潮汐發電廠。Annapolis 發電廠使用的是最大型的 Straflo 渦輪機組,每年可供電超過 3 千萬度電。
4	中國 / 浙江省	江夏潮汐發電廠	1980	3.2MW	6.5 GWh	位於溫嶺縣樂清灣北端的江廈港,是中國首座雙向潮汐電廠。江廈港原爲封閉式海港,現在已經在港口築粘土心牆堆石壩,形成一座港灣水庫。平均潮差爲5.08 公尺,最大潮差爲 8.39 公尺,1989年發電量達 6.2 億度。目前江廈發電廠平均每年可爲溫嶺、黃岩電力網提供 100 億度電。
5	南韓 / Ansan-si	Sihwa-Lake 潮汐發電廠	1994-2010(預計 2012 年完工)	254 MW (10 × 25.4 MW)	550 GWh	由南韓水資源公司(Korea Water Resources Corporation)發展建造。Sihwa人工湖由於水質受到嚴重污染故經過評估轉而做爲潮汐發電,主要原理是利用湖兩岸的水位差異所造成的水頭作爲發電之用。
6	南韓 / Jindo	Uldolmok 潮汐發電廠	2009	1 MW	2.4 GWh	爲堰壩式潮汐發電廠,同時爲韓國第一座啓用之潮汐發電廠。堰壩長度爲 3,260公尺,總建造成本約爲 1 千萬美元。依據南韓政府目前對於 Uldolmok 潮汐發電廠的擴充規劃,2013 年裝置容量將由1MW 提升至 90MW。

表 2-5　潮汐發電-國外案例彙整(資料來源:高雄市潔淨能源設計規劃計畫網站)(續)

編號	設置地點縣市/位置	名稱	建造/啓用時間	裝置容量	發電量	效益說明
7	挪威　Kval-sundet	Kval Sound 潮汐發電廠	2003	離岸水下渦輪機 0.3 MW	-	爲潮汐發電站模廠,目前此計畫已擴充規模至 700 kW 的模廠,後續要能夠發展成爲具備商業價值的發電站,預估必須裝置 20 作以上的渦輪機組。
8	美國　紐約州	羅斯福島 (Roosevelt Island) 潮汐發電計畫 (RITE)	2008	六座潮汐發電系統 (Kinetic Hydro Power Systems, KHPS)	-	該計畫係獲得紐約州能源研究與發展部所補助,若實廠測試結果成功並獲得營運執照,未來將進一步擴充發電機組至 300 部渦輪機,總規劃裝置容量達 10 MW。
9	英國　Strang-ford Lough	北蘇格蘭斯特蘭福德灣潮汐發電廠	2008	水底渦輪潮汐發電機 (Seagen) 每部 1.2MW	大於 1 GWh	水底渦輪潮汐發電機扇葉速度約每分鐘旋轉 12 次,可以產生足夠讓 1,140 個家庭使用的電力。由於旋轉速度緩慢,故不會傷害到經過的海洋生物,加上沒有噪音且零排放,不會影響自然生態。
10	美國　緬因州	Beta Power System 發電廠	模廠進行中	渦輪發電機 (TGU) 每部 0.06MW	-	由美國海洋再生能源公司 ORPC (Ocean Renewable Power Company) 規畫建置,將於 2011 年底在緬因州展開大規模的佈署,據稱將是目前美國最大的海洋發電廠。

🌳 2-6-2　波浪發電

　　風吹拂海面產生波浪,海面波浪蘊藏著巨大的能量,但能量分布廣泛且不穩定,因此無法廣爲利用。波浪發電原理是把波浪的動能、位能轉變成機械能,用以推動渦輪。對理想的波浪而言,所蘊含的能量與波高的平方及周期成正比。

　　全球波浪能量分布最大處在南、北半球的西風盛行帶附近,因此臺灣周圍海域的波浪能並不高。根據工研院的調查,臺灣東北及東部海域的波浪能較大,較具開發優勢。

　　開發波浪能的方式有 3 種:(1)應用波浪的升降,使浮體物件抬起落下,產生位能的變化而推動渦輪;(2)應用水粒子的運動或海面傾斜的變化,推動物件前後晃動而推動渦輪;(3)應用波浪水位的抬升,壓縮空間內的空氣,進而推動渦輪。當然也可整合三者使用。2003 年,英國在蘇格蘭的奧克尼(Orkney)海岸外,建造完成並啓用世界上首座海洋能源試驗場，稱為「歐洲海洋能源中心」(European Marine Energy Centre)。這海域波浪起伏非常劇烈，且很有規律，適合新型設備的檢測，是發展和測試波浪能源轉換設備的理想場所。目前國際上發展的波浪發電設備，以英國的技術較為成熟。

波浪發電的原理主要是將波力轉換為壓縮空氣來驅動空氣透過發電機發電。當波浪上升時將空氣室中的空氣頂上去，被壓空氣穿過正壓水閥室進入正壓氣缸並驅動發電機軸伸端上的空氣透過使發電機發電，當波浪落下時，空氣室內形成負壓，使大氣中的空氣被吸入氣缸並驅動發電機另一軸伸端上的空氣透過使發電機發電，其旋轉方向不變。波浪發電系統原理如圖 2-27 所示，可分為兩個部分，第一部分為直徑 2.25m 之圓柱浮體，其功能為阻擋波浪前進，使波浪產生變形，藉由浮體的上下運動，將波浪能量傳遞到系統內部。第二部分為能量擷取系統(power take off, PTO)，其功能為將浮體所傳遞進入的能量轉換為可用的電能，本章採用液壓迴路型態，主要工作元件包含浮筒(Buoy)、液壓缸(Cylinder)、方向控制閥(Control Valve)、蓄壓器(Accumlator)、油壓馬達(Hydraulic Motor)與發電機(Generator)。波浪能量可藉由液壓缸的活塞運動機能轉換為壓力與流量形式。方向閥可控制通過油壓馬達的液體為單一方向，降低油壓馬達反轉時產生的能量損失。油壓馬達可將流體的能量轉換為旋轉形態即扭力 τ 與轉速度 ω_G，最後透過油壓馬達帶動發電機旋轉輸出電壓 V 與電流 I。

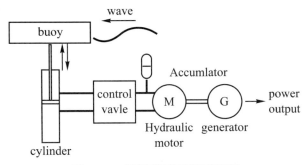

圖 2-27　波浪發電系統原理圖

波浪發電(wave power)將波浪能轉換為電力的技術。波浪能的轉換一般有三級：第一級為波浪能的收集，通常採用聚波和共振的方法把分散的波浪能聚集起來；第二級為中間轉換，即能量的傳遞過程，包括機械傳動、低壓水力傳動、高壓液壓傳動、氣動傳動，使波浪能轉換為有用的機械能；第三級轉換又稱最終轉換，即由機械能通過發電機轉換為電能。波浪發電要求輸入的能量穩定，必須有一系列穩速、穩壓和蓄能等技術來確保，它同常規發電相比有著特殊的要求。利用波浪發電，必須在海上建造浮體，並解決海底輸電問題；在海岸處需要建造特殊的水工建築物，以利收集海浪和安裝發電設備。波浪電站與海水相關，各種裝置均應考慮海水腐蝕、海生物附著和抗禦海上風暴等工程 問題，以適應海洋環境。波浪發電始於 20 世紀 70 年代，以日、美、英、挪威等國為代表，研究了各式集波裝置，進行規模不同的波 浪發電，其中有點頭鴨式、波面筏式、環礁式、整流器式、海蚌式、軟袋式、振盪水柱式、收縮水道式等。1978 年日本開始試驗"海明號"消波發龜船。

台灣屬於海島型國家，四面環海，本身便擁有了「海浪發電」的最佳利用環境，但相較於美國、日本及歐美國家甚至於中國大陸，我國對於此項研究的態度並不積極，上述所提及之國家都已經進入了實質的測試階段，而我國仍處於研發時期，必須善用其天然之優勢，積極發展出適合台灣本島使用的海浪波能發電系統，以期能夠減少對進口能源的仰賴。

海洋波浪是由潮汐、太陽、風力及地球的自轉而形成的，一般來說海浪並無穩定性，波浪能則是屬於具有一自由表面且受重力作用的二維前進波；絕大部份的人認為，波浪像是海水在推進，但是實際上那只是一種能量的水平傳導而已，如圖 2-28 所示。

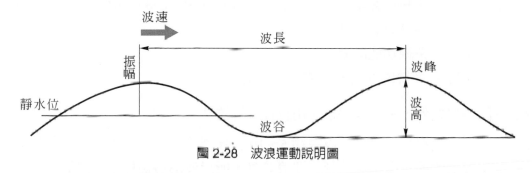

圖 2-28　波浪運動說明圖

台灣四周環海終年海浪較大，其海浪的特徵為湧浪多於風浪，東部地區每年的 4～5 月浪高最小，平均約在 1.5 公尺左右，北部地區 4～5 月平均浪高為 1.1 公尺，其餘月份約在 1.5 至 2.2 公尺左右，南部區域平均浪高為 1～1.3 公尺，3～10 月平均浪高為 1.4 至 2 公尺左右，以上述的區域平均值可得知，可利用的有效浪高高度約在 1.3 公尺左右。

海浪所蘊含的能量是與波高(H)的平方呈正比，功率的定義則是以每單位時間(T)波浪所傳送的能量，一般以瓦特(W)來表示其單位，波浪能所傳送的功率可由以上的公式來表示：

$$\frac{P}{l} = \left[1.96\text{kW/(m}^3 \cdot \text{s)}\right] H^2 T \tag{2-9}$$

其中，P = 海浪傳送的功率(kW/m)

H = 波浪高度(m)

T = 波浪週期時間(sec)

能量守恆(Energy-Work Transformations and Law of Conservation of Energy)「亦即一個系統的總能量 E 的改變，只能等於傳入或導出此系統的多少能量的總合」，開發初期便希望能夠找到一個可以將波浪能量大量引出的方式，根據資料顯示，台灣每年的十月到隔年一月間，各地平均有 12.3Kw/m 的發電潛力，亦即每公尺的波浪位能便可產生 12.3kW 的功率，從物體力學上來講，如果能夠減少負向的導出力量，便可增加導出的能量。

$$W = \Delta E = \Delta E_{\text{mec}} + \Delta E_{\text{th}} + \Delta E_{\text{int}} \tag{2-10}$$

其中，W = 對系統所做的功(ΔE_{mec} 中包含ΔK(動能變化量)與ΔU 勢能變化量)

ΔE_{mec} = 系統機械能的變化量

ΔE_{th} = 系統熱能的變化量

ΔE_{int} = 系統內部其他型態的變化量

波浪能源除供發電外，另可多用途使用以提升經濟利益，如：

1. 防波：將波浪發電設備設置在約 5～10 公尺深的海域，離沿岸相當距離，因為利用波浪的能量發電，消耗了波浪能量，所以波浪發電機組的設置，類似形成防波堤，可減少建構與保養防波堤的成本。

2. 觀光：因為設置了波浪發電機組，後方海域會是平靜的海域，可以進行海洋休閒活動，如潛水、香蕉船、水上滑板、拖曳傘，游泳等。另外可以提供漁民養殖，為當地帶來財富。

3. 軍事方面：由於波浪發電機設置在離沿岸相當距離，如此可防止登陸搶灘、走私等，具有軍事、國防與海防三種正面效果。

4. 預防地盤下陷：因為在波浪發電設備後，幾乎是平靜無波的海面，可以在此海域進行養殖，避免因為在陸上養殖、抽取地下水，造成地盤下陷。

🌳 2-6-3　海洋溫差發電

　　海洋面積佔據了整個地球表面的 70%，由於太陽光的照射，因此海洋可說是地球上最大的太陽能儲存場。在熱帶(tropical)及亞熱帶(subtropical)海洋，由於表層海水易受太陽照射而吸收太陽熱能，故海水表層溫度較深層海水溫度高。以熱帶表層海水及水深 1,000 公尺兩者的水溫為例，其溫差約在 20～25°C 之間，海洋熱能轉換(OTEC)即是利用此項自然海洋溫差的特徵，以熱能轉換裝置將熱能轉換成電能，故海洋熱能轉換發電又稱為海洋溫差發電。溫差發電的原理是利用海洋表面較高溫的海水，使沸點低的液體汽化，進而推動渦輪發電，再以由深海汲取的冷水把它冷凝為液體，循環使用，其熱能與溫差成正比。溫差能與波浪能或海流能比較，能源密度大，較穩定，適合大規模發電，且具附加價值，如海水淡化、海水養殖等優點。

　　在熱帶海洋，海水表面溫度一年四季變化很小，日夜溫度變化也不大，因此，海水表層、深層的溫差都大於適合開發溫差能的攝氏 20°C。全球可開發海洋溫差能的海域面積估計約 60×106 平方公里，可開發的潛能超過 10×106 百萬瓦。國際上，投入海洋溫差發電的國家大多位於熱帶或亞熱帶，其中約有半數國家是太平洋上缺乏天然資源的島國。然而興建試驗性電廠的國家並不多，大多處於可行性評估階段。臺灣東部外海有黑潮經過，表層溫度高，水深也超過 1,000 公尺，極具溫差能開發的優勢。2008年，工研院開發了一套 5 千瓦溫差發電實驗系統，並成功發電。目前在花蓮台肥廠區結合汲取的深層水和表層水，建造海水溫差發電現場機組，進行實地發電測試。

溫差發電方法

　　海洋溫差發電係利用海水的淺層與深層的溫度差，及其溫、冷不同熱源，經過熱交換器及渦輪機來發電。海洋溫差發電大約可分為三種不同的系統：封閉式循環、開放式循環及混合式循環。封閉式循環系統係利用低沸點的工作流體作為媒體。其主要組件包括蒸發器、冷凝器、渦輪機、工作流體泵以及溫海水泵與冷海水泵。因為工作流體係在封閉系統中循環，故稱為「封閉式循環系統」。

　　整個系統的工作原理可先從溫海水開始看：當溫海水泵將溫海水抽起，並將其熱源傳導給蒸發器內的工作流體，而使其蒸發。蒸發後的工作流體在渦輪機內絕熱膨脹，並推動渦輪機的葉片而達到發電的目的。發電後的工作流體被導入冷凝器，並將其熱量傳給抽自深層的冷海水，因而冷縮並且再恢復成液體，然後經循環泵打至蒸發器，形成一個循環。工作流體可以反覆循環使用，其種類有氨、丁烷、氟氯烷(freon)等密度大、蒸氣壓力高的氣體冷凍劑。目前以氨及氟氯烷 22 為最有可能的工作流體。封閉式循環系統之能源轉換效率約在 3.3～3.5% 間。若扣除泵的能源消耗，則淨效率

約在 2.1～2.3％間。其工作原理與目前使用的火力及核能發電原理類似，如圖 2-29 所示

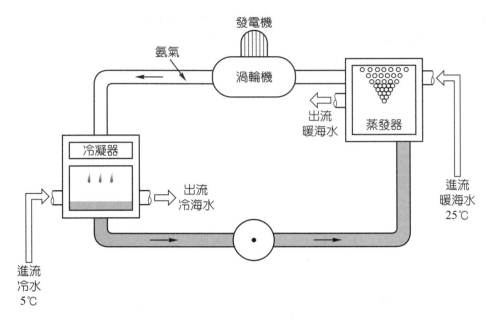

圖 2-29　海洋熱能轉換運轉之基本原理
(資料來源：Ristinen and Kraushaar, 1999)

　　開放式循環系統並不利用工作流體作為媒體，而直接使用溫海水。首先將溫海水導入真空狀態的蒸發器，使其部分蒸發，其蒸氣壓力約只有 3,000Pa(25℃)，約相當於 0.03 大氣壓力而已。水蒸氣在低壓渦輪機內進行絕熱膨脹，作完功之後，即引入冷凝器，由冷海水冷卻成液體。冷凝的方法有兩種：一種是直接混入冷海水中，稱為直接接觸冷凝；另外一種是使用表面冷凝器，不直接與冷海水接觸。後者即是附帶產製淡水的方法。雖然開放式系統的能源轉換效率較封閉式系統為高，但因低壓渦輪機的效率不確定，以及水蒸氣之密度與壓力均較低，故發電的裝置容量較小，不太適合於大量發電。

相較於其他再生能源，海洋溫差發電也有其優點，其優點包含了：

1. 海洋能來自太陽能，是取之不盡用之不竭之能源，且不需要燃料，可不受制於人。

2. 溫差發電是連續性的輸出，且海洋溫差十分穩定，常不因日夜而改變。

3. 溫差發電過程產生污染甚少，甚至可以做到無污染，對環境破壞的也最小。

4. 溫差發電廠往往建於海中，遠離城市及海濱，對於居住環境沒有干擾及不良影響，此外，當初欲建廠時，對土地之取得、購置也不致發生問題。

5. 溫差發電可伴生淡水，以 100MW 的電廠而言，每天可分餾出一百萬加侖的淡水，可供食用及農業灌溉、養殖用。

6. 溫差發電過程產生的廢熱，可以回收利用，供小型動力機械或農漁業使用。

7. 溫差發電廠發出的電能，除了供給城市用電，也可以就近設廠製造淡水、食鹽、海產加工、製取氫氣等。

　　展望未來，由於台灣四面臨海，東海岸之海床又在極短的水平距離內即可到達 1,000 公尺的水深，水溫約 5°C，同時海面適有黑潮暖流通過，表層水溫約 25°C，是世界上稀有可以發展海洋溫差發電的理想地區。根據台灣電力公司的估計，東海岸之海洋溫差發電理論蘊藏量為 3,000 萬瓩，該區域若以適度開發 10%估計，其技術蘊藏量可達 300 萬瓩，每年約可發電 460 億度。

 ## 2-7　利用溫差的熱電發電技術

　　在生活四周有許多耗費能源所生成、卻又被廢棄的熱能，例如：汽車燃燒後排氣、工廠加熱後又將廢熱排放等等。如果能將這些熱能善加利用，即可成為再次使用的能源，而熱電材料與技術，就是利用溫差來發電的關鍵。

　　現在市面上有一種移動型冰箱，使用於旅行郊遊時冰凍飲料及食品保存等。這種冰箱的特色除了方便攜帶外，它並不使用壓縮機，沒有噪音，天氣冷時還可搖身一變成為保溫器，喝熱騰騰的湯汁。隱身在這種冰箱後的核心技術，就是裡面的熱電材料 (thermoelectric)。

　　熱電材料的應用很神奇，它通入電流之後會產生冷熱兩端，故可以用來冷卻也可以用來保溫。而如果同時在兩端接觸不同溫度時，則會在內部迴路形成電流，溫差越大產生的電流越強，這就啟發了一種新思維：用熱電材料接收外界熱源來產生電力。這種概念並不是空中樓閣，目前日本和德國都已開發出利用人體體溫與外界環境溫度差異，進而產生電力來驅動手錶。

🌳 2-7-1　原理與用途

　　熱電材料的開發是 1821 年德國物理學家 T.J.Seebeck 發現，二種不同導體所組成封閉電路其二端接點溫度不同時，迴路中就產生電流。起初的雙金屬材料由於其效應微弱，只能被利用做為溫度、輻射能量測用的雙金屬電偶等開路電壓量測，如在工廠和實驗室中普遍使用的熱電偶(thermocouple)溫度計，即是熱電原理應用的典型例子。至 1950 年代末，某些半導體材料的高熱電效應被發現後，其實用價值才獲得重視。其原理主要是用二種半導體材料取代雙金屬，由 Seebeck 效應並利用供應之熱源造成溫度差產生電流，利用正(p)型半導體與負(n)型半導體串聯組成之熱電發電元件，如圖 2-30 所示。

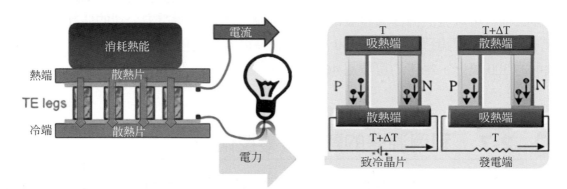

圖 2-30　溫差發電原理示意圖

　　溫差發電的原理可簡單說明：以 p 型半導體材料為例，在有溫差的狀態下，熱端的多數載子(電洞)有較大的機率由熱端往冷端移動，整體表現如同電流由熱端流向冷端；同理，n 型半導體上的多數載子(電子)也是一樣的狀況，當這一對 p 型及 n 型半導體材料以導電材料將其串接後，整體迴路形成電流。簡單來說：利用溫差控制電子及電洞移動的方向，進而形成電流，此即溫差發電原理。

　　同樣地，熱電致冷原理可簡單說明：當一對 p 型及 n 型熱電材料串接後，溫差發電原理示意圖熱量由熱端進入冷熱兩端產生溫差載子因溫差而移動形成電流通入一直流電，當電流經過 p 型半導體材料時(此時電流方向朝上)，其內的多數載子(電洞)移動的方向與電流同向，故 p 型半導體材料內的多數載子等效上如同往上方移動；接下來，當電流經過 n 型半導體材料時(此時電流方向朝下)，其內的多數載子(電子)移動的方向與電流反向，故 n 型半導體材料內的多數載子亦等效上如同往上方移動。總而言之，通入一電流後，p 型及 n 型半導體材料內帶有能量的載子(電子及電洞)均由下往上移動，此帶有能量的載子累積在上端面，致使上端面溫度升高，即所謂的熱端；反之，帶有能量的載子(電子及電洞)均遠離下端面，致使下端面溫度降低，即所謂的冷端。簡單來說：通入一直流電控制電子及電洞移動的方向，進而形成溫差，此即熱電致冷原理。

利用熱電材料發電具有設備簡單、無傳動部件、低噪音、無排放污染、取用方便、安全可靠、壽命長、不需維修等優點，可置於室內並適合個人／家庭發電、工廠／發電廠排放低階熱能發電使用。起初是以一些偏遠地區發電、戰場上之緊急電源、無人看管裝置發電、以天然氣／丙烷為燃料燃燒產生熱源等小型發電產品為主。近年來由於在技術上熱電材料性能的不斷提升，及環保議題上溫室效應／二氧化碳減量等因素，因此利用熱電轉換技術，進一步將大量廢熱回收轉為電能的方式，普遍得到日、美、歐等先進國家的重視。低溫餘熱、特別是 140°C 以下的廢熱再利用，增加了熱電發電的競爭力，一些新興應用研究諸如垃圾焚燒餘熱、煉鋼廠的餘熱、利用汽車以及發動機尾氣的餘熱進行熱電發電，為汽車提供輔助電源的研究也正在進行，並且有部份成果已實際應用，相信在不久的將來會廣泛使用。

2-7-2　先進國家發展經驗

美國 Global Thermoelectric Inc.是全球最大的熱電發電器供應商，在此方面已有 25 年經驗，提供以天然氣或丙烷為燃料之發電設備，並依產品尺寸可發出 15～550W 之電力，做為小型發電機及偏遠地區管路陰極防蝕電源使用。此外美國 Hi-Z 公司則發展小型之發電模組，其產品為各種等級之單片模組，可發出 2～20W 不等之電力，利於自行組裝應用。美國國防部除持續推動高效熱電材料研發外，更在噴射推進實驗室從事多段功能熱電材料研發。

日本政府最近幾年對熱電發電技術甚為關注，新能源產業技術總合開發機構(NEDO)兩年間即投入 15 億日幣，研發各種高效熱電材料做為各式排放熱能發電利用。另外，日本業界如久保田公司開發一種熱電轉換裝置，能把 300°C 下低廢熱轉換為電能，是把垃圾燃燒時產生的廢熱通過熱交換，將其做為高溫部份，把工廠管道的冷卻水做為低溫部份，利用兩者溫差經熱電轉換裝置即可進行發電，當溫差為 260°C 時，發電功率可達 640W。在車輛排氣發電方面，Nissan 公司研發最為積極，預計利用佔總廢熱 30%之排氣熱能提供發動機輔助電源，每台車約能有 200W 的電力回充電瓶，可減少 5%之燃油支出。

歐洲方面，在瑞典北部利用燒柴取暖爐所產生的熱量，可用以發電並替代昂貴的汽油馬達發電機；英國的威爾士大學建立了低溫廢熱的原型熱電系統。英、德等國研究利用太陽光集熱板或聚焦鏡方式提供高溫熱源，如德國 DLR 公司利用直徑 1.5m 碟型共聚焦器，製成 300°C 之熱源以供熱電發電用。在低溫電力應用上，德、日等國都已有以人體體溫為熱源之手錶問世，只要皮膚與衣服之間有 5°C 以上的溫差，即可產生微瓦之功率，未來在手機、掌上型電腦等微型電子產品上均可使用。

2-7-3 未來發展

就熱電發電器需用的熱源來看，目前國內可利用之餘熱能種類有工業熱能(如工業高／低階溫差排放熱能、廢棄物熱能、熱交換器熱能)、交通工具排放熱能(如燃油車熱能)、環境熱(如太陽熱能／溫泉地熱)、其他熱能(如熱水溫差熱能、住宅器具熱能、其他行業熱能)等。

在工廠餘熱利用上，其他種類的發電技術效率雖較高，但由於也需在較高溫環境下操作，在低於 150°C 之工作環境即無法利用，而熱電發電卻可利用中低溫熱能；一般發電機設備重量太重、無法裝設在車上；或是住宅區之太陽熱能集熱發電，一般發電設備需大面積裝設而不適用，因此溫差發電成為重要選擇。

在交通工具上則可應用於更高溫之排氣，發電效率更高，具有節省燃料、減低整體廢氣排放量，有益於環保；應用於家庭住宅則為一可再生能源之新利用，具有能源免費、乾淨、無排放污染等優點，對於高度缺乏自主能源的我國值得在國內推廣應用。

響應政府節能減碳政策，減少工業廢熱排放及能源再利用，中鋼公司目前於一座熱軋加熱爐壁上所建立之 200W 級「加熱爐壁熱電發電示範系統」，為全國第一套工業廢熱回收熱電發電系統應用實例，乃是利用加熱爐內(約 1300°C)在加熱鋼品過程中因熱能逸散而傳遞至爐壁之 100°C 廢熱來發電應用，此套熱電系統已上線運轉近三年時間且持續穩定運轉發電中。此熱電系統共裝設 216 片熱電模組，總安裝面積為 $5m^2$，熱端平均溫度為 115°C、冷端平均溫度為 33°C、溫差為 82°C，系統總發電量為 200W，平均發電密度為 $40W/m^2$。目前熱電發電在工廠廢熱利用技術仍在發展中，仍未達商業化階段，主要是熱電轉換效率仍低、成本仍偏高，但預計 2015 年左右系統熱電轉換效率可達 7%以上、模組發電成本可降至 2USD，可望成為具普及應用潛力的廢熱回收技術。由中央研究院週報得知最新的研究發現超晶格確能提升 ZT 值到 2～3，對應之熱-電效率可達 15～20%，已與太陽能電池相近。

2-8　分散式電源對配電系統的影響

　　不同於傳統之大型集中式發電機組，如上述所提及之再生能源發電機組，故與電力公司併聯時，通常會接於配電系統。當分散式電源併入配電系統時，會對原先的電網造成某些程度之衝擊，部份衝擊對電力系統會有較佳的助益，如：(1)減少電力供應的不穩定；(2)減少輸電與變電的投資。但分散式電源亦會對配電系統的運轉與規劃造成影響，如：(1)短路故障及保護協調；(2)電壓調整及線路損失；(3)諧波失真；(4)電壓驟降；(5)孤島效應等電力供電品質問題。透過各種正常與不正常運轉狀況的了解，可進一步去探討分散式發電系統加入配電系統運轉後，重新評估電力系統的設計運轉及保護協調等策略，以維持電力系統之供電品質及運轉安全。

2-8-1　短路故障及保護協調

　　假設某一配電饋線併有數台發電機組，當饋線發生故障時，分散式電源所產生之故障電流，會造成保護系統動作不正確，其可能造成的影響有：(1)分散式電源所產生之電流，會導致系統熔絲熔斷或使遮斷器誤動作；(2)裝設於系統末端之分散式電源提供故障電流的因素，導致上游之熔絲、遮斷器、復閉器或區域切換器產生誤動作；(3)由於分散式電源持續提供故障電流，使得區域遮斷器無法動作。故當配電饋線裝設分散式電源時，系統須重新執行短路故障分析以提供相關保護協調設備的設定與調整。

2-8-2　電壓調整及線路損失

　　目前配電線路係利用裝設於變電所內之 OLTC 主變壓器及電容器來調整饋線上的電壓，使各用戶端之電壓能維持在所規定的範圍內。由於傳統配電系統設計只考慮單向電力潮流，當分散式電源加入配電系統運轉後，依其擺設位置可能造成系統電壓過高或過低。當分散式電源切離饋線時，可能造成饋線末端之電壓，比未加入分散式電源時之電壓值為低，嚴重時可能會低於規範之最低下限，可能造成用戶負載之跳脫及損失；反之，當分散式電源投入饋線時，饋線末端之電壓則會提升，甚至會高出規範之最高上限，造成用戶設備之損壞。因此在分散式電源併入系統運轉之前，需先考慮饋線的阻抗特性、電壓調整器之設定等因素，配合分散式電源機組容量大小與設置位置，方能找出分散式電源的最佳控制模式。

　　分散型機組的設置位置與容量大小會改變饋線損失，探討設置位置使損失最小化的問題，類似於傳統上選擇電容器裝設位置以降低損失的問題，不同的是電容器只影響無效功率，而分散型電源卻同時影響有效功率與無效功率，大部份的發電機操作在落後功因 0.85 至 1.0 之間，部份具備電力電子介面的分散型機組則可以提供無效功率，線路損失的分析亦可由電力潮流計算而得。

🌳 2-8-3 諧波失真

部份分散式電源併入配電系統運轉時，使用含交直流轉換器之電力電子設備，依照此轉換器的型式與其連接方式會產生特定的諧波形態。而旋轉電機繞法、非線性鐵心接地與其他的因素，也會產生諧波污染。過量之諧波成份，可能導致電力設備承受過電壓或過電流，使得設備壽命減短，故必須對分散式電源所產生之諧波做測量與分析，使其能符合電力公司之規範。另外，電力公司對分散式電源業者採取較嚴格的諧波管制標準是否會造成業者的困擾，亦是相當值得探討的議題。

🌳 2-8-4 電壓驟降

電壓驟降會發生的原因有：雷擊、鹽害、故障、大型負載啓動或人為因素所造成等，其可能造成的電力設備電壓不足，導致保護電驛動作，造成電力中斷。尤其是現今設備的靈敏度都比較高，對電力品質的要求也相對的提高，故須找出解決電壓驟降之方法。雖然目前已有相當多研究成果與改善對策，但因暫態保護設備如 AVR、STATCOM 或 UPS 的造價昂貴，故分散式電源或許為一不錯的選擇。當電壓驟降發生使得用戶端之電壓降低時，分散式電源則會將用戶端的電壓拉升，避免因系統電壓驟降而產生跳機之現象。

由上述之說明可知，分散式電源之發電型式容量與位置及配電網路之特性等因素，都會影響配電系統之運轉方式與規劃策略，故在其與饋線併聯供電前，需先了解配電系統之架構、保護裝置、電壓控制方式及分散式發電機組資料，進行發電機組與饋線併聯運轉之分析，如：電壓閃爍、電壓調整、故障電流等項目之檢討，決定分散式發電機組對系統的影響程度而評估所需要的互聯技術，並透過通訊與監控、模擬及驗證技術，才能確保分散式發電機組併聯運轉之安全。

🌳 2-8-5 孤島效應

當分散式發電機組併入配電系統時，可能會因為電力公司發生故障或維修斷路器時，各分散式機組並未偵測到此狀況而立即切離電網，造成分散式發電機組與饋線其它用戶負載共同運轉的現象，形成部份地區仍繼續受電且不受電力公司控制之電力孤島區域。孤島效應之現象常常發生在分散式電源發電量總和與配電系統用電負載相當接近的時刻，此現象可能造成的影響有：(1)獨立運轉期間，由於電壓頻率較不穩定，設備易受損且保護電驛容易產生誤動作；(2)因電力孤島之區域仍維持受電卻未檢出，可能造成相關區域維修人員之疏忽而造成危害；(3)當故障排除恢復供電時，有可能發生未同步併聯，而造成進一步的傷害。

2-9　IEEE 分散式電源運轉規範

高壓系統連接點上有幾項重要的因素必須加以考慮，這些因素如下所示：

1. 相序：發電業者與電力公司對於相位符號標示(如 A,B,C；1,2,3 等)與相位旋轉方向(如順時針或逆時針)都必須加以協調。若風力發電站與電力公司進行互連的場所已有明確的系統架構化變壓器架構來控制相位，則在互聯前必須得知。為滿足風力場收集系統的不同相位順序，通常可使用適當的變壓器接線方式來進行。

2. 電壓範圍及頻率：互連設備必須符合電力公司標稱電壓及頻率的要求互聯設備的設計必須考慮預期最小及最大的電壓範圍。

3. 連續性額定：系統互連設備之連續電流額定必須夠大於發電站之最大發電量(或負載量)，這個額定量也必須能夠應付電力公司與風力場系統間的電力交換量。

4. 額定啟斷及瞬間容量：與電力公司連接的發電及配電設備容量將受限於不同的故障等級，這些故障等級往往與電力公司特性有關。對於可能的最大故障電流，發電站內的設備及互連設備都必須能夠有足夠的故障啟斷容量及瞬時忍受容量。故障啟斷及瞬時容量通常須保留適當的安全裕度，以反應未來負載成長的狀況。而對於故障電流的來源，瞬時故障電流主要是感應發電機來提供而電力公司及同步機具則是持續性故障電流的主要部分。

5. 負載因數與功率因數之考量：電力公司及發電業者必須瞭解風力發電量之大小、可靠度、持續時間(負載因數)、及每日可用量，而這些相對應的全系統實功量及虛功量對設備的額定及架構的影響往往很大。為維持一定的功率因數，虛功率的需求量(或提供量)須特別謹慎計算。風力場與電力公司互連時，電力公司會要求發電業者之系統功率因數必須維持或高於某值。當風力場擁有同步發電設備，則可能必須被要求來提供虛功率給系統，若無法達到這個要求，則風力場必須改使用感應發電機。

6. 變電所架構：風力場內變電所的設備須提供電力公司互連線路高壓端連接的準備。變電所內需設置必要的切換及保護元件，這些元件除隔離故障外，將減少故障產生的影響，並執行例行性維護之切換工作。此外，變電所內也必須包含變壓器來執行變壓工作。分散式電源與電力公司的解聯方式必須易於使用，且為維護人員的安全，切換元件必須具有可鎖式的功能。

7. 斷路器之裝設：斷路開關及附屬的旁路或隔離分段開關通常是變電所內最基本的保護元件。斷路器可在系統同步時電路切換使用，需要時也可做為切斷故障電流使用。最簡單的斷路器架構為單一斷路器裝置，這種裝置通常是使用在簡單的放射性供電架構中。超過一個以上的連接方式或採用迴路供電方式時，電力公司及風力場則需要更複雜的斷路器保護架構。最常見的斷路器保護架構有修正放射供電方式，"H"連接，環狀匯流排，主副匯流排，一又二分之一匯流排，及雙匯流排。特殊的斷路開關保護架構必須透過可靠度及成本分析來決定，分析結果必須取得風力場運轉者及電力公司接受。

8. 變壓器連接：風力場業者及電力公司雙方必須共同決定電力使用及測量使用變壓器之架構(如 Y-Δ，Δ-Y，Y-Y，Zig-Zag，自耦變壓器等)。不同的變壓器架構對系統可靠度、電驛選擇、故障電流大小、過電壓狀況、設備成本、及其它技術可能造成嚴重的影響。決定變壓器連接方式的同時，造成相位位移的原因也必須加以考慮，確認電力公司與風力場正確的相位關係。

一、互連變電所設計準則

1. 接地：為維護人員安全，提供變壓器及其它設備有效的接地，地下埋設的接地線路必須包含裸露的傳導器及電極(接地棒)。設計 接地系統時，也必須考慮當地的土壤狀況。接地系統的設計必須與鄰近電力公司或電廠來共同協調，確認傳送電力不會危及人員的安全，或造成保護、控制、或通訊電路的損壞。發電業者應詢問電力公司是否可使用接地線，將電力公司的中性點與發電站接地系統互連。發電設備或變電所的接地系統對保護系統之影響必須謹慎地研究，並進行實地測試。

2. 絕緣等級：任何的互連系統，基本脈衝絕緣等級(Basic ImpulseInsulation Level, BIL)的計算必須考慮電力公司配電設備及輸電線。工業界或本地電力公司的絕緣等級可作為風力場 BIL 之設計參考，這些絕緣等級往往依不同的架空線路、電纜及變壓器而異。由於設備使用的液體及海上環境會形成隔離污染物，計算 BIL 時也必須考慮隔離污染物的來源及風向。

3. 突波(雷擊)保護：某些特殊場所，如戶外變電所設備雷擊保護須以 Isokeraunic 等級(大雷雨-天/年)標示。雷擊頻率、故障記錄、及特殊雷擊保護方式(遮蔽線、遮蔽桿、遮蔽陣列、避雷器、BEL 等級、復閉等)等資料需加以收集。

4. 輸電(或配電)線路端點：風場與電力公司間的互連變電所最重要的實體介面為架空或地下高壓輸電線或中壓配電線。架空線架構的最後一個風力塔與變電所端點間之間隔必須仔細設計。

5. 切換設備：變電所切換元件之選擇及裝設往往與變電所斷路器架構有密切關係。由於全範圍電流切換及故障啟斷都必須使用電路切換開關，因此電路切換開關必須具有負載切換及低階故障啟斷的能力，這種特性也可應用於線路充電電流及切換電容之啟斷。保護電驛對於偵測系統干擾或監視電力設備之切換動作是必須的，而保護電驛往往是電力系統設計最複雜的部分。風力場能否成功地運轉與電力公司及風力場保護協調有密切的關係。

二、保護電驛功能

1. 線路保護：當偵測到故障或其它干擾時，線路保護電驛執行隔離線路的動作。造成輸電及配電線路干擾的原因，包括雷擊、霧氣、樹枝、動物、裝載車輛意外事故等。

2. 變壓器保護：在偵測異常事件狀況時，變壓器保護電驛將監視電力變壓器內部狀況，並執行隔離動作。這些保護動作可用來顯示變壓器是否發生過載或內部故障情形。

3 匯流排保護：匯流排保護電驛主要是用來監視匯流排是否健全，若偵測到匯流排故障，保護電驛將對匯流排執行相關的隔離動作。

4. 同步化/同步檢定電驛功能：兩供電系統進行互連前，必須使用同步化或同步檢定電驛來確認兩系統或系統中同步發電機的相位。

5. 復閉功能：復閉功能是用來提供電力連續性及維持互連系統之穩定性，當發生故障時，復閉電驛將驅動斷路器，使原來隔離的輸電線路重新恢復供電。復閉功能於發電機互連應用必須有特殊的保護方式。

6. 孤島運轉：由於電力公司系統內的異常狀況可能使電力公司部份系統與主系統分離，但部份系統仍與風力場連接，形成所謂的孤島系統，通常稱為 "Islanding"。除特殊情形外，風力場孤島運轉現象通常應加以避免。孤島運轉現象產生時，系統頻率或電壓可能會變成異常，這些異常電壓或頻率可能會造成風力場或電力公司系統設備損壞。為避免孤島現象帶來的損壞，可使用保護電驛來量測風力場電壓及頻率，建立電壓及頻率可接受範圍。若電壓或頻率運轉在該範圍外，則應立即切離風力場或停止風力渦輪機運作。這些頻率及電壓保護電驛的設定值必須取得風力場及電力公司共同協議。電力公司的復閉操作可能突然使電力公司與孤島系統重新併聯，但兩互連系統仍無同步，為避免這種現象發生，電力公司必須訂定嚴格的頻率誤差(如 0.1Hz)標準來進行電力公司與其他系統併聯及解聯。

▶ **習題**

1. 試描述風力發電之優缺點？

2. 太陽能電池之原理為何？

3. 試描述太陽能發電之優缺點？

4. 水力發電和地熱發電之原理為何？

5. 潮汐發電和波浪發電之原理為何？

6. 試描述海洋再生能源的種類？

7. 再生能源與非再生能源之種類為何？

8. 試說明溫差發電的原理？

9. 試描述海洋溫差發電之優點？

10. 試說明分散式發電對配電系統之衝擊？

11. 何謂孤島效應？

12. 分散式發電併聯須考量之因素為何？

13. 試簡單說明溫差發電的原理？

14. 試簡單說明熱電致冷的原理？

3 混合發電系統之模型與原理

 ## 3-1　　MATLAB 介紹

　　本書利用 Matlab/Simulink 套裝工具軟體的 SimPowerSystems 工具箱所提供的各元件模組及自定的模組來建構混合發電與微電網系統，並設計智慧型控制器運用於風力發電機、燃料電池與太陽能最大功率追蹤，來模擬市電併聯型混合發電系統，並做暫態與穩態的分析，Matlab/Simulink 軟體開啓視窗如圖 3-1 所示。

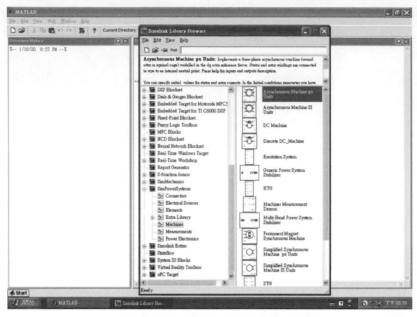

圖 3-1　Matlab/Simulink 視窗圖

 ## 3-2　風力發電系統介紹

3-2-1　風能簡介

　　近年來因全球性能源短缺危機與環保意識抬頭，世界各國也苦於石油與煤炭所造成的各項汙染，已造成生態的巨大衝擊。科學家體認到過度仰賴石化能源並非長遠之計，故致力於開發再生能源技術，努力提升使用效率及宣導節約環保，風力發電的研究因而蓬勃。風能具有環保不破壞生態的特色，汙染甚低，且在運轉過程中不排放廢棄物，沒有輻射跟殘渣物，是乾淨自然的能源。風能分布十分廣泛，幾乎隨處可得，不但沒有能源取得成本，也無須運輸，對於偏遠地區的電力供應，有莫大的幫助。現在風力發電已經是再生能源中最經濟、使用最廣泛的技術之一，在歐洲，風能已經是非常重要的電力來源。

3-2-2　風之數學模型

　　為了知道風的行為，必須考慮實際的陣風、風速急速改變等情形，與環境對產生對風的干擾因素。因此要模擬一個較真實的風模型。本章使用了由四種風的模型組成的的方程式，其方程式如下：

$$V_w = V_{WB} + V_{WG} + V_{WR} + V_{WN} \tag{3-1}$$

其中：V_{WB}：基本風速(base wind)；

$\qquad V_{WG}$：陣風(gust wind)；

$\qquad V_{WR}$：斜坡風(ramp wind)；

$\qquad V_{WN}$：擾動風(noise wind);

1. **基本風速**可由下面的方程式表示

$$V_{WB} = K_B \tag{3-2}$$

式中的 K_B 為基本風速之常數。

2. **陣風之成份**可以由下面的方程式表示

$$V_{WG} = \begin{cases} 0 & t < T_{1G} \\ V_{\cos} & T_{1G} < t < T_{1G} + T_G \\ 0 & t > T_{1G} + T_G \end{cases} \tag{3-3}$$

式中：

$$V_{\cos} = \left(\frac{MAXG}{2} \right) \left\{ 1 - \cos 2\pi \left[\left(\frac{t}{T_G} \right) - \left(\frac{T_{1G}}{T_G} \right) \right] \right\} \tag{3-4}$$

其中，T_G 為陣風的週期時間(單位：s)，

$\qquad T_{1G}$ 為陣風開始的時間(單位：s)，

$\qquad MAXG$ 為陣風的峰值(單位：m/s)。

3. **斜坡風之成份**可以由下面的方程示表示

$$V_{WR} = \begin{cases} 0 & t < T_{1R} \\ V_{ramp} & T_{1R} < t < T_{2R} \\ 0 & t > T_{2R} \end{cases} \tag{3-5}$$

式中：

$$V_{ramp} = MAXR \left[1 - \frac{(t - T_{2R})}{(T_{1R} - T_{2R})} \right] \tag{3-6}$$

其中，$MAXR$ 為斜坡風的最大值(單位：m/s)，

$\qquad T_{1R}$ 為斜坡風開始的時間(單位：s)，

$\qquad T_{2R}$ 為斜坡風的停止時間(單位：s)。

4. **擾動風的成份**可以由下面的方程式表示

$$V_{WN} = 2 \sum_{i=1}^{N} [S_V(\omega_i)\Delta\omega]^{\frac{1}{2}} \cos(\omega_i t + \phi_i) \tag{3-7}$$

式中：

$$\omega_i = (i - 1/2)\Delta\omega \tag{3-8}$$

$$S_V(\omega_i) = \frac{2K_N F^2 |\omega_i|}{\pi^2 [1 + (F\omega_i / \mu\pi)^2]^{4/3}} \tag{3-9}$$

其中，ϕ_i 為一個在 0 到 2π 間的隨機分佈值，

　　　K_N 為表面阻力係數，

　　　F 為擾動規模(單位：m)；

　　　μ 為平均風速(單位：m/s)。

在 $N = 50$ 與 $\Delta\omega$ 在 0.5～2.0 rad/s 之間，對於擾動風會有較好的模擬結果。

🌱 3-2-3　風力機發電原理

風是常見的自然現象，源於地球自轉與太陽熱輻射不均而引起空氣的循環流動。風力發電主要是藉由風來推動風力機的葉片旋轉，進而帶動發電機旋轉發電。

風渦輪機的電力輸出與風的速度關係密切，葉片由風獲得的能量與風速的三次方成正比，一般風力發電機的啟動風速介於 2.5～4m/s，於風速 12～15m/s 時達到額定輸出容量，為避免風速過高而損壞發電機，風速到達 20～25m/s 時，須強迫風渦輪機停機。

在切入風速達到額定風速之間，風渦輪機的輸出功率為 P_w 正比於風速 V_w 的三次方，可以將風渦輪擷取之風能以下式(3-10)所表示。

$$P_w = \frac{1}{2}\rho C_p(\lambda, \beta)\pi R^2 V_w^3 \tag{3-10}$$

$$\lambda = \frac{V_{tip}}{V_{wind}} = \frac{\omega_r R}{V_w} \tag{3-11}$$

其中，P_w：由風所擷取的功率(單位：W)　　ρ：空氣密度(單位：kg/m³)

　　　R：風渦輪機葉片半徑(單位：m)　　C_p：功率係數

　　　λ：尖端速度比　　　　　　　　V_w：風速(單位：m/s)

　　　ω_r：渦輪機之轉速　　　　　　　β：葉片旋角的角度(單位：degrees)

其中，C_p 以下式(3-12)所表示，並將其關係式可畫成如圖 3-1 所示。

$$C_p\left(\lambda,\beta\right)=0.5176\left(\frac{116}{\lambda_i}-0.4\beta-5\right)e^{-\frac{21}{\lambda_i}}+0.0068\lambda \tag{3-12}$$

$$\lambda_i=\frac{1}{\dfrac{1}{\lambda-0.08\beta}-\dfrac{0.035}{\beta^3+1}} \tag{3-13}$$

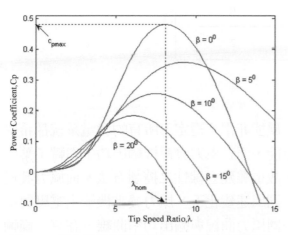

圖 3-1　風力機功率係數與葉尖速率比關係曲線　　　圖 3-2　風渦輪機運轉特性曲線

　　由圖 3-1 所示，當 β 為 0 度、λ 為 8.1 時，則 C_p 為最大值 0.48。由於設定參數時，其輸出功率採用標么值系統，因此將式(3-10)經標么值系統轉換可得輸出方程式 (3-14)。如圖 3-2 所示，為風渦輪機運轉特性曲線。如表 3-1 所示，為感應發電機之規格。

$$P_{m\_pu}=K_pC_{p\_pu}V_{wind\_pu}^3 \tag{3-14}$$

其中，P_{m_pu}：輸出功率之標么值

　　　　K_p：增益

　　　　C_{p_pu}：以 C_p 最大值為基準之轉子功率係數

　　　　V_{wind_pu}：以額定風速為基準之風速

註：風渦輪機之速度(turbine speed)、輸出功率(output power)、葉片旋角(beta)、風速(wind speed)

表 3-1 感應發電機規格

額定容量(VA)	2000
線電壓(V)	220
頻率(Hz)	60
慣量常數	0.7065
機械阻尼係數	0
極對	2

3-2-4 風力發電系統控制原理

由於風力波動與不確定性，使得產生之風能非常不穩定，所有的發電系統都希望可以在相同之風速與轉速下，盡可能輸出電能，而且風力發電機輸出功率與轉子葉片之轉速為非線性關係，因其為非線性關係，故很難建立線性之控制方法。而風力發電機最大輸出功率主要決定於風速大小，在不同風速變化下，風力發電機輸出電壓與電流會隨風速變化，每個風速狀態下，皆有不同風力曲線與輸出功率曲線，在每一條輸出功率曲線均有一最大輸出功率點，此為風力發電機之最佳工作點，使風力發電機運轉於最大功率輸出狀態。為了使風力發電可以充分被利用，故需要運用控制方法來追蹤不同風速下之最大輸出功率點。

最大功率追蹤法是一種搜尋最佳工作點的過程，透過控制風力發電機的輸出端電壓，使風力發電機可以在不同風速變動下，自動調整以輸出最大功率，由式(3-10)得知，風力發電機的輸出功率與風速三次方成正比，風速的變動使得工作點隨之變化，而導致系統的效率降低，因此，利用最大功率追蹤法的追蹤控制，便可使風力發電機在不同環境與風速變化下獲得最大功率輸出。

一種良好的控制方法，除了可使風力發電機獲得最大功率輸出之外，亦可控制風力發電機之葉片角度，當風速過高時，控制器可自動調整發電機之葉片角度，使感應發電機輸出功率維持在額定範圍中，以保護風力發電機組運轉的安全性。

風力發電機之最大功率追蹤控制包括了擾動觀察法與直線近似法。擾動觀察法之操作原理是藉由週期性的增加或減少發電機之轉速，來改變風力發電機之輸出電壓與電流，並觀察及比較變化前後之輸出功率，以決定下一個週期必須增加或減少發電機之轉速，來追蹤最大功率點。此種控制方法優點為量測參數較少，且控制方法簡單，但擾動頻率受限於發電機之反應速度，若擾動頻率大於發電機反應速度，容易造成系統判斷錯誤。直線近似法之操作原理藉由量測不同風速下之最大功率點之功率與週期，將量測結果近似為一直線，作為最大功率追蹤之參考點。此種控制方法優點為追蹤速度快，但若最大功率點之量測沒有經過標準之測試，則功率曲線不夠精準，將造成誤差，且不同風力發電機與負載，最大功率曲線皆不相同。

3-2-5　感應發電機基本原理

　　最常應用在風力發電上的發電機為感應發電機，感應發電機最大的好處就是構造簡單，與同步發電機相比較，感應發電機不需要激磁系統，也不需要調速裝置，只要電動機的轉速大於所接電力系統的同步速度，其功用為發電機。感應發電機轉軸的轉矩越大，所產生的輸出功率越大。然而，感應發電機因為缺乏獨立的磁場電路，所以感應發電機無法產生虛功率，此外，感應發電機會消耗虛功率，所以連接電容器組來改善功率因數。

　　由圖 3-3 所示，如果感應電動機由外部的原動機驅動在大於同步轉速下，其感應轉矩的方向會相反使其動作為發電機。在發電機模式運轉下，有一個最大感應轉矩，稱為發電機的俯衝轉矩(Pushover Torque)。若原動機加在感應發電機的轉矩大於俯衝轉矩，發電機就會過速。

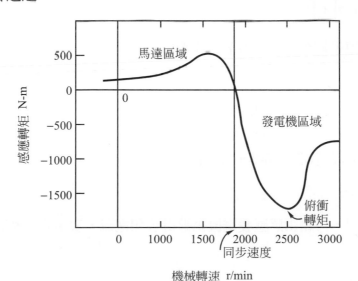

圖 3-3　感應電機的轉矩-速度特性曲線

3-2-6　感應發電機之數學模型分析

感應發電機之數學模型為非線性、時變以及高度互相耦合的複雜方程式,為了追求直流馬達控制電樞電流與磁場電流,即可控制馬達的轉矩與轉速來控制。感應發電機之控制方法常使用向量控制,通常磁場導向控制方法可分直接及間接二種型式,直接磁場向量控制是直接量測或計算轉子磁通角度;間接磁場向量控制是藉由定子電流與轉子時間常數來計算轉差速度,並由編碼回授轉子速度信號,兩者相加積分後即可推導出轉子磁通角度。

在三相平衡電源系統下,分析感應發電機的數學模式,通常作以下的假設:

1. 在定、轉子間的氣隙,所流過的旋轉磁場為均勻分佈。
2. 磁動勢為正弦波分佈。
3. 定、轉子間的磁路為線性。
4. 忽略溫度及頻率變化對發電機之影響。
5. 忽略磁飽和、磁滯損、鐵損、渦流損等損失。

一、電壓方程式

感應發電機定子電壓方程式由下列式表示

$$[V_s] = R_s[i_s] + p[\lambda_s] \tag{3-15}$$

感應發電機轉子電壓方程式由下列式表示

$$[V_r] = R_r[i_r] + p[\lambda_r] \tag{3-16}$$

其中,s 和 r 分別表示定子和轉子

λ_s 和 λ_r 表示定子和轉子的磁通鏈

R_s 和 R_r 表示定子和轉子繞線漏電阻

二、磁通鏈方程式

由磁交鏈原理,可藉由感應發電機繞線電感和電流,表示定子和轉子繞線中磁通鏈,其式子如下

$$\begin{bmatrix} \lambda_s \\ \lambda_r \end{bmatrix} = \begin{bmatrix} L_s & L_{sr} \\ L_{sr}^T & L_r \end{bmatrix} \begin{bmatrix} -i_s \\ i_r \end{bmatrix} \tag{3-17}$$

其中

$$L_s = \begin{bmatrix} L_{ls} + L_{ms} & -L_{ms}/2 & -L_{ms}/2 \\ -L_{ms}/2 & L_{ls} + L_{ms} & -L_{ms}/2 \\ -L_{ms}/2 & -L_{ms}/2 & L_{ls} + L_{ms} \end{bmatrix} \tag{3-18}$$

$$L_r = \begin{bmatrix} L_{lr} + L_{mr} & -L_{mr}/2 & -L_{mr}/2 \\ -L_{mr}/2 & L_{lr} + L_{mr} & -L_{mr}/2 \\ -L_{mr}/2 & -L_{mr}/2 & L_{lr} + L_{mr} \end{bmatrix} \tag{3-19}$$

其中，L_{ls}：單相定子繞線漏電感 　　　L_{lr}：單相轉子繞線漏電感

L_s：定子繞線的自電感 　　　　　L_r：轉子繞線的自電感

L_{ms}：定子間互電感 　　　　　　L_{mr}：轉子間互電感

定子對轉子互電感乃受轉子角度影響，可由下列矩陣表示

$$L_{sr} = L_m \begin{bmatrix} \cos\theta_r & \cos\left(\theta_r + \dfrac{2\pi}{3}\right) & \cos\left(\theta_r - \dfrac{2\pi}{3}\right) \\ \cos\left(\theta_r - \dfrac{2\pi}{3}\right) & \cos\theta_r & \cos\left(\theta_r + \dfrac{2\pi}{3}\right) \\ \cos\left(\theta_r + \dfrac{2\pi}{3}\right) & \cos\left(\theta_r - \dfrac{2\pi}{3}\right) & \cos\theta_r \end{bmatrix} \tag{3-20}$$

此外，感應發電機之電磁轉矩方程式為：

$$T_e = \frac{N_p}{2}\left(i_{abcs}\right)^T \frac{\partial}{\partial \theta_r}\left(L_{sr} i_{abcr}\right) \tag{3-21}$$

其中，N_p：感應發電機的極數

θ_r：轉子與參考軸所夾的角度

ω_r：轉子角頻率

　　在三相系統中，感應發電機之電壓及轉矩方程式均為非線性且時變，故其轉矩控制為複雜。因此藉由將三相座標軸轉換為 *d-q-o* 參考座標軸系統如圖 3-4 所示，故可簡化電壓及轉矩方程，使系統易於分析及控制。

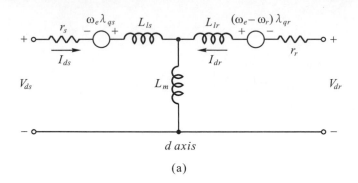

(a)

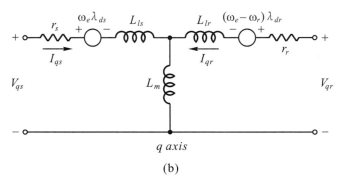

(b)

圖 3-4 感應電機 d-q 軸等效電路

經座標轉換至 d-q-o 座標之系統電壓方程式如下

定子部分：

$$v_{qs} = r_s i_{qs} + p\lambda_{qs} + \omega_e \lambda_{ds} \tag{3-22}$$

$$v_{ds} = r_s i_{ds} + p\lambda_{ds} + \omega_e \lambda_{qs} \tag{3-23}$$

$$v_{os} = r_s i_{os} + p\lambda_{os} \tag{3-24}$$

轉子部分：

$$v_{qr} = r_s i_{qr} + p\lambda_{qr} + \left(\omega_e - \omega_r\right)\lambda_{dr} \tag{3-25}$$

$$v_{dr} = r_s i_{dr} + p\lambda_{dr} - \left(\omega_e - \omega_r\right)\lambda_{qr} \tag{3-26}$$

$$v_{or} = r_r i_{or} + p\lambda_{or} \tag{3-27}$$

其中，v_{ds}、v_{qs}、v_{os} 代表 *d-q-o* 座標軸之定子電壓

i_{ds}、i_{qs}、i_{os} 代表 *d-q-o* 座標軸之定子電流

λ_{ds}、λ_{qs}、λ_{os} 代表 *d-q-o* 座標軸之定子磁通

r_s 代表 *d-q-o* 座標軸之定子電阻

v_{dr}、v_{qr}、v_{or} 代表 *d-q-o* 座標軸之轉子電壓

i_{dr}、i_{qr}、i_{or} 代表 *d-q-o* 座標軸之轉子電流

λ_{dr}、λ_{qr}、λ_{or} 代表 *d-q-o* 座標軸之轉子磁通

r_r 代表 *d-q-o* 座標軸之轉子電阻

p 代表微分運算子

磁通鏈方程式為：

$$\begin{bmatrix} \lambda_{qs} \\ \lambda_{ds} \\ \lambda_{os} \\ \lambda_{qr} \\ \lambda_{dr} \\ \lambda_{or} \end{bmatrix} = \begin{bmatrix} L_s & 0 & 0 & L_m & 0 & 0 \\ 0 & L_s & 0 & 0 & L_m & 0 \\ 0 & 0 & L_{ls} & 0 & 0 & 0 \\ L_m & 0 & 0 & L_r & 0 & 0 \\ 0 & L_m & 0 & 0 & L_r & 0 \\ 0 & 0 & 0 & 0 & 0 & L_{lr} \end{bmatrix} \begin{bmatrix} -i_{qs} \\ -i_{ds} \\ -i_{os} \\ i_{qr} \\ i_{dr} \\ i_{or} \end{bmatrix}$$

(3-28)

其中

$$L_s = L_{ls} + L_m$$
$$L_r = L_{lr} + L_m$$

(3-29)

電磁轉矩方程式為：

$$T_e = \frac{3N_P}{4} \frac{L_m}{L_r} \left(i_{qs}\lambda_{dr} - i_{ds}\lambda_{qr} \right)$$

(3-30)

而運動方程式為：

$$J \frac{N_p}{2} p\omega_r + B\omega_r = T_m - T_e$$

(3-31)

其中，J：轉動慣量(Inertia Moment)

B：黏滯係數(Friction Coefficient)

T_e：電磁轉矩(Electrical Torque)

T_m：機械轉矩(Mechanical Torque)

而風力渦輪機之輸出功率 P_m 與感應發電機之輸出功率 P_e 關係可表示成：

$$P_m = J\omega_r \frac{d\omega_r}{dt} + B\omega_r^2 + P_e \tag{3-32}$$

3-2-7 風力發電系統之工作模式

本章所設計之風力發電系統主要包括風渦輪機、感應發電機、控制系統及補償電容器組。風力發電系統是藉由風力來推動風力渦輪機的葉片，將渦輪機所得到的轉速，經過傳動軸帶動發電機運轉，讓機械能轉變為電能。而風力發電機的發電效率會受到風速大小、風力機葉片設計及葉片受風面積等影響。

風力發電系統可分為獨立供電運轉模式與市電併聯運轉模式。如圖 3-5 所示，為獨立供電運轉模式，將風能轉換成電能，直接供應負載。如圖 3-6 所示，為市電併聯運轉模式，當風力發電系統電力不足供給負載時，電力公司網路可提供其不足電力。

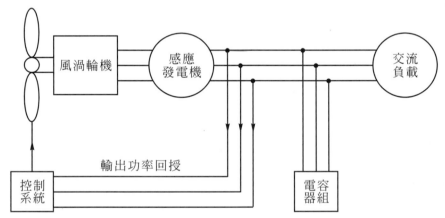

圖 3-5 風力發電機獨立供電運轉模式

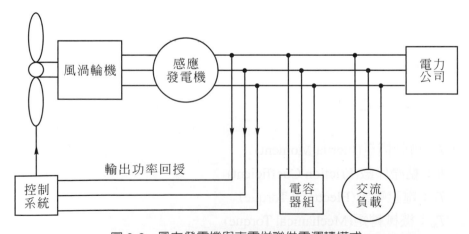

圖 3-6 風力發電機與市電併聯供電運轉模式

3-3 太陽能發電系統介紹

太陽能電池(Solar Cell，物理學上稱之為 Photovoltaic, 簡稱 PV)乃是利用太陽光能，照射太陽能板後轉為直流電，再經由電力電子技術轉換成直流或交流電壓輸出。

單片太陽能電池板輸出電壓極低(約 0.5～0.6V)，因此太陽能板是由許多的太陽能電池單體經由串、並聯連接後，才能產生足夠的電壓及功率。由數個太陽能晶片串並聯而成之模組稱為太陽能模組(PV module)，由數個太陽能模組串並聯而成之模組稱為太陽能陣列(PV array)。

3-3-1 太陽能電池原理

太陽能電池基本上是由一種半導體材料所做成，其能量轉換是應用 pn 接面之光伏效應。首先對 pn 接面二極體做一簡單說明，如圖 3-7 所示，為一理想的 pn 接面二極體之電流-電壓(I-V)特性圖，其對應的方程式如下：

$$I_{pn} = I_s \left[e^{(\frac{qV_{pn}}{nkT})-1} \right] = I_s \left[e^{(\frac{qV_{pn}}{nV_T})-1} \right]$$
(3-33)

其中，I_{pn} , V_{pn}：pn 接面二極體之電流及電壓

k：波茲曼常數(Boltzmann Constant：1.38×10^{-23} J/°K)

q：電子電荷量(1.602×10^{-19} 庫侖)

T：絕對溫度(凱氏溫度°K = 攝氏溫度°C + 273 度)

I_s：等效二極體之逆向飽和電流

V_T：熱電壓(Thermal Voltage：25.68mV)

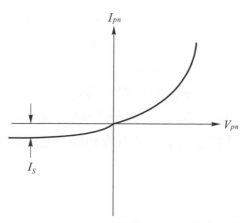

圖 3-7 理想 pn 接面二極體之電流-電壓特性曲線圖

太陽光電池將太陽光能轉換為電能是依賴自然光中的的量子—光子(Photons)，而每個光子所攜帶的能量為：

$$E_{ph}(\lambda) = \frac{hc}{\lambda} \tag{3-34}$$

其中，h：普郎克常數

　　　　c：光速

　　　　λ：光子波長

當光量子照射於 p 型半導體時，會使得被光量子激發的價電子受到接面電場之吸引而遷移至 n 型半導體中。由於 n 型半導體中之電洞數目極少，故與 n 型半導體中之電洞數目復合的機會也不大，如此一來 n 型半導體中存有來自 p 型半導體之電子，此電子數目與光照射強度成正比。

同理，n 型半導體受光照射亦會產生與 p 型半導體類似之效果，導致 p 型半導體中存有來自 n 型半導體之電洞。如此一來其 pn 二極體則由於內部電荷之不平衡，可將其視為一儲存能量之電池，即所謂太陽能電池。

在電荷之不平衡的情況下，於 pn 接面二極體之外部引線端串接上一負載，則其內部電荷可由外部所提供之負載路徑，電子往 p 型半導體流動，而電洞往 n 型半導體流動直到電荷平衡。

然而由於光持續照射，電荷不平衡之情況一直存在，因此電子電洞便一直沿著負載路徑而達到平衡的目的，但並非所有光子都能順利地藉由太陽能電池將光能轉換為電能，因為在不同的光譜中光子所攜帶的能量不一樣，就如同 pn 二極體：

1. 當外加能量大於能隙(Band Gap)時，電子由價電帶(Valence Band)躍遷至導電帶(Conduction Band)而產生所謂的電流，所以當光子所攜帶的能量若大於能隙時，便可以藉由光電子轉換成電能。

2. 若光子所攜帶的能量小於能隙時，對太陽能電池就沒有什麼作用，不會產生任何的電流，但在太陽光照射到太陽能電池產生電子—電洞對(Electro-Hole Pair)的同時，也會有部分的能量不能被有效利用，而以熱能形態散逸，如圖 3-8 所示。

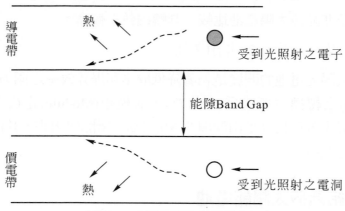

圖 3-8　太陽能電池內部反應圖

3-3-2　太陽能電池種類

目前太陽能電池的分類，大致上可分為堆積型(Bulk Type)和薄膜型(Thin Film Type)兩種，介紹如下：

1.　堆積型太陽光電池又可分為：

   (1) 單結晶矽太陽光電池

   (2) 多結晶矽太陽光電池

   (3) III-V 族化合物半導體太陽光電池

2.　薄膜型太陽光電池又可分為：

   (1) 非結晶矽太陽光電池

   (2) 晒化銅銦(CuInSe2)太陽光電池

   (3) 鎬化鎘(CdTe)太陽光電池

3-3-3　單晶矽太陽能電池

單晶矽太陽電池其特徵如下：

1.　原料矽之藏量豐富，且 Si 材料本身對環境影響極低。

2.　單晶矽製造技術或 pn 接合製作技術，為積體電路之基礎技術，隨著技術成熟度增加而進步神速。

3.　Si 之密度低，材料輕。特別是應力相當強，即使厚度在 50μm 以下之薄板，強度也夠。

4. 與多晶矽及非晶矽太陽電池比較，其轉換效率較高。

5. 發電特性極安定，約有 20 年耐久性。

　　目前單晶矽太陽光電池的開發是朝著降低成本和提昇效率之兩方面著手，單晶矽太陽光電池(Cell)之轉換效率約為 15-17%，而模組(Module)化後其轉換效率約為12-15%，目前世界上效率最高是由澳洲的 Mr. Green 所開發出來，其面積為 $4cm^2$ 所得到轉換效率可高達 23.4%。

🌳 3-3-4 　多結晶矽太陽能電池

　　單晶矽太陽光電池有其優點，但價格昂貴，使得在低價市場上的發展備受阻礙。而多晶矽太陽光電池則是以降低成本為優先考量，其次才考慮效率。

多晶矽太陽光電池降低成本的方式主要有三個：

1. 純化的過程沒有將雜質完全去除，

2. 使用較快速的方式讓矽結晶，

3. 避免切片造成的浪費。

因為這三個原因使得多結晶矽太陽能電池在製造成本及時間上都比單晶矽太陽光電池少，但因為這樣使多晶矽太陽能電池的結晶構造較差。多晶矽太陽光電池結晶構造較差主要的原因有兩個：

1. 本身含有雜質。

2. 矽在結晶的時候速度較快，矽原子無法於短時間內形成單一晶格而形成許多結晶顆粒。

結晶顆粒愈大則效率與單晶矽太陽能電池愈接近，結晶顆粒愈小則效率愈差。效率差的原因是顆粒與顆粒間存在著結晶邊界，結晶邊界存在許多的懸浮鍵，懸浮鍵會與自由電子復合而使電流減少，而且結晶邊界的矽原子鍵結情況較差，容易受紫外線破壞而產生更多的懸浮鍵。隨著使用時間的增加，懸浮鍵的數目也會隨著增加，光電轉換效率因而逐漸衰退。此外雜質多半聚集在結晶邊界，雜質的存在會使自由電子與電洞不易移動。結晶邊界的存在使得多晶矽太陽光電池的效率降低，懸浮鍵的增加使得光電轉換效率衰退，這兩個是多晶矽太陽光電池的主要缺點，而成本低為其主要優點。

多晶矽太陽光電池在工業上的運用，目前可達到每 100cm² 的單位轉換效率為 15.8%(Sharp 公司)，若在實驗室中也能做到面積每 4cm² 的單位轉換效率為 17.8%(UNSW)，多晶矽太陽光電池之一般轉換效率約為 10～15%，模組化之轉換效率約為 9-12%。由上述的效率和模組化觀點，我們不難發現為什麼單晶矽較常被採用的原因。

3-3-5　Ⅲ-V 族化合物半導體

Ⅲ-V 族化合物半導體太陽光電池特徵如下：

1. 高效率：已知太陽光電池之光電轉換理論效率，與半導體之禁制帶寬有關。以太陽光光譜整合點來看，有 1.4～1.5eV 左右禁制帶寬之半導體，適合高效率太陽電池材料。與禁制帶寬為 1.1eV 之 Si 比較，1.41eV 之 GaAs，1.35eV 之 InP 或 1.44eV 之 CdTe 有較高效率。

2. 適合薄膜化：因為 Si 為間接遷移型能階構造，光吸收係數小，為吸收充足之太陽光，需要 100μm 以上之厚度，而化合物半導體多為直接遷移型，光吸收係數大，有數 μm 之厚度，即可有充分之效率。對於太陽電池薄膜化，可節省材料與電力。

3. 可耐放射線損傷：一般動作領域淺與直接遷移型之故，少數單體擴散長度也短，耐放射線佳。因此，如Ⅲ-V 族化合物太陽電池，更適合太空用途。

4. 高集光動作：比 Si 之禁制帶幅還要寬之化合物半導體，在高溫動作時，暗電流之變化較小，故太陽電池效率之降低較小。因此，集光動作時溫度之影響較小，可以比 Si 結晶之太陽電池有 1000 倍以上之高集光動作。

5. 各種半導體之組合，可使波長感度之帶寬域化，可期待高效率化。

Ⅲ-V 族化合物半導體，可以達到 30-40%的超高效率，這種太陽光電池的第二代有較小單位面積，但卻擁有超高效率的特性，已在專業實驗室中獲得證實，例如磷化鎵銦(GaInp)/砷化鎵(GaAs)已可得到將近 30%的效率。而就所知，利用聚光方式可使太陽光電池的轉換效率再向上提昇，例如把砷化鎵(GaAs)/錫化鎵(GaSn)疊層起來，太陽光電池在聚光下的轉換效率也可高達 35.8%，這是目前世界上所得到最高轉換效率的太陽光電池。

3-3-6 薄膜型太陽能電池

薄膜型太陽光電池由於使用材料較少，就每一模組的成本而言比起堆積型太陽光電池有著明顯的減少，製造程序上所需的能量也較堆積型太陽光電池來的小，它同時也擁有整合型式的連接模組，如此一來便可省下了獨立模組所需在固定和內部連接的成本。未來薄膜型太陽光電池將可能會取代現今一般常用矽太陽光電池，而成為市場主流。

非晶矽太陽光電池與單晶矽太陽光電池或多晶矽太陽光電池的最主要差異是材料的不同，單晶矽太陽光電池或多晶矽太陽光電池的材料都是矽，而非晶矽太陽光電池的材料則是甲矽烷 (SiH4)，因為材料的不同而使非晶矽太陽光電池的構造與晶矽太陽光電池稍有不同。甲矽烷 最大的優點為吸光效果及光導效果都很好，但其電氣特性類似絕緣體，與矽的半導體特性相差甚遠，因此最初認為甲矽烷 是不適合的材料。但在 1970 年代科學家克服了這個問題，不久後美國的 RCA 製造出第一個非晶矽太陽光電池。雖然甲矽烷 吸光效果及光導效果都很好，但由於其結晶構造比多晶矽太陽光電池差，所以懸浮鍵的問題比多晶矽太陽光電池還嚴重，自由電子與電洞復合的速率非常快；此外甲矽烷 的結晶構造不規則會阻礙電子與電洞的移動使得擴散範圍變短。基於以上兩個因素，因此當光照射在甲矽烷 上產生電子電洞對後，必須盡快將電子與電洞分離，才能有效產生光電效應。所以非晶矽太陽光電池大多做得很薄，以減少自由電子與電洞復合。由於甲矽烷 的吸光效果很好，雖然非晶矽太陽光電池做得很薄，仍然可以吸收大部分的光。

非晶矽薄膜型太陽光電池的結構不同於一般矽太陽光電池，其主要可分為三層，上層為非常薄(約為 0.008 微米)且具有高摻雜濃度的 p＋；中間一層則是較厚(0.5～1 微米)的純質層(Intrinsic layer)，但純質層一般而言通常都不會是完全的純質(Intrinsic)，而是摻雜濃度較低的 n 型材料；最下面一層則是較薄(0.02 微米)的 n。而這種 p＋–i–n 的結構較傳統 pn 結構有較大的電場，使得純質層中生成電子電洞對後能迅速被電場分離。而在 p＋上一層薄的氧化物膜為透明導電膜(Transparent Conducting Oxide, TCO)，它可防止太陽光反射，以有效吸收太陽光，通常是使用二氧化矽(SiO_2)。非晶矽太陽光電池最大的優點為成本低，而缺點則是效率低及光電轉換效率隨使用時間衰退的問題。因此非晶矽太陽光電池在小電力市場上被廣泛使用，但在發電市場上則較不具競爭力。

其他薄膜型中較值得一提的是晒化銅銦薄膜型太陽光電池，因它有非晶矽薄膜型太陽光電池所不能達到的高效率與可靠度。就效率而言，它在很小的單位面積上已經可達到 16%以上，且沒有可靠度方面的問題，但由於其量產技術尚未完全成熟，特別在大面積基板上形成的場合中，各元素比例的均一性等問題，都是今後發展研究的課題。

製作太陽能電池的材料和方式有許多種，所製造出來的太陽能電池的效率也不盡相同。表 3-2 為一些常見的太陽能電池之材料與效率的比較。

表 3-2　太陽能電池材料與效率之比較

太陽能電池材料	單體效率(%)	模組效率(%)
單晶矽	22	10～15
多晶矽	18	9～12
三五族元素化合物	30	17
薄膜非晶矽	13	10
薄膜銅銦	19	12
薄膜鎘銻化合物	16	9

一般廠商對模組化轉換效率的定義，是依照該模組中最低太陽能電池轉換效率的效率為基準，而不是取太陽能電池的平均轉換效率。

3-3-7　太陽能發電系統原理

太陽能發電系統主要包括太陽能電池、升降壓轉換器、充放電控制器、直／交流轉換器、蓄電池等。系統一般區分成獨立運轉型式與市電並聯型模式。

所謂獨立運轉型式係指太陽光電能轉換系統僅直接供應電力給特定負載，並未與其他電源連結運轉。如圖 3-9 為獨立運轉型太陽光電能轉換系統示意圖，其包括太陽能電池、升降壓轉換器、充放電控制器、直／交流轉換器、蓄電池等，其中升降壓轉換器、充放電控制器、直／交流轉換器的功能及構造，視應用場合與使用者需要而有不同。在圖 3-9 中太陽能電池將光能轉換成直流電輸出，再透過升降壓轉換器、充放電控制器、直／交流轉換器將直流電轉換成交流電供應負載。由於太陽能電池的輸出功率受到日照強度與溫度等環境因素影響，若只靠太陽能電池發電則無法提供穩定電源，因此加入蓄電池作為輔助電源。當太陽能電池的輸出功率大於負載所需時，多餘的電力透過充/放電控制器對電池充電；當太陽能電池的輸出功率小於負載所需時，不足的電力透過充/放電控制器由蓄電池供應；若太陽電池的輸出功率加上電池提供的功率仍不足以供應負載所需或是系統故障時，則必須與負載切離。

　　所謂市電並聯型式係指太陽光電能轉換系統與電力公司網路連結運轉系統，如圖 3-10 所示。對於裝設此發電系統的用戶而言，此發電系統使用住宅原有配線，故可節省配線費用。當太陽能電池電力不足供給負載時，電力公司網路可提供其不足電力，故可除去蓄電池的需求；而當太陽能電池有多餘電力可回饋給電力公司等。

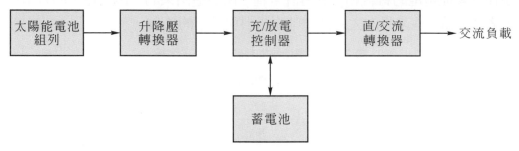

圖 3-9　獨立運轉型太陽光電能轉換系統示意圖

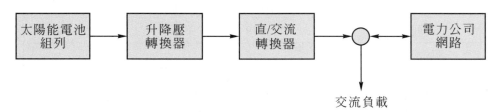

圖 3-10　市電併聯型太陽光電能轉換系統示意圖

🌳 3-3-8　太陽能電池特性

　　太陽能電池內部係由一等效電流源，與二極體、電阻所等效而成。其電氣特性受日照度、太陽能電池材料、周遭環境溫度、擺設位置、方向、所應用空間之經緯度均有影響，太陽能板內部等效電路如圖 3-11 所示，等效輸出電壓 V_{pv} 表示式(如式 3-35 所示)及等效輸出電流 I_{pv} 表示式(如式 3-36 所示)：

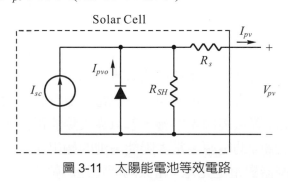

圖 3-11　太陽能電池等效電路

$$V_{pv} = \frac{nKT}{q} \ln\left(\frac{I_{sc}}{I_{pv}} + 1\right) \tag{3-35}$$

$$I_{pv} = I_{sc} - I_{pvo}\left[\exp\left(\frac{q\left(V_{pv} + I_{pv}R_s\right)}{nKT}\right) - 1\right] - \frac{V_{pv} + R_s I_{sc}}{R_{SH}} \tag{3-36}$$

其中，I_{pv}：太陽能電池輸出端電流

$\quad\quad$ V_{pv}：太陽能電池輸出端電壓

$\quad\quad$ I_{pvo}：太陽能電池於無日照下之逆向飽和電流

$\quad\quad$ V_{pvo}：太陽能電池於無負載下之輸出端電壓

$\quad\quad$ I_{sc}：太陽能電池內部等效電流源

$\quad\quad$ R_s：太陽能電池輸出端電壓等效串聯電阻

$\quad\quad$ R_{SH}：太陽能電池端內部 PN 接面等效電阻

$\quad\quad$ q：電子內含電荷量(1.602×10^{-19} 庫侖)

$\quad\quad$ n：太陽能材料之理想因子

$\quad\quad$ K：波茲曼常數(1.38×10^{-23} J/°K)

$\quad\quad$ T：太陽能電池之環境溫度

由於太陽能電池於低照度時，由於內部電流源振幅較低，R_s 與 R_{SH} 相較可將串聯電阻 R_s 項忽略不計，故可將式(3-36)化成式(3-37)：

$$I_{pv} = I_{sc} - I_{pvo}\left[\exp\left(\frac{q\left(V_{pv} + I_{sc}R_s\right)}{nKT}\right) - 1\right] - \frac{V_{pv}}{R_{SH}} \tag{3-37}$$

同理，太陽能電池於高照度時，由於內部電流源振幅較高，R_s 與 R_{SH} 相較可將 R_{SH} 忽略不計，故可將式(3-36)簡化成式(3-38)：

$$I_{pv} = I_{sc} - I_{pvo}\left[\exp\left(\frac{q\left(V_{pv} + I_{sc}R_s\right)}{nKT}\right) - 1\right] \tag{3-38}$$

由式(3-35)至式(3-38)並參考製造廠商所提供的相關參數，如表 3-3，可繪出基本太陽能光電池端電壓 V_{pv}、電流 I_{pv} 與輸出功率 P_{pv} 受照度、溫度影響之特性曲線，如圖 3-12 至 3-15 所示。

表 3-3　單一太陽能電池規格

開路電壓(V)	32.9
短路電流(A)	8.21
額定電壓(V)	26.3
額定電流(A)	7.61
額定功率(W)	200.143

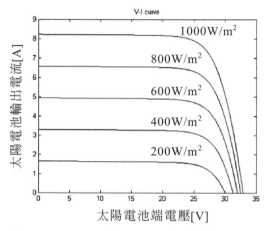

圖 3-12　不同日照下之太陽電池 V-I 特性曲線

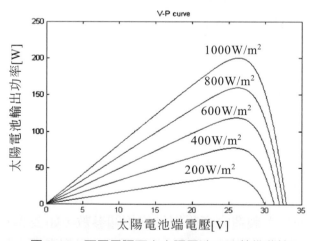

圖 3-13　不同日照下之太陽電池 V-P 特性曲線

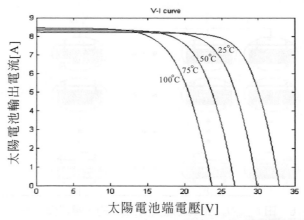

圖 3-14　不同溫度下之太陽電池 V-I 特性曲線

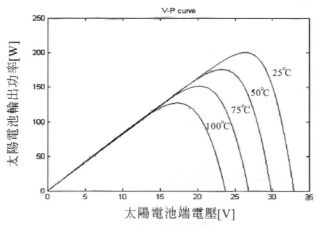

圖 3-15　不同溫度下之太陽電池 V-P 特性曲線

3-3-9　太陽能模組

太陽能模組等效電路如圖 3-16 所示，由數個單一太陽能電池串並聯組合而成，以下為太陽能模組數學方程式：

$$I_{(m)} = I_{sc(m)} \left[1 - \exp\left(\frac{V_{(m)} - V_{oc(m)} + R_{S(m)}I_{(m)}}{Ns_{(m)}V_{t(c)}} \right) \right] \tag{3-39}$$

其中，$I_{(m)}$：太陽能模組輸出電流　　　$I_{sc(m)}$：太陽能模組短路電流

$V_{(m)}$：太陽能模組輸出電壓　　　$V_{oc(m)}$：太陽能模組開路電壓

$R_{s(m)}$：太陽能模組等效串聯電阻　$N_{s(m)}$：太陽能電池串聯數量

$V_{t(c)}$：單一太陽能電池熱電壓

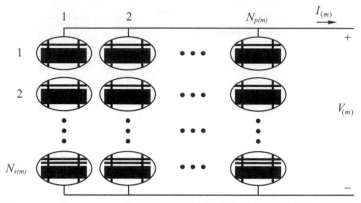

圖 3-16　由 $N_{p(m)}N_{s(m)}$的太陽能電池組成的太陽能模組等效電路

太陽能模組短路電流為：

$$I_{sc(m)} = N_{p(m)}I_{sc(c)} \tag{3-40}$$

其中，$N_{p(m)}$：太陽能電池並聯數量　　　　$I_{sc(c)}$：單一太陽能電池短路電流

太陽能模組等效串聯電阻為：

$$R_{s(m)} = \frac{N_{s(m)}}{N_{p(m)}}R_{s(c)} \tag{3-41}$$

其中，$R_{s(c)}$：單一太陽能等效串聯電阻

太陽能模組熱電壓($V_{t(m)}$)為：

$$V_{t(m)} = V_{t(c)}N_{s(m)} \tag{3-42}$$

$$V_{t(c)} = \frac{nKT}{q}$$

其中，$V_{t(c)}$：單一太陽能電池熱電壓

單一太陽能電池短路電流與太陽日照強度成比例常數之關係為：

$$I_{sc(c)} = C_1 G_a \tag{3-43}$$

其中，C_1：比例常數值　　　　　　　G_a：太陽日照強度(W/m^2)

太陽能電池工作溫度與周圍溫度及太陽日照強度之關係為：

$$T_{(c)} = T_a + C_2 G_a \tag{3-44}$$

其中，T_a：周圍溫度℃　　　　　　　　C_2：比例常數值，一般假設為 $0.03℃\ m^2/W$

太陽能模組開路電壓為：

$$V_{oc(m)} = V_{oc(c)} N_{s(m)} \tag{3-45}$$

$$V_{oc(c)} = V_{oc(c).0} + C_3 \left(T_{(c)} - T_{(c).0} \right)$$

其中，$V_{oc(c).0}$：廠商標註之太陽能電池標準開路電壓

C_3：比例常數值，一般假設為 $-2.3mV/℃$

$T_{(c).0}$：廠商標註之太陽能電池標準溫度

3-3-10　升壓型直流/直流轉換器模型

升壓型直流轉換器的功能是將太陽能輸出之不穩定電壓轉換為穩定的直流電壓源。一般太陽能輸出電壓都偏低，不能直接供給負載使用，必須先經過升壓、整流後才可以提供功率。

一個標準的升壓型直流/直流轉換器電路，其中包含了一功率開關 S_1、一功率二極體 D_1、一電感 L_1 及輸入、輸出端的穩壓電容 C_{in} 與 C_d。因架構相當簡潔，所以電路在工作時的損耗可以降低，轉換效率相當高。如圖 3-17 所示。

其工作原理為：當功率開關導通時，輸入電壓對電感進行充電，電感電流上升；當功率開關截止時，為了維持電感電流連續，電感兩端反相電壓升高，再加上串聯的輸入電壓使得二極體導通來對輸出電容充電，完成電路能量轉移。其數學公式如下：

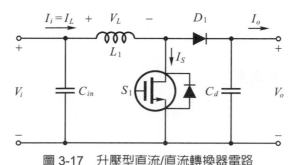

圖 3-17　升壓型直流/直流轉換器電路

電感平均電壓為：

$$V_{L(avg)}(t) = \frac{1}{T}\int_t^{t+T} V_L(t)dt \tag{3-46}$$

升壓式轉換器輸入與輸出電壓比為：

$$\frac{V_o}{V_i} = \frac{1}{1-D} \tag{3-47}$$

忽略轉換器損失則：

$$\begin{aligned} P_i &= P_o \\ \frac{I_i}{I_o} &= \frac{1}{1-D} \\ D &= \frac{t_{on}}{T} = f \times t_{on} \end{aligned} \tag{3-48}$$

其中，D：開關責任週期

$\qquad f$：開關 S_1 之切換頻率

$\qquad T$：開關 S_1 之切換週期

$\qquad t_{on}$：開關 S_1 之導通時間。

當開關 S_1 導通時，電感電壓為：

$$V_L = L_1 \frac{di}{dt}$$

若 I_L 為線性增加則：

$$V_i = \frac{L_1\left(I_{L\max} - I_{L\min}\right)}{t_{on}} = \frac{L_1 \Delta I}{t_{on}} \tag{3-49}$$

$$\Delta I = \frac{V_i D}{f L_1} \tag{3-50}$$

其中，ΔI：電感漣波電流

當開關 S_1 導通時，電容器提供負載電流 I_o，當開關 S_1 截止時，儲存在電感的能量會轉換至電容與負載，故輸出電壓漣波 ΔV_c 為：

$$\Delta V_{C_d} = V_{C_d} - V_{C_d}(t=0) \tag{3-51}$$

$$\Delta V_{C_d} = \frac{1}{C_d} \int_0^{t_{on}} I_c dt = \frac{I_o}{C_d} \int_0^{t_{on}} dt = \frac{I_o t_{on}}{C_d} \tag{3-52}$$

$$\Delta V_{C_d} = \frac{I_o D}{f C_d} \tag{3-53}$$

🌳 3-3-11　三相反流器

反流器(inverter)主要作為直流電壓與交流電壓相互轉換之裝置，將升壓式轉換器之直流輸出電壓經由反流器轉換為交流電壓，並控制輸出功率潮流至電網。利用閘極信號切換電力電子元件導通與截止，經過濾波後可得到所需要的交流電壓頻率。本章使用反流器為三相二階層橋接反流器(two-level)，係利用六個 IGBT 及二極體構成電壓源反流器(voltage-sourced converter, VSC)，如圖 3-18 所示，並使用正弦脈波寬度調變(sinusoidal pulse width modulation, SPWM)產生六組脈波信號分別觸發六個 IGBT 開關切換以產生三相電壓及頻率與市電併聯使用。

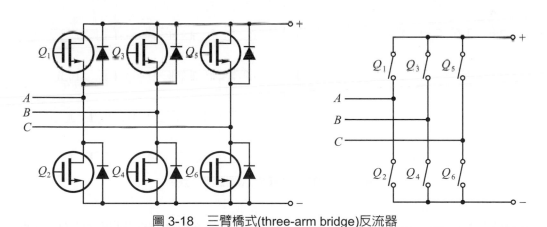

圖 3-18　三臂橋式(three-arm bridge)反流器

SPWM 產生六個脈波信號，用來控制六個 IGBT 開關切換，每一臂由一對 IGBT 組成，由載波信號三角波 V_{tri} 與調變信號正弦波 $V_{control}$ 比較而產生脈波信號，$V_{control}$ 之頻率為反流器基本頻率(fundamental frequency)，V_{tri} 之頻率為切換頻率或載波頻率，當調變信號大於載波信號時，輸出為高準位，若調變信號小於載波信號時，輸出為低準位，且變流器上層三個 IGBT 之脈波寬度調變(Pulse Width Modulation, PWM)控制信號與反流器下層三個 IGBT 之脈波信號各相差 180 度，脈波信號 $P1$、$P3$、$P5$ 用來觸發反流器上層 Q_1、Q_3、Q_5 之 IGBT，脈波信號 $P2$、$P4$、$P6$ 用來觸發反流器下層 Q_2、Q_4、Q_6 之 IGBT。如圖 3-19 所示。

其中振幅調變比 m_a 對於三相反流器輸出電壓波形有很大的影響，當 m_a 介於 0～1 之間，稱為線性調變，輸出波形之基本分量(fundamental component)大小與 m_a 大小呈線性關係變化；若 m_a 大於 1 時，稱為過調變(over modulation)，不但輸出電壓沒有與 m_a 呈線性關係，且輸出波形中含有大量諧波成分。因此在控制上可藉由改變 m_a 與 m_f，達到輸出電壓變壓與變頻作用。

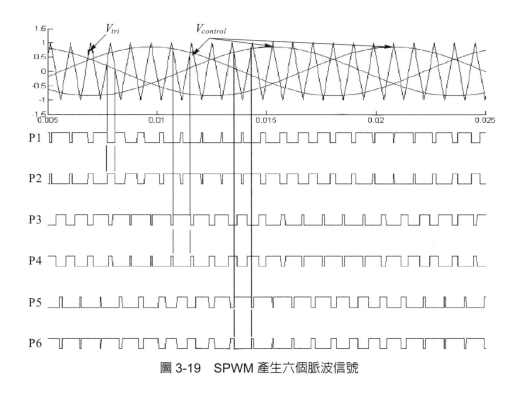

圖 3-19　SPWM 產生六個脈波信號

振幅調變比(amplitude modulation) m_a，可決定功率晶體 IGBT 開關之責任週期(duty cycle)：

$$m_a = \frac{V_{control}}{V_{tri}} \tag{3-54}$$

其中，$V_{control}$：控制信號

　　　V_{tri}：三角載波信號

頻率調變比(frequency modulation ratio) m_f，可決定功率晶體 IGBT 開關切換次數：

$$m_f = \frac{f_{sw}}{f_1} \tag{3-55}$$

其中，f_{sw}：三角載波之頻率，稱為載波頻率

f_1：控制信號之頻率，稱為調變頻率

🌳 3-3-12　電流控制器

三相反流器控制模式分為電壓控制法與電流控制法兩種，電壓控制法藉由控制使其輸出為弦波電壓，可將反流器視為一交流電壓源，使其輸出電壓追隨命令電壓而得到穩定輸出電壓，應用在獨立供電模式；電流控制法是配合控制技巧成為一電流源，使輸出電流追隨命令電流並與市電電壓同相位達到單位功因(unity power factor)之目的，應用在與市電併聯系統。本章採用的太陽能發電系統屬於市電併聯型，故使用電流控制法。

本章所使用電流控制法包含兩個控制器，一為內迴路電流控制器(current regulator)用來控制變流器的輸出電流波形，一為外迴路直流電壓控制器(DC voltage regulator)用來控制變流器輸出電壓。其中須使用鎖相迴路(pgase-locked loop, PLL)來追蹤三相 60Hz 之市電電壓 Vabc 頻率及相位作為同步旋轉座標轉換的基準，將市電電流經由同步旋轉座標轉換為 q 軸電流 I_q 與 d 軸電流 I_d 作為內迴路電流控制器的輸入信號，將太陽能電池經由升壓型轉換器所得之直流電壓與參考電壓作為外迴路直流電壓控制器的輸入信號，經 PID 控制產生 d 軸電流參考值 I_{d_ref}，而 q 軸電流參考值 I_{q_ref} 則設定為零以控制換流器輸出為實功率，將 I_q、I_d 與參考信號 I_{q_ref}、I_{d_ref} 作比較，經 PID 控制產生輸出信號 V_d 與 V_q 並轉換為基本波電壓大小 m 及相位 phi 作為正弦波調變信號 $V_{control}$ 之電壓及相位，再與載波信號 V_{tri} 作比較來控制變流器輸出電流與市電電壓同相位達到單位功因。如圖 3-20 所示。

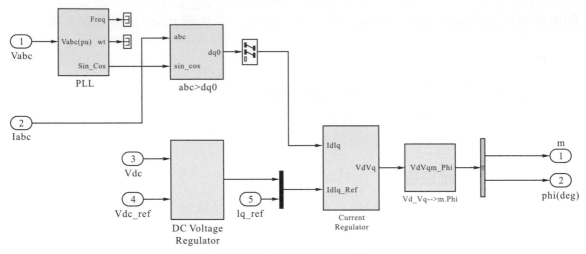

圖 3-20　電流控制器架構

🌳 3-3-13　太陽能發電系統之工作模式

本章所設計之太陽能發電系統主要包括太陽能電池、升降壓轉換器、直/交流轉換器等。其發電系統分為兩種工作模式，一種為獨立供電運轉模式，一種為與市電併聯運轉模式。

所謂獨立供電運轉模式係指太陽能發電系統僅直接供應電力給特定負載，並未與其他電源連結運轉。如圖 3-21 所示，為獨立供電運轉模式太陽能發電系統，其包括太陽能電池、升降壓轉換器、直/交流轉換器等，其中升降壓轉換器、直/交流轉換器的功能及構造，視應用場合與使用者需要而有不同。

所謂與市電併聯運轉模式係指太陽能發電系統與電力公司網路連結運轉系統，如圖 3-22 所示。對於裝設此發電系統的用戶而言，此發電系統使用住宅原有配線，故可節省配線費用。當太陽能電池電力不足供給負載時，電力公司網路可提供其不足電力，而當太陽能電池有多餘電力可回饋給電力公司等。

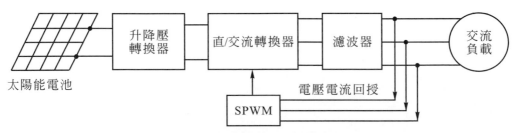

圖 3-21　獨立供電運轉模式太陽能發電系統

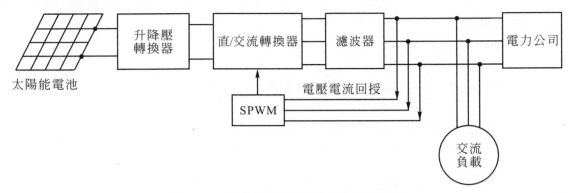

圖 3-22　市電併聯型太陽光電能轉換系統

3-4　直流/交流轉換器數學模型

3-4-1　直流/交流轉換器之 d-q 軸數學模型

　　為了方便分析與控制，故將三相座標系統物理量轉換為同步旋轉座標直軸(d-axis)、交軸(q-axis)與零相序(zero-sequence)成分。在穩態下，平衡三相系統零相序成分為零，而直軸與交軸成分為非時變物理量，因此有助於系統之分析與控制器之設計。三相座標與同步旋轉座標關係如圖 3-23 所示。

三相座標系統與同步旋轉座標轉換關係式為：

$$\begin{bmatrix} f_q \\ f_d \\ f_0 \end{bmatrix} = \frac{2}{3} \begin{bmatrix} \sin\theta & \sin\left(\theta - \frac{2\pi}{3}\right) & \sin\left(\theta + \frac{2\pi}{3}\right) \\ \cos\theta & \cos\left(\theta - \frac{2\pi}{3}\right) & \cos\left(\theta + \frac{2\pi}{3}\right) \\ \frac{1}{2} & \frac{1}{2} & \frac{1}{2} \end{bmatrix} \begin{bmatrix} f_a \\ f_b \\ f_c \end{bmatrix} \tag{3-56}$$

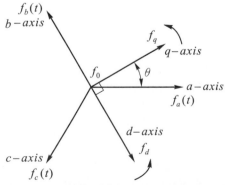

圖 3-23　三相座標與同步旋轉座標關係圖

返轉換矩陣為：

$$
\begin{bmatrix} f_a \\ f_b \\ f_c \end{bmatrix} = \begin{bmatrix} \cos\theta & \sin\theta & 1 \\ \cos\left(\theta - \dfrac{2\pi}{3}\right) & \sin\left(\theta - \dfrac{2\pi}{3}\right) & 1 \\ \cos\left(\theta + \dfrac{2\pi}{3}\right) & \sin\left(\theta + \dfrac{2\pi}{3}\right) & 1 \end{bmatrix} \begin{bmatrix} f_q \\ f_d \\ f_0 \end{bmatrix} \quad (3\text{-}57)
$$

其中，f_{qd0}：三相座標轉換至 q、d、0 軸之電壓、電流

f_{abc}：三相之電壓、電流

θ：a 軸與 q 軸之間的旋轉夾角

🌱 3-4-2　直流/交流轉換器之 a-b-c 軸數學模型

如圖 3-19 所示，PWM 是利用弦波信號與三角波的載波互相比較，以 A 相電壓來看，當弦波信號大於三角波時，則電晶體 Q_1 導通，當弦波信號小於三角波時，則電晶體 Q_2 導通，依此類推便可得到三相正弦波之相電壓。

直流/交流轉換器之電壓方程式為：

$$
\begin{bmatrix} V_a \\ V_b \\ V_c \end{bmatrix} = \frac{1}{2} m V_{dc} \begin{bmatrix} \sin(\omega t + \phi) \\ \sin\left(\omega t + \phi - \dfrac{2\pi}{3}\right) \\ \sin\left(\omega t + \phi + \dfrac{2\pi}{3}\right) \end{bmatrix} \qquad (3\text{-}58)
$$

其中，V_a、V_b、V_c：A 相、B 相、C 相的相電壓

V_{dc}：輸入的直流電壓

m：調變指數

ϕ：相角偏移

3-5 柴油系統動態模型

3-5-1 柴油系統簡介

柴油發電機組是一種小型發電設備，是以柴油等為燃料來驅動引擎產生電力，以柴油機為原動機帶動發電機發電的動力機械。較一般風力及太陽能發電成本較低且燃料取得容易，故已被廣泛的使用。柴油發電機組一般由柴油機、同步發電機、控制箱、燃油箱來起動和保護裝置等部件組成。整體可以固定定位使用，亦可裝在拖車上，供移動使用。

儘管柴油發電機組的功率較低，但由於其體積小、靈活、輕便、配套齊全，便於操作和維護，所以廣泛應用於礦山、鐵路、野外工地、道路交通維護、以及工廠、企業、醫院等部門，作為備用電源或臨時電源，軍事與野外作業、車輛與船舶等特殊用途的獨立電源。柴油發電機具有啟動容易，設備費用低廉，建廠期間短及電壓、頻率調節穩定等優點。

3-5-2 同步發電機模型

同步發電機除了需要原動機供應機械功率之外，還要有激磁系統來調節端電壓。由於同步發電機可以控制虛功率輸出，故常應用於容量較大的發電系統。同步發電機啟動是由原動機帶動至同步轉速時，再調整激磁使端電壓達到額定。同步發電機經同步旋轉座標轉換後之等效電路如圖 3-24 所示，此等效電路考慮同步機轉子繞阻、定子繞阻及阻尼繞組之動態特性，將定子參數轉換為轉子旋轉座標(d-q 軸)以利分析。如表 3-4 所示，為同步發電機之規格。

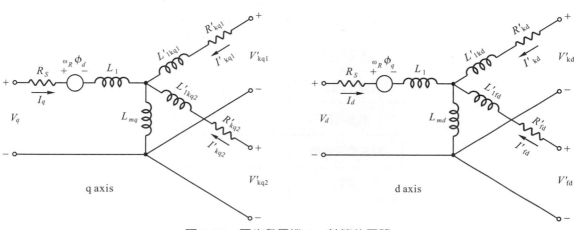

圖 3-24 同步發電機 d-q 軸等效電路

同步發電機經同步旋轉座標轉換之電壓方程式為：

$$
\begin{bmatrix} v_d \\ v_q \\ v'_{fd} \\ v'_{kd} \\ v'_{kq} \end{bmatrix} = \begin{bmatrix} R_s + pL_d & -\omega_R L_q & pL_{md} & pL_{md} & \omega_R L_{mq} \\ \omega_R L_d & R_s + pL_q & \omega_R L_{md} & \omega_R L_{md} & pL_{mq} \\ pL_{md} & 0 & R'_{fd} + pL'_{fd} & pL_{md} & 0 \\ pL_{md} & 0 & pL_{md} & R'_{kd} + pL'_{kd} & 0 \\ 0 & pL_{mq} & 0 & 0 & R'_{kq} + pL'_{kq} \end{bmatrix} \begin{bmatrix} i_d \\ i_q \\ i'_{fq} \\ i'_{kd} \\ i'_{kq} \end{bmatrix}
\tag{3-59}
$$

其中，v_d、i_d：d 軸定子電壓、電流　　　v_q、i_q：q 軸定子電壓、電流

v'_{fd}、i'_{fd}：激磁繞組電壓、電流　　　v'_{kd}、i'_{kd}：d 軸阻尼繞組電壓、電流

v'_{kq}、i'_{kq}：q 軸阻尼繞組電壓、電流　　　R_s：定子繞組電阻

R'_{fd}：激磁繞組電阻　　　R'_{kd}：d 軸阻尼繞組電阻

R'_{kq}：q 軸阻尼繞組電阻　　　L_d：d 軸電感

L_q：q 軸電感　　　L'_{fd}：激磁繞組電感

L'_{kd}：d 軸阻尼繞組電感　　　L'_{kq}：q 軸阻尼繞組電感

L_{md}：d 軸互感　　　L_{mq}：q 軸互感

p：微分運算子

同步發電機產生之電磁轉矩為：

$$
T_e = \frac{3}{2} N \left[L_{md} \left(-i_d + i'_{fd} + i'_{kd} \right) i_q - L_{mq} \left(-i_q + i'_{kq} \right) i_d \right]
\tag{3-60}
$$

其中，N：同步發電機的極數

表 3-4　同步發電機之規格

額定容量(VA)	12000
線電壓(V)	220
頻率(Hz)	60
慣量常數	0.8
機械阻尼係數	0
極對	2

3-5-3　柴油引擎調速機模型

　　發電機功率由原動機柴油引擎提供，可由柴油引擎調速機控制轉子轉速與發電機的出力以達到實功率潮流的供需平衡。電力系統頻率正比於發電機轉速，而調節頻率是由原動機之調速系統來實現。當發電機轉速偏離額定轉速時，原動機之調速系統偵測到速率變動時，將改變輸入閥門的位置，以調整原動機的輸出，使速率能達到新的穩態值。柴油引擎調速模型如圖 3-25 所示。

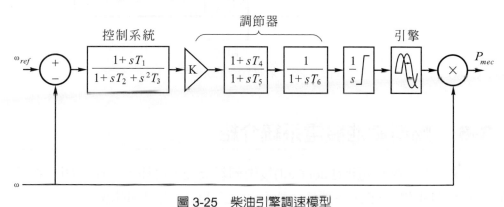

圖 3-25　柴油引擎調速模型

　　其中，ω_{ref}：參考轉速　　　　　　ω：實際發電機轉速

　　　　　K：轉移函數的增益　　　　　T：時間常數

　　　　　P_{mec}：柴油引擎調速系統的輸出功率。

3-5-4　激磁系統模型

　　激磁系統主要是提供適當的激磁電流給同步機的激磁繞組，當發電機端電壓降低時，會增加激磁電流；當發電機端電壓升高時，則減少激磁電流。使發電機在穩態中運轉時，可維持發電機之輸出端電壓為一固定值，也可調節虛功率的分配，並抑制低頻振盪；若在暫態運轉過程中，當系統出現不穩定時，以提高系統穩定性，當負載發生變化時，可調整發電機之輸出電壓。而發電機之激磁控制系統為 IEEE TYPE-1 模型，如圖 3-26 所示。

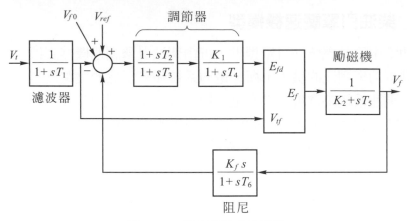

圖 3-26 柴油激磁系統模型

 3-6 燃料電池發電系統介紹

　　近幾年來,由於燃料電池(Fuel Cell)技術創新突破,再加上環保問題、能源不足等多重壓力下,各國政府、汽車、電力、能源產業等單位,漸漸重視燃料電池科技發展。另外,國內將 Fuel Cell 譯爲「燃料電池」,但其實它並非電池,而是經由電化學反應之發電機,譯爲「環保發電機」似乎較爲妥適。

　　燃料電池是以具有可燃性的燃料與氧反應產生電力;通常可燃性燃料如瓦斯、汽油、甲烷(CH_4)、乙醇(酒精)、氫……這些可燃性物質都要經過燃燒加熱水使水沸騰,而使水蒸氣推動渦輪發電,以這種轉換方式大部分的能量通常都轉爲無用的熱能,轉換效率通常只有約 30%相當的低,而燃料電池是以特殊催化劑使燃料與氧發生反應產生二氧化碳(CO_2)和水(H_2O),因不需推動渦輪等發電器具,也不需將水加熱至水蒸氣再經散熱變回水,所以能量轉換效率高達 70%左右,足足比一般發電方法高出了約 40%;優點還不只如此,二氧化碳排放量比一般方法低許多,水又是無害的產生物,是一種低污染性的能源。

3-6-1 燃料電池種類

　　目前燃料電池依照電解質的不同,可分爲鹼性燃料電池(Alkaline Fuel Cell;簡稱 AFC)、質子交換膜燃料電池或固體高分子型燃料電池(Proton Exchange Membrane Fuel Cell, 簡稱 PEMFC 或 PEFC)、磷酸型燃料電池(Phosphoric Acid Fuel Cell, 簡稱 PAFC)、溶融碳酸鹽燃料電池(Molten Carbonate Fuel Cell, 簡稱 MCFC)及固態氧化物燃料電池(Solid Oxide Fuel Cell, 簡稱 SOFC)等五種,如表 3-5 所示。

表 3-5　燃料電池的種類

電池種類	磷酸(PAFC)	熔融碳酸鹽(MCFC)	固態氧化物(SOFC)	鹼性(AFC)	質子交換膜(PEMFC)
電解質	H_3PO_4	Li_2CO_3-K_2CO_3	ZrO_2	KOH	含氟質子交換膜
特性	廢熱可予利用	反應時需循環使用 CO_2	高溫反應 不需依賴觸媒	低腐蝕性及低溫	功率密度高， 體積小，重量輕
優點	對 CO2 不敏感	可用空氣作氧化劑	可用天然氣或 甲烷作燃料	啟動快 室溫常壓下工作	壽命長 功率大 功率可調整
缺點	對 CO 敏感 成本高 離峰性能差	工作溫度高	工作溫度高	需以純氧作氧化劑 成本高	對 CO 非常敏感 反應物加濕
系統效率	40%	50%	50%	40%	40%

1. 鹼性燃料電池(AFC)

一般被運用於人工衛星上，操作時所需溫度並不高，轉換效率好，可使用之觸媒種類多價格又便宜，例如銀、鎳等，但是在最近各國燃料電池開發競賽中，卻無法成 為主要開發對象，其原因在於電解質必須是液態，燃料也必須是高純度的氫才可以。此外，鹼性燃料電池的電解質，易與空氣中的二氧化碳結合形成氫氧化鉀，影響 電解質的品質，導致發電性能衰退。

2. 質子交換膜燃料電池(PEMFC)

其電解質為離子交換膜，薄膜的表面塗有可以加速反應之觸媒(大部分為白金)，薄膜兩側分別供應氫氣及氧氣，氫原子被分解為兩個質子及兩個電子，質子被氧吸引，再和經由外電路到達此處之電子形成水分子，因此燃料電池的唯一液體是水，腐蝕問題相當小，同時其操作溫度介於 80 至 100°C之間，安全上之顧慮較低。然而，觸媒白金價格昂貴，若減少其使用量，操作溫度勢必會提升。再者，白金容易與一氧化碳反應而發生中毒現象，因此比較不適合用在大型發電廠，而適合做為汽車動力來源。

3. 磷酸型燃料電池(PAFC)

因其使用之電解質為 100%濃度之磷酸而得名。操作溫度大約為 150 到 220°C之間，因溫度高所以廢熱可回收再利用。其觸媒與前述之質子交換膜燃料電池一樣，同為白金，因此也同樣面臨白金價格昂貴之問題。到目前為止該燃料電池大都運用在大型發電機組上，而且已商業化生產，技術較不成問題，惟未能迅速普及，成本居高不下就是主要關鍵。

4. 溶融碳酸鹽燃料電池(MCFC)

   其電解質為碳酸鋰或碳酸鉀等鹼性碳酸鹽。在電極方面，無論是燃料電極或空氣電極，都使用具透氣性之多孔質的鎳。操作溫度約為 600 至 700°C，因溫度相當高，致使在常溫下呈現白色固體狀的碳酸鹽溶解為透明液體，而發揮電解質之功用。由此可見此類型燃料電池，並不需要貴金屬當觸媒。因為操作溫度高，廢熱可回收再使用，其發電效率高者可達 75 到 80%，非常適合於中央集中型發電廠。

5. 固態氧化物燃料電池(SOFC)

   其電解質為氧化鋯，因含有少量的氧化鈣與氧化釔，穩定度較高，不需要觸媒。一般而言，此種燃料電池之操作溫度約為 1000°C，廢熱可回收再利用，因此大都使用於中規模發電機組。

3-6-2　燃料電池之動作原理與特性

　　燃料電池跟市面上所販售的一般電池，最大的不同處在於燃料電池需要靠氫氣(H_2)和氧氣(O_2)來相互作用才可以產生電壓。如有做過電解水這個實驗，可以知道電解水的原理就是將一直流電經過一電極通入水中，水就會分解成氫氣和氧氣，分別從電源的陽極和陰極產生。而燃料電池的動作原理則與電解水完全相反，燃料電池是將氫氣從陽極進入，在陽極的催化劑作用下，一個氫分子可分解成為兩個質子和兩個電子，如(3-61)式所示。而在陰極的部分，氧氣從陰極進入，同時質子穿過電解質到達陰極，電子則經過外加負載到達陰極，而形成電流。而在陰極的催化劑作用下，氧原子與質子和電子相互作用反應而生成水，如(3-62)式所示。當氫氣和氧氣送到陰極和陽極時，經電極上的觸媒反應後，便會產生水和電壓，如(3-63)式所示。所以只要不斷的供給氧氣和氫氣，那燃料電池便可以持續的將化學能轉換成為電能，所以又可稱為能源轉換裝置。動作原理如圖 3-27 所示。

陽極反應部分：

$$H_2 \rightarrow 2H^+ + 2e^- \tag{3-61}$$

陰極反應部分：

$$\frac{1}{2}O_2 + 2H^+ + 2e^- \rightarrow H_2o \tag{3-62}$$

總反應：

$$H_2 + \frac{1}{2}O_2 \rightarrow H_2O \tag{3-63}$$

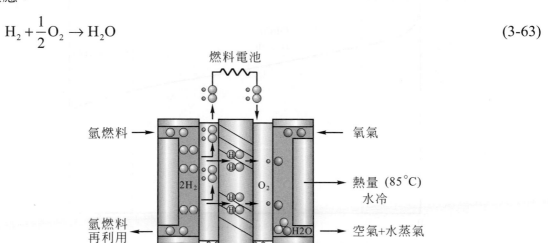

圖 3-27　燃料電池動作原理示意圖

　　在燃料電池的特性中，對於電池效能(Cell Performance)的評定常以電池電壓與電流密度的關係來表示，圖 3-28 為典型燃料電池的電壓與電流密度之關係曲線，一般稱為極化曲線。在一標準狀態下之氫氣燃料電池，在無負載時電池電壓，其理論可逆電位(Thermodynamic Reversible Voltage)可達 1.229V，但隨著電流密度的提高，造成電池內部的電阻明顯變大，而導致電池的工作電壓快速下降，造成燃料電池的效率損失，此原因歸咎於電池極化(Polarization)中之不可逆性過電位(Over Potential)。因此，燃料電池實際的工作電壓，可以表示成可逆電壓減去不可逆性所產生的過電位，即式(3-64)所示。

$$E_{cell} = E_r - |\eta_{anode}| - |\eta_{cathode}| - |\eta_{ohmic}| \tag{3-64}$$

其中，E_{cell}：廠商標註之太陽能電池標準電壓

　　　　E_r：燃料電池實際的工作電壓

　　　　η_{anode}：燃料電池的陽極過電位

　　　　η_{cathod}：燃料電池的陰極過電位

　　　　η_{ohmic}：燃料電池的總歐姆過電位

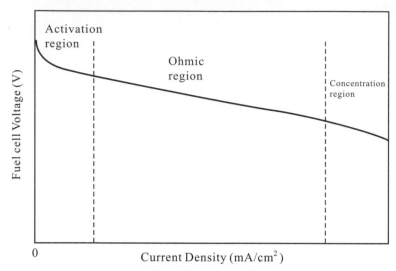

圖 3-28　典型燃料電池的電壓與電流密度之關係曲線-電池之極化曲線

註：活化過電位(Activation Overpotential)、歐姆過電位(Ohmic Overpotential)、濃度過電位(Concentration Overpotential)

　　由圖 3-28 中可看出電池極化曲線分為三個區域，分別代表三種在不同電流密度範圍之過電位，依其性質的不同可分為活化過電位(Activation Overpotential)、歐姆過電位(Ohmic Overpotential)、濃度過電位(Concentration Overpotential)，不同的過電位會造成燃料電池性能產生不同程度的影響。在低電流密度時，電壓突然下降，其原因為反應氣體分子在反應前所到達之化學平衡狀態，使分子活化到能夠發生電化學反應所需要之最低能量，此消耗能量即為活化過電位。

　　在中電流密度時，即是在歐姆過電位的範圍內，因電池內部歐姆阻抗(內電阻)，導致電壓損失。此外燃料電池以碳布或碳紙為基材的氣體擴散層，其碳纖維之間、擴散層和流道的介面，皆存在接觸電阻，這也是造成歐姆過電位的重要因素。

　　在高電流密度時，其氣體或離子因受到質傳限制的影響無法提供相對電流的氣體反應量，此時的電壓損失主要來自於濃度過電位，且在觸媒反應介面的反應氣體濃度降低，甚至趨近於零，使得電流密度無法再增加，而電池電壓迅速下降，此階段之電流稱為極限電流(Limiting Current)。

　　本章選用質子交換膜燃料電池作為系統的發電端並參考 MATLAB/Simulink 的內建模組所提供的相關參數如表 3-6，並可繪出電壓與電流、輸出功率與電流之特性曲線，如圖 3-29 所示。

表 3-6　燃料電池規格

開路電壓(V)	65
額定電壓(V)	45
額定電流(A)	133.3
最大操作電壓(V)	37
最大操作電流(A)	225
額定功率(W)	5998.5
最大功率(W)	8325
操作溫度(°C)	65

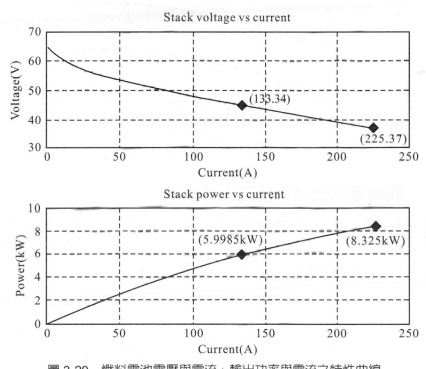

圖 3-29　燃料電池電壓與電流、輸出功率與電流之特性曲線

註：燃料電池電壓(voltage)、電流(current)、輸出功率(power)

　　在燃料電池中，除電流密度常作為效率指標之外，工作溫度也會對電池效率造成一定的影響。由圖 3-30 可知，當電池溫度從 278K 上升至 368K 時，電池效率均有明顯的增加。當溫度接近 358K 時，高電流密度的電池效率達到最大，此後有稍微的下降，說明此時提高溫度對電池效率得提升作用逐漸減弱，溫度繼續提高，則電池效率將下降。電池溫度的提高，使得電池的熱動力電勢有所下降，但同時有利於活化極化，減小模的歐姆極化，因此電池效率隨著電池溫度的上升基本呈現增大的趨勢；高工作

電流密度下電池效率隨溫度增大而升高,達到最大值後出現下降是由於此時熱動力電勢降低的影響已經顯現出來。

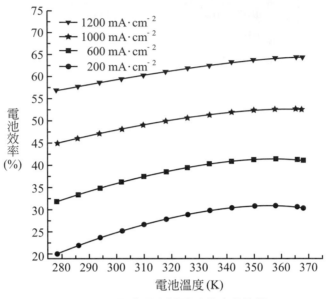

圖 3-30　電池溫度對電池效率的影響

3-6-3　燃料電池發電系統之工作模式

本章所設計之燃料電池發電系統架構跟太陽能發電系統架構大同小異,只差別於發電端的不同。其發電系統亦與太陽能發電系統相同有兩種工作模式,分別為獨立供電運轉模式與市電併聯運轉模式,如圖 3-31 及圖 3-32 所示。

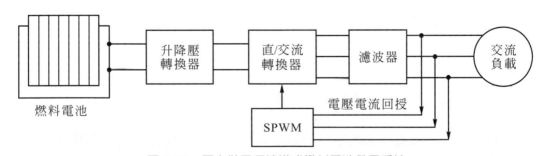

圖 3-31　獨立供電運轉模式燃料電池發電系統

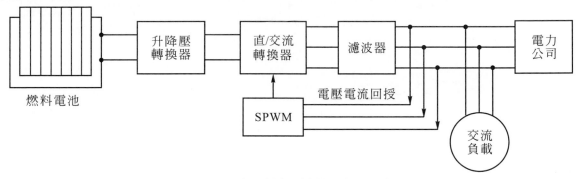

圖 3-32　市電併聯型燃料電池發電系統

▶ 習 題

1. 試說明風力發電系統控制原理？

2. 感應發電機之基本原理？

3. 風力發電與太陽能發電系統之工作模式？

4. 燃料電池的種類？

5. 燃料電池之工作原理與特性？

6. 直流/直流轉換器模型？

7. 直流/交流轉換器模型？

8. 燃料電池發電系統之工作模式？

9. 柴油發電系統之組成單元？

4 風力發電機併聯市電之相關問題

4-1 簡介

　　大型風力發電機組是近年來風力發電市場的主流，基於勵磁需求及儲能限制的考量，除離島應用外，大型風力機組必須與電網併聯，係屬於分散式發電系統(Dispersed Generation, DG)的一種。相較於傳統發電設備的規模(單機容易量達數百 MW)與集中程度(安裝於固定發電廠內，與輸電系統相連)，風力發電機組的發電量屬於中小規模，安裝地點分佈比較廣，通常與配電系統相連。

　　目前風力發電機控制可分成兩種，一種為可變速控制，另一種固定速度控制。在風力發電機組的技術發展過程中，變速型風力發電機成為主流無疑是促成大型風力發電機大幅成長的最重要因素之一。變速型風力發電機透過對傳動機構或電機的控制，使其葉輪轉速在額定風速內可以隨風大小而改變。相較於傳統定速型風力發電機，變速型風力發電機之主要優點包含：

1. 在額定風速之下，可擷取較大的風能。

2. 可降低陣風對傳動系統及機構的負荷。

3. 可維持電力品質及電壓穩定度，減少對電網之衝擊。

 ## 4-2 定速型風力發電機組系統之架構

現在的風力發電機仍有許多風力機採用定轉速型的架構，如圖 4-1 所示，這類風力機主要是利用鼠籠式感應發電機透過升壓變壓器與系統連接，但感應發電機會消耗虛功率，所以一般在每部風力機組下面會併聯上約風力發電機容量之 30%的電容器來補償感應機之激磁電流。此類的風力機控制方面是利用變速箱以及改變轉子的極數，以維持風力發電機轉子的旋轉速度，達到定頻穩定的功率輸出特性，故被稱爲定速型風機。然而，當突然有一陣強風時，由於內部是使用機械控制方式，其特性會受機械控制的響應快慢而受影響，使得風力機之輸出功率也跟著變動，造成系統的電壓不穩定。

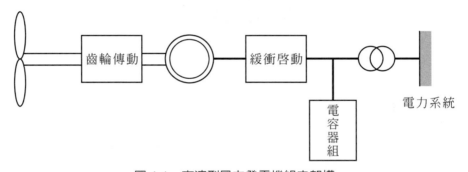

圖 4-1 定速型風力發電機組之架構

定轉速的風力發電機安裝到電力系統的時候，有二個規則：

1. 因爲感應發電機在運轉的時候會大量消耗虛功率，造成系統的電壓不穩定，使得風力機與系統耦合點會有發生嚴重壓降的現象，因此風力機產生失速不穩定的狀況。

2. 定速型風力發電機之轉子和葉片速必須維持在某個轉速範圍下運轉，故風力機的機械結構要夠堅固，才能容忍強風對機械結構的壓力，因此在機械結構上的成本就比較昂貴，特別是高容量之風力發電機的製作成本更高。

4-3　變速型風力發電機組系統之架構

　　現在所發展的大容量風力發電機主要操作於變速的模式，所以被稱為變速型風力發電機組。它與定速型風力發電機主要差別於此種風力機採用電力電子轉換器經由升壓變壓器與系統併聯，故可使風力發電機的轉子在於變速狀態下，並利用電力轉換器轉換出額定之功率注入系統，其架構如圖 4-2 所示。

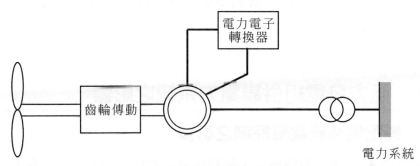

圖 4-2　變速型風力發電機組之架構

其優點如下：

1. 機械結構成本較低且旋角控制較為容易：因為採用電力電子元件來控制，發電機可操作於變速狀態下，故在硬體設備方面的成本較便宜。平常風速比較小的時候，風機的葉片旋角控制器可調整旋角來提升輸出功率，當風速超過額定風速的時候，才會去驅動到葉片旋角控制器。

2. 降低機械受力：當忽然發生強風時，變速型風力發電機組架構不需要定速運轉，可直接利用葉片機械結構來擷取風能轉為機械能，進而由發電機轉為負載需之的電能，故在葉片上的機械壓力會比定速型小。

3. 改善系統的發電效率：風力渦輪機的轉速可由葉片旋角控制器及電力電子元件來作適當的調整，使其輸出功率達到最大。

4. 改善電力品質：此系統的輸出不直接受到轉矩的擾動所干擾，故當風速變動時，可以降低對系統的電壓擾動的衝擊。

因為變速型風力發電機組中採用電力轉換器，所以其缺點如下：

1. 由於電力轉換器與風力機串聯連接，故其容量大小與風力機之額定容量大小需要相同，所以其成本比較貴。

2. 電力轉換器輸出端所連接的濾波器其容量大小與風力機之額定容量大小需要相同，所以設計方面相當困難且成本比較昂貴。

3. 由於電力轉換器的效率會影響到整個系統的效率，所以在設計上須考慮和注意。

 ## 4-4　風力發電組併聯電力系統之影響

4-4-1　輸配電系統電壓控制之影響

　　對於輸配電系統正確的運轉而言，維持所有用電戶引供點在適當的操作電壓是不可或缺的。一般來說，用戶電力引供點可接受的電壓變動範圍為標稱值的±5%，對於短暫或偶發事±10%也可接受。由於馬達帶動分接頭變換器及升壓器的操作關係，配電等級的電壓調整速度比較慢。風力發電系統的加入提供了較快速度的電壓調整機會，因此也改善了用戶引供點的電壓，如圖 4-3 所示。

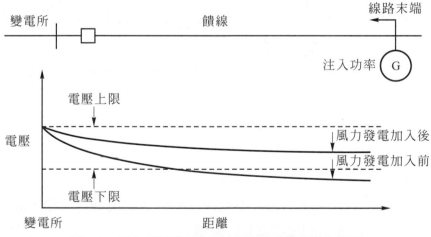

圖 4-3　風力發電機併入系統後改善饋線壓降之情形

當然風力發電系統設備本身也會帶來新的偶發事件，也可能導致了違反電壓調整準則，如圖 4-4 所示。

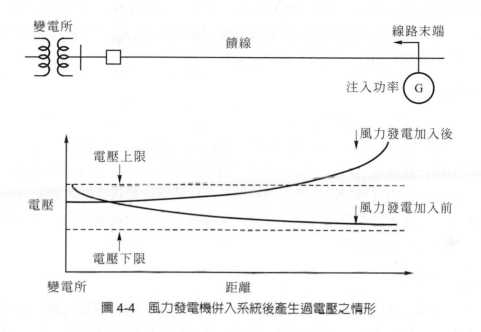

圖 4-4　風力發電機併入系統後產生過電壓之情形

　　當風力發電系統護備加入輸配電系統時，風力發電系統電壓控制單元與標準配電系統調整器之間的協調將變得非常重要，可於風力發電機端使用分接頭變壓器、調整器及開關電容器。依據風力發電系統的型式及其控制結構，有許多可能互相影響模式。由於改變了實功、虛功電力潮流的方向和大小，故風力發電系統單元可直接影響饋線沿線的電壓大小。由於可能產生逆送電力的情況，線路補償元件責任區的方向性問題必須加以考慮。

4-4-2　系統穩定度之影響

一、穩態穩定度

　　穩態穩定度係指在沒有干擾的條件下，同步發電機經輸電系統傳送電力到系統的能力。對於在單一發電機與無限系統之間的簡單放射狀連接線而言，穩定度極限與介於機組及電力系統間的電壓相角差有關，用簡單的公式即可計算出最大傳輸功率。然而對一含有風力發電的多機系統而言，可能會產生不合理的悲觀結果；儘管如此，當利用這些技巧去審視以決定那些案例需要更進一步精確的分析時，其結果尚稱合理。

雖然在大部分的風力發電系統應用中，穩態穩定度不太可能是限制因素之一，可是連接在低壓等級且含有高同步電抗的大型電機則可能會產生問題。如果機組無法連接在較強健的配電系統點上(即靠近變電所)，則唯一合理成本之解決方法為確保此機組具備高增益自動電壓調整器及高初始響應激磁系統。此種組合將使加諸在電機轉子的同步作用力增加，因此也改善了暫態穩定度。

二、暫態穩定度

對於同步機而言，暫態穩定度與許多變數有關，例如發電機大小及參數、輸電網路強度、故障型態及位置、故障清除時間、發電機激磁系統及參數設定值。目前精確計算機的工具已經存在且可行，可以針對配電系統鄰近的偶發事故，作更準確的機組暫態穩定評估，採用高增益自動電壓調整器及高初始響應激磁系統，並配合裝設電力系統穩定器，可在實際的配電系統及互連風力發電系統的阻抗範圍內，同時改善在暫態及小信號穩定度上的顧慮。

三、開關動作暫態

電力公司設備開關切換引起的暫態現象，如果沒有正確的預知防範，可能會引起風力發電機保護設備動作而導致失聯。假如失聯的發電機佔了運轉中一定比例的機組時，系統供電電壓調整可能會超出允許的標準。開關動作暫態也可能引起設備錯誤動作或故障。所以，在裝有風力機之系統應注意此問題。

4-4-3　因獨立運轉所導致之共振過電壓問題

若是風力發電系統發生單獨運轉，發電機與系統的其他串並聯設備，如接到饋線的功因修正電容器組及諧波濾波器等，可能造成共振。此種共振可能發生在故障時惑或正常運轉下，且與變壓器的連接方式無關。最常見的串聯共振發生在發電機的次暫態電抗與系統電容器間。

4-4-4　電壓閃爍

風力發機常因開關次數頻繁、系統負載擾動造成輸出功率擾動，進而產生電壓閃爍現象。因此為了解決此問題，我們可以利用風力機內部控制，調節實功輸出，達到減緩輸出功率變化量。或增設儲能設備，以穩定風力發電機功率輸出的變動。或改善虛功率輸出以補償虛功需求的變化量，這是由於電力轉換器可以改變虛功輸出，改變供電功率因數以符合負載虛功需求量，達到穩定電壓之效果。

4-4-5 諧波

若風力發電機所使用的架構為可變速型發電機,其內部必然有電力轉換器,若風力機內部所安裝之濾波器未能有效將電力轉換器產生之諧波濾除,那整個風場所產生之諧波勢必非常多,使得系統受到嚴重的諧波污染,而導致以下的問題:

1. 系統上之變壓器、馬達、 傳輸線等會有過熱現象,而減短設備的壽命,或其他問題發生。

2. 可能會干擾系統上某些負載設備,而造成負載設備錯誤動作。

3. 可能會影響到某業通訊系統的訊號傳送。

4. 造成嚴重的串聯共振過電壓情形,而使得系統之斷路器跳脫,造成設備故障等情形。

4-4-6 線路負載潮流

系統上之負載會隨負載用電特性及氣候變化而無時無刻的變化,假若在夏季之中午時分,天氣特別熱而導致用電過量,造成變壓器發生過載跳脫停電。電力公司為了避免此問題之發生導致民怨,那勢必需額外投資去建其他饋線或提高饋線之額定容量。若此時能在負載尖峰時期利用風機的投入而減低由饋線流到負載之電流,將可避免饋線因過載而發生跳電的命運,同時也可延遲電力公司須增設其他線路或提升輸電線容量之投資。

▶ 習題

1. 試說明定速和變速型風力發電機組系統之組成架構?

2. 試說明變速型風力發電機組系統之優缺點?

3. 風力發電組併聯電力系統之影響為何?

5 類神經網路之理論與應用

5-1 簡介

　　神經網路(Neural Network)又稱為平行分散處理器(Parallel Distributed Processors)或連結模式(Connectionist Model)、自我組織系統(Self-Organizing System)、類神經網路(Artificial Neural Network, ANN)等。類神經網路較精確的定義為:「類神經網路是一種計算系統,包括軟體與硬體,它使用大量簡單的相聯人工神經元來模仿生物神網路的動作狀況,人工神經元是簡單的生物神經元的模擬。它從外界環境或者其他人工神經元是取得資訊,並加以非常簡單的計算,並輸出其結果到外界環境或者其他人工神經網路。」

　　類神經網路最早由 McCulloch 和 Pitts 在 1943 年提出第一個神經元運算模型,神經網路研究的大門便從此敞開,直到 1949 年加拿大的心理學家 Hebb 出版了一本書-The Organization of Behavior,書中提到了一種學習方式,稱為 Hebbian 學習法則,利用這個學習法則來解釋某些心裡學上的實驗結果,學習法則的觀念直到現在仍然被採用,在 1980 年美國物理學家 Hopfield,將能量函數的觀念引進到神經網路,使得類神經網路之研究又開始熱絡起來,在 1986 年 Rumelhart 和 PDP(Parallel Distributed

Processing)研究群解決 XOR 問題(1969 年因無法解決 XOR 的問題，造成類神經網路停頓 13 年)並提出回傳神經網路，從此類神經網路更加快速發展。

 ## 5-2　類神經網路控制架構

　　一般控制系統的架構圖，如圖 5-1 所示。圖中主要分成二種控制器。一種是前饋控制器，另一種為回饋控制器，而且此二種控制器皆可用類神經網路來實現。在學習過程中，利用倒傳遞演算法來使得受控體的輸出與參考模式的輸出之間的誤差減小。

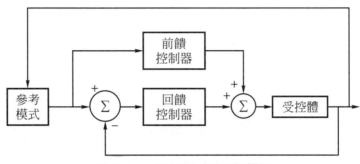

圖 5-1　一般控制系統的架構圖

類神經網路中，不同的學習方法就有不同的學習控制架構，大致上可以分為三種型態：

1. **間接學習架構(Indirect Learning Architecture)**

　　主要可分為二階段的學習過程，首先為順向傳遞，將授控體的理想輸出 y_d 作為類神經網路的輸入，類神經網路的輸出當作受控體的輸入 u，使授控體產生輸出 y。接著為反向傳遞，將授控體的輸出 y 當作類神經網路的輸入，在類神經網路的輸出端得到 $\hat{u}$，利用誤差值 $e = u - \hat{u}$ 及倒傳遞演算法來修正類神經網路的權重值。如圖 5-2 所示。

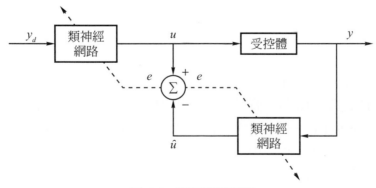

圖 5-2　間接學習架構

2. 一般學習架構(General Learning Architecture)

將輸入訊號 u 輸入至受控體產生輸出 y，將受控體的輸出 y 當作類神經網路的輸入，在類神經網路的輸出端得到輸出 $\hat{u}$，所以在類神經網路輸出端的誤差就是 $e = u - \hat{u}$，利用 e 修正類神經網路的權重值。當類神經網路學習完成後，受控體的輸出 y 將近似於受控體的參考輸出 y_d。也就是說，一般學習類神經網路架構的權重值是離線(Off-line)訓練，並且需要使用大量的訓練資料，其需要很長的訓練時間。如圖 5-3 所示。

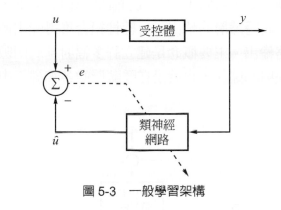

圖 5-3　一般學習架構

3. 特殊學習架構(Special Learning Architecture)

特殊學習架構與其它二種學習架構最大的不同點就是誤差值的來源。其誤差是參考的輸出 y_d，與受控體的輸出 y 之間的誤差。根據倒傳遞類神經網路的原理，必須先知道類神經網路輸出端的誤差，然後才能將誤差倒傳遞回去修正連結權重值。把受控體視作是一個權重值固定的類神經網路，而且先知道受控體的靈敏度(Sensitivity)或 Jacobian($\frac{\partial y}{\partial u}$)，才能夠用倒傳遞演算法。如圖 5-4 所示。

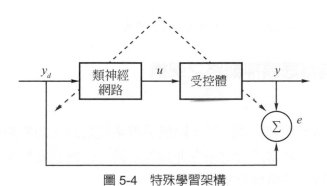

圖 5-4　特殊學習架構

5-3　徑向基底類神經網路原理與架構

5-3-1　徑向基底類神經網路原理

　　徑向基底函數類神網路(Radial Basis Function Network, RBFN)，或稱為輻射基底函數類神經網路，屬於函數模擬問題的類神經網路。　網路架構為一層輸入層、一層隱藏層與一層輸出層。如圖 5-5 所示。輸入層是輸入資料與網路連接的介面層，單一隱藏層則是將輸入資料經過非線性活化函數轉換到隱藏層，也就是將輸入空間進行非線性映射到隱藏空間，換言之，可將不知系統明確數學模式之下，得到輸出輸入之間的關係。輸出層則是扮演將隱藏層的輸出進行線性組合獲得輸出值的特色，該層神經元將輸入值相加成為網路輸出。主要概念是建立許多輻射基底函數，以函數逼近法來找出輸入與輸出之間的映射的關係，也就是在隱藏層的各神經元中建立相對應的輻射基底函數 $R\left(\left\|x - m_j\right\|\right)$。

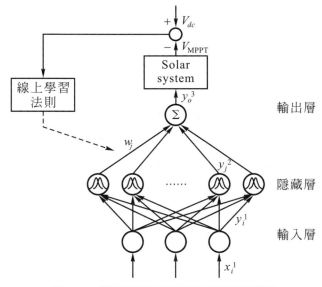

圖 5-5　徑向基底函數類神經網路架構圖

5-3-2　徑向基底類神網路之架構

一、基本神經元運作

　　本章設計徑向基底類神經網路於太陽能發電系統之最大功率追蹤，因為其具有適應性能力使得神經網路非常適合應用在非線性系統。徑向基底類神經網路架構共分為三層，分別為輸入層、隱藏層及輸出層。

1. **第一層：輸入層(Input Layer)**

   對於輸入層中第 i 個神經元而言，其輸入與輸出如下：

   $$net_i^1 = x_i^1(k)$$

   $$y_i^1(k) = f_i^1(net_i^1(k)) = net_i^1(k), \quad i = 1, 2, 3 \tag{5-1}$$

   其中，x_i^1：輸入層的輸入訊號，為電壓、電流與溫度

   　　　k：類神經網路疊代次數

2. **第二層：隱藏層(Hidden Layer)**

   隱藏層的基底函數型式包含許多型態。如線性函數(Linear Function)、高斯函數(Gaussian Function)、邏輯函數(Logic Function)及指數函數(Exponential function)等，其中本章採用最為普遍之高斯函數。當資料輸入網路後，直接由輸入層將輸入向量傳給隱藏層中的每個徑向基底函數，也就是計算輸入向量與隱藏層各神經元中心點的距離後，將函數轉換獲得隱藏層各神經元的輸出。其輸出與輸入如下：

   $$net_j^2(k) = -\frac{\left(x_i^2 - m_{ij}\right)^2}{\left(\sigma_{ij}\right)^2}$$

   $$y_j^2(k) = f_j^2\left(net_j^2(k)\right) = \exp\left(net_j^2(k)\right) \tag{5-2}$$

   其中

   m_{ij}：隱藏層中第 i 個語言變數對應第 j 個神經元所屬高斯函數的平均值

   σ_{ij}：隱藏層第 i 個語言變數對應第 j 個神經元所屬高斯函數的標準偏差值

3. **第三層：輸出層(Output Layer)**

   本層中的每一個神經元標示為 Σ，表示將所有輸入此神經元的訊號做加總之計算。對於輸出層中的第 o 個神經元而言，其輸入與輸出如下：

   $$net_o^3 = \sum_j w_j y_j^2(k)$$

   $$y_o^3(k) = f_o^3\left(net_o^3(k)\right) = net_o^3(k) = V_{MPPT} \tag{5-3}$$

   其中，y_o^3：網路之輸出值，為最大功率點之參考電壓 V_{MPPT}

   　　　w_j：隱藏層第 j 個神經元至輸出層的權重值

二、監督式學習和訓練程序

在回饋階段，網路權重值根據梯度下降演算法來進行修正。藉由權重值的修正，以使網路的輸出趨向於期望之輸出值。

為了描述線上學習法則，首先必須定義一誤差函數 E，如下所示：

$$E = \frac{1}{2}\left(V_{dc} - V_{MPPT}\right)^2 \tag{5-4}$$

其中，V_{dc}：期望的輸出電壓　　　　　　V_{MPPT}：線上的實際輸出電壓

以動態倒傳遞演算法則為基礎的學習演算法述如下：

輸出層：倒傳遞回來的誤差如下所示：

$$\delta_o = -\frac{\partial E}{\partial net_o^3} = \left[-\frac{\partial E}{\partial y_o^3}\frac{\partial y_o^3}{\partial net_o^3}\right] \tag{5-5}$$

其輸出層與隱藏層間之連結權重值每次更新疊代如下所示：

$$\Delta w_j = -\frac{\partial E}{\partial w_j} = \left[-\frac{\partial E}{\partial y_o^3}\frac{\partial y_o^3}{\partial net_o^3}\right]\left(\frac{\partial net_o^3}{\partial w_j}\right) = \delta_o y_j^2 \tag{5-6}$$

輸出層與隱藏層之間連結權重值可根據下式來調變：

$$w_j(N+1) = w_j(N) + \eta_w \Delta w_j \tag{5-7}$$

其中，η_w：輸出層與隱藏層間權重值的學習速率

隱藏層之高斯函數平均值每次更新疊代如下所示：

$$\Delta m_{ij} = -\frac{\partial E}{\partial m_{ij}} = \left[-\frac{\partial E}{\partial net_o^3}\frac{\partial net_o^3}{\partial y_j^2}\frac{\partial y_j^2}{\partial m_{ij}}\right] = \delta_o w_j y_j^2 \frac{2\left(x_i^1 - m_{ij}\right)}{\left(\sigma_{ij}\right)^2} \tag{5-8}$$

隱藏層之高斯函數平均值每次修正量如下所示：

$$m_{ij}(k+1) = m_{ij}(k) + \eta_m \Delta m_{ij} \tag{5-9}$$

其中，η_m：高斯函數平均值之學習速率

隱藏層之高斯函數標準偏差值每次更新疊代如下所示：

$$\Delta\sigma_{ij} = -\frac{\partial E}{\partial \sigma_{ij}} = \left[-\frac{\partial E}{\partial net_o^3}\frac{\partial net_o^3}{\partial y_j^2}\frac{\partial y_j^2}{\partial \sigma_{ij}} \right] = \delta_o w_j y_i^2 \frac{2\left(x_i^1 - m_{ij}\right)^2}{\left(\sigma_{ij}\right)^3} \tag{5-10}$$

隱藏層之高斯函數標準偏差值每次修正量如下所示：

$$\sigma_{ij}(k+1) = \sigma_{ij}(k) + \eta_\sigma \Delta\sigma_{ij} \tag{5-11}$$

其中，η_σ：高斯函數標準偏差值之學習速率

5-4　Elman 類神經網路原理及架構

5-4-1　Elman 類神經網路原理

　　Elman 類神經網路(Elman Neural Network, ENN)模型在前饋式類神經網路的隱藏層中增加了一個承接層，儲存先前的輸入資料，以作為延遲輸入，而使系統具有適應時變特性的能力與直接反映動態過程系統的特性。

　　Elman 類神經網路是屬於遞迴類神經網路的其中一種網路。Elman 類神經網路是由兩層倒傳遞類神經網路連接而成，且具有額外的回饋連結，即來自隱藏層輸出至回饋連結之輸入，這個連結是藉由儲存在前一時刻由隱藏層神經元輸出的訊號，因而訊號可不斷地回饋到網路中，使得網路能夠儲存數時刻的相關資訊，而擁有動態記憶的特性，使得 Elman 類神經網擁有學習辨識並產生暫時的圖樣及空間圖樣，並處理暫態問題的能力。

　　Elman 網路架構為一層輸入層、一層隱藏層、一層承接層與輸出層。如圖 5-6 所示。輸入層是輸入資料與網路連接的介面層。隱藏層則是將輸入訊號經過線性或非線性之傳遞函數轉換，可在未知系統之數學模式下，得到輸出與輸入之間的關係。承接層則是用來記憶隱藏層前一時刻之輸出值，並返回給輸入。輸出層則是將隱藏層之輸出進行線性組合而得到輸出值。

　　Elman 類神經網路其隱藏(遞迴)層神經元的轉移函數為正切雙彎曲轉移函數(tansig)，而輸出層神經元的轉移函數為線性轉移函數(purelin)。因為具有這些轉移函數的兩層網路可使用任意精度來逼近任何函數(具有限數目的不連續性)，但必須在隱藏層有足夠的神經元。若配適的函數越複雜，所需要的隱藏層神經元就越多。

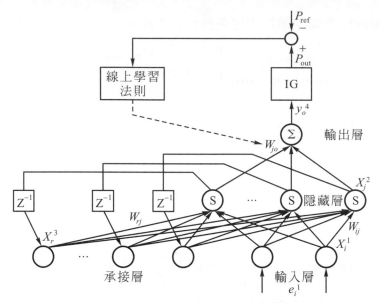

圖 5-6　Elman 類神經網路架構圖

🌳 5-4-2　Elman 類神經網路架構

一、基本神經元運作

　　本章設計 Elman 類神經網路於風力發電系統之旋角控制，藉由回饋訊號，能夠得到更佳的學習效率，應用在非線性系統，可以提高收斂速度與減少學習時間。Elman 類神經網路架構共分為四層，分別為輸入層、隱藏層、承接層及輸出層。

1.　第一層：輸入層(Input Layer)

　　對於輸入層中第 i 個神經元而言，其輸入與輸出如下：

$$net_i^1 = e_i^1(k)$$

$$x_i^1(k) = f_i^1\left(net_i^1(k)\right) = net_i^1 = \frac{1}{1 + \exp\left(-net_i^1(k)\right)}, \qquad i = 1, 2 \tag{5-12}$$

　　其中，e_i^1：輸入層的輸入，為功率誤差與誤差變化量

　　　　　x_i^1：輸入層的輸出

　　　　　k：類神經網路疊代次數

2. **第二層：隱藏層(Hidden Layer)**

本章之轉移函數為正切雙彎曲轉移函數(tansig)，其輸入與輸出如下：

$$net_j^2 = \sum_i w_{ij} \times x_i^1(k) + \sum_r w_{rj} \times x_r^3(k)$$

$$x_j^2 = \frac{1}{1 + \exp\left(-net_j^2\right)} \tag{5-13}$$

其中，x_i^1、x_r^3：隱藏層的輸入

$\qquad w_{ij}$：輸入層第 j 個神經元至隱藏層的權重值

$\qquad w_{rj}$：承接層第 j 個神經元至隱藏層的權重值

3. **第三層：承接層(Context Layer)**

其輸入與輸出如下：

$$x_r^3(k) = x_j^2(k-1) \tag{5-14}$$

其中，x_r^3：承接層的輸出

$\qquad x_j^2(k-1)$：隱藏層前一時刻的輸出，即為承接層之輸入

4. **第四層：輸出層(Output Layer)**

將所輸入此神經元的訊號做加總之計算，對於輸出層的第 o 個神經元而言，其輸入與輸出如下：

$$net_o^4(k) = \sum_j w_{jo} \times x_j^2(k)$$

$$y_o^4(k) = f_o^4\left(net_o^4(k)\right) = net_o^4(k) = \beta \tag{5-15}$$

其中，y_o^4：網路的輸出值，即為旋角角度 β

$\qquad w_{jo}$：隱藏層第 j 個神經元至輸出層的權重值

二、監督式學習和訓練程序

利用遞迴連鎖律規則來計算每一層之誤差量，再根據所得之誤差量來修正權重值，首先必須定義一誤差函數 E，如下所示：

$$E = \frac{1}{2}\left(P_{out} - P_{ref}\right)^2 = \frac{1}{2}e^2 \tag{5-16}$$

其中，P_{out}：發電機之輸出功率　　　　P_{ref}：發電機之額定參考功率

$\qquad e$：追蹤誤差

學習演算法如下所示：

輸出層：倒傳遞回來的誤差如下所示：

$$\delta_o = -\frac{\partial E}{\partial net_o^4} = \left[-\frac{\partial E}{\partial y_o^4}\frac{\partial y_o^4}{\partial net_o^4} \right] \tag{5-17}$$

其輸出層與隱藏層間之連結權重值每次更新疊代如下所示：

$$\Delta w_{jo} = -\frac{\partial E}{\partial w_{jo}} = \left[-\frac{\partial E}{\partial y_o^4}\frac{\partial y_o^4}{\partial net_o^4} \right]\left(\frac{\partial net_o^4}{\partial w_{jo}} \right) = \delta_o x_j^2 \tag{5-18}$$

輸出層與隱藏層之間連結權重值可根據下式來調變：

$$w_{jo}(k+1) = w_{jo}(k) + \eta_1\Delta w_{jo} \tag{5-19}$$

其中，η_1：輸出層與隱藏層間權重值的學習速率

承接層與隱藏層間之連結權重值每次更新疊代如下所示：

$$\Delta w_{rj} = -\frac{\partial E}{\partial w_{rj}} = \left[-\frac{\partial E}{\partial y_o^4}\frac{\partial y_o^4}{\partial net_o^4} \right]\left(\frac{\partial net_o^4}{\partial x_j^2}\frac{\partial x_j^2}{\partial w_{rj}} \right) = \delta_o w_{jo} x_j^2\left[1-x_j^2 \right]x_r^3 \tag{5-20}$$

承接層與隱藏層之間連結權重值可根據下式來調變：

$$w_{rj}(k+1) = w_{rj}(k) + \eta_2\Delta w_{rj} \tag{5-21}$$

其中，η_2：承接層與隱藏層間權重值的學習速率

輸入層與隱藏層間之連結權重值每次更新疊代如下所示：

$$\Delta w_{ij} = -\frac{\partial E}{\partial w_{ij}} = \left[-\frac{\partial E}{\partial y_o^4}\frac{\partial y_o^4}{\partial net_o^4} \right]\left(\frac{\partial net_o^4}{\partial x_j^2}\frac{\partial x_j^2}{\partial w_{ij}} \right) = \delta_o w_{jo} x_j^2\left[1-x_j^2 \right]x_i^1 \tag{5-22}$$

輸入層與隱藏層之間連結權重值可根據下式來調變：

$$w_{ij}(k+1) = w_{ij}(k) + \eta_3\Delta W_{ij} \tag{5-23}$$

其中，η_3：輸入層與隱藏層間權重值的學習速率

5-5　廣義迴歸類神經網路之原理與架構

5-5-1　廣義迴歸類神經網路之簡介

廣義迴歸類神經網路(General Regression Neural Network, GRNN)是從機率類神經網路(Probability Neural Network, PNN)所演變而來的，為監督式學習網路的一種。Donald F. Specht 於 1988 年提出機率類神經網路，但是機率類神經網路只適用於分類問題，而無法解決連續變數問題。因而，Donald F. Specht 在 1991 便提出了廣義迴歸類神經網路的學習演算法。廣義迴歸類神經網路可學習一個動態模式作為預測或控制用，因此無論線性或非線性迴歸問題也可用廣義迴歸類神經網路來解決。

5-5-2　廣義迴歸類神經網路之原理

相依變數(Dependent Variable)Y 在獨立變數(Independent Variable)X 上的迴歸，Y 通常代表系統的輸出值，而 X 通常為系統的輸入值。廣義迴歸類神經網路方法並不需要像傳統的迴歸分析先假設一個明確的函數形式，只需以機率密度函數的方式來呈現。

假設 $f(\vec{x}, y)$ 為一向量變數 $\vec{x}$ 和一純量變數 y 的聯合連續值機率密度函數(Joint Continuous Probability Density Function)。若 $\vec{X}$ 為 $\vec{x}$ 的一個測量值，則在 $\vec{x} = \vec{X}$ 處時 y 的條件期望值(Conditional Mean)將如式(5-24)所示，此式同時也就是 y 在 $\vec{X}$ 處上的迴歸：

$$E\left[y \mid \vec{X}\right] = \frac{\int_{-\infty}^{\infty} y f\left(\vec{X}, y\right) dy}{\int_{-\infty}^{\infty} f\left(\vec{X}, y\right) dy} \tag{5-24}$$

因此，若我們可以得知 $f(\vec{x}, y)$ 此函數公式為何，也就可以求得 y 於任一處 $\vec{x}$ 量測值 $\vec{X}$ 的迴歸值了。然而 $f(\vec{x}, y)$ 多半是一個未知的函數，因此我們必須先透過估計的方式來求得，而比較常見的估計方式是根據多組 $(\vec{x}, y)$ 的觀測值來進行估計，在此我們採用 Parzen 所提出 Parzen window 無母數方法來估計 $f(\vec{x}, y)$，其結果如式(5-25)：

$$\hat{f}\left(\vec{X}, Y\right) = \frac{1}{\left(2\pi^{(p+1)/2} \sigma^{(p+1)}\right)} \cdot \frac{1}{n} \sum_{i=1}^{n} \exp\left[-\frac{\left(\vec{X} - \vec{X}^i\right)^T \left(\vec{X} - \vec{X}^i\right)}{2\sigma^2}\right] \cdot \exp\left[-\frac{\left(Y - Y^i\right)^2}{2\sigma^2}\right] \tag{5-25}$$

如同之前所述，$f(\vec{x}, y)$ 的估計式 $\hat{f}(\vec{X}, Y)$ 是基於多個 $(\vec{x}, y)$ 的量測樣本 $(\vec{X}^i, Y^i)$ 所構成，其中 n 即代表量測樣本數，而 p 則是向量變數 $\vec{x}$ 的維度(Dimension)，也就是構成向量變數 $\vec{x}$ 的元素個數。

將式(5-25)的估計式代入式(5-24)中取代未知的 $f(\vec{x}, y)$，我們便能夠得到在 $\vec{x} = \vec{X}$ 處時 y 的條件期望值 $E[y|\vec{X}]$，亦即 y 在任一處 $\vec{x}$ 量測值 $\vec{X}$ 上的迴歸。為方便說明與了解，我們將此迴歸重新標記為 $\hat{Y}_o(\vec{X})$，並整理成式(5-26)所示：

$$\hat{Y}_o(\vec{X}) = \frac{\sum\limits_{i=1}^{n} \exp\left[-\dfrac{(\vec{X} - \vec{X}^i)^T (\vec{X} - \vec{X}^i)}{2\sigma^2}\right] \int_{-\infty}^{\infty} y \exp\left[-\dfrac{(y - Y^i)^2}{2\sigma^2}\right] dy}{\sum\limits_{i=1}^{n} \exp\left[-\dfrac{(\vec{X} - \vec{X}^i)^T (\vec{X} - \vec{X}^i)}{2\sigma^2}\right] \int_{-\infty}^{\infty} \exp\left[-\dfrac{(y - Y^i)^2}{2\sigma^2}\right] dy} \tag{5-26}$$

在進一步計算並簡化整理後可得：

$$\hat{Y}_o(\vec{X}) = \frac{\sum\limits_{i=1}^{n} Y^i \exp\left[-\dfrac{(\vec{X} - \vec{X}^i)^T (\vec{X} - \vec{X}^i)}{2\sigma^2}\right]}{\sum\limits_{i=1}^{n} \exp\left[-\dfrac{(\vec{X} - \vec{X}^i)^T (\vec{X} - \vec{X}^i)}{2\sigma^2}\right]} = \frac{\sum\limits_{i=1}^{n} Y^i \exp\left[-\dfrac{D_i^2}{2\sigma^2}\right]}{\sum\limits_{i=1}^{n} \exp\left[-\dfrac{D_i^2}{2\sigma^2}\right]} \tag{5-27}$$

其中，$D_i^2 = (\vec{X} - \vec{X}^i)^T (\vec{X} - \vec{X}^i)$

$\vec{X}$：輸入單元的輸入訊號，為電壓、電流、溫度

$\hat{Y}_o(\vec{X})$：網路輸出值，為最大功率點之參考電壓 MPPT

而 σ 為平滑參數(Smoothing Parameter)，為一大於 0 之常數；平滑參數是在廣義迴歸類神經網路中唯一需要以學習方式決定的參數。

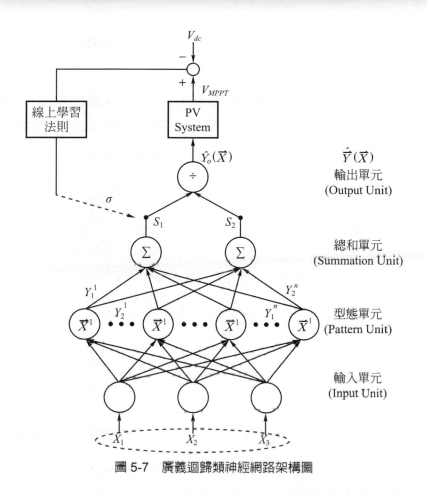

圖 5-7　廣義迴歸類神經網路架構圖

　　圖 5-7 為本章所設計之廣義迴歸類神經網路的四層網路架構圖，值得特別注意的是，本網路架構在輸出部分是允許輸出變數 y 亦可為一向量型態輸出的一般性架構，因此會針對向量輸出 y 的每一個成分元素分別進行其在 $\vec{x} = \vec{X}$ 處時的迴歸估計 $\hat{Y}_o(\vec{X})$，並有對應數量的輸出單元。圖 5-7 所示之輸入單元(Input Unit)為輸入向量 $\vec{X}$ 的分配單元，亦即是負責將輸入向量 $\vec{X}$ 的各成分元素分配給第二層的所有型態單元(Pattern Unit)，同時也相當於是把輸入向量 $\vec{X}$ 分配至每一個型態單元；而每一個型態單元代表一個訓練範例，也是一個量測樣本 $\vec{X}^i$，當一個新的輸入向量 $\vec{X}$ 進入網路並分配至各型態單元之後，每一個型態單元會將此輸入向量 $\vec{X}$ 減去其本身所代表的量測樣本向量 $\vec{X}^i$，並計算此差向量的所有元素之平方和(也就是 $\vec{X}$ 與 $\vec{X}^i$ 兩者間的歐幾里得距離的平方值)，之後再將此值輸入到一個非線性的類神經元激發函數(Activation Function)，而此激發函數所出來的值，便是型態單元的輸出值。在此我們所採用的非線性類神經元激發函數 $a(D)$ 是最常被使用的指數函數(Exponential Function)，如式 (5-28)所示：

$$a(D) = \exp\left(-\frac{D^2}{2\sigma^2}\right) \tag{5-28}$$

接下來，每一個型態單元的輸出值會被進一步地連接到每一個總合單元(Summation Unit)。而針對輸出向量 $\vec{y}$ 的各成分元素 y 在 $\vec{x} = \vec{X}$ 處時的迴歸估計 $\hat{Y}_o(\vec{X})$ 而言，會分別對應到兩個總和單元 S_1 與 S_2，其中總和單元 S_1 與每一個型態單元的連結上會附帶有一權重值(Weighted)，代表在每一個量測樣本點 $\vec{X}^i$ 處所對應 $\vec{y}$ 的 k 元素之量測值，而總和單元 S_1 便會將所有型態單元的輸出值與其連結上的權重值進行加權總和(Weighted Sum)並輸出至對應的輸出單元(Output Unit)。另一個總和單元 S_2 則是將所有型態單元的輸出值進行單純的加總動作，並將結果輸出至與 S_1 相同的輸出單元。兩總和單元 S_1 與 S_2 的輸出值分別如式(5-29)及式(5-30)所示。

$$S_1 = \sum_{i=1}^{n} Y_k^i \exp\left[-\frac{D_i^2}{2\sigma^2}\right], \, k=1,2 \tag{5-29}$$

$$S_2 = \sum_{i=1}^{n} \exp\left[-\frac{D_i^2}{2\sigma^2}\right] \tag{5-30}$$

圖 5-7 中的廣義迴歸類神經網路架構中最後一層次的輸出單元，則是分別對應至輸出向量 $\vec{y}$ 的各成分元素 y 在 $\vec{x} = \vec{X}$ 處的迴歸估計 $\hat{Y}_o(\vec{X})$，其主要的功能是將來自對應的總和單元 S_1 與 S_2 的數值相除，也就是將式(5-29)除以式(5-30)，如此即可以得到 $\hat{Y}_o(\vec{X})$ 值。而在求得每一輸出單元的輸出值後，亦可得到輸出向量 $\vec{y}$ 在 $\vec{x} = \vec{X}$ 處的迴歸估計 $\hat{Y}_o(\vec{X})$。

🌳 5-5-3　廣義迴歸類神經網路之平滑參數

平滑參數為廣義迴歸類神經網路中唯一需要以學習方式決定的參數，此參數相當於控制一個樣本點的有效半徑，極端例子為：當平滑參數趨近於零時，表示每個樣本的有效半徑趨近於零，即未知樣本將幾乎只受到鄰近樣本的影響；而平滑參數趨近於無窮大時，代表每個樣本的有效半徑趨近於無窮大，即樣本數將受全部樣本的影響，且影響力相同，因此未知樣本數的函數值即所有樣本的函數值之平均值。

決定平滑參數，一般使用由 Donald F. Specht(1991)所提出的 Holdout Method 來決定平滑參數，其步驟如下：

1.　先選定一個特定的 σ 值。

2.　一次只移走一個訓練範例，用剩下的範例建構一個網路，用此網路來估計移走的那個樣本的估計值 $\hat{y}$。

3.　重複步驟 2 做 n 次(n 為訓練範例數)，記錄每個估計值與範例值之間的均方誤差 (Mean Square of Error, MSE)，並且把每一次的MSE 加總取平均。

$$MSE = \frac{1}{Q}\sum_{k=1}^{Q}\left(V_{MPPT} - V_{dc}\right)^2 \tag{5-31}$$

其中，Q：取樣本數　　　　　　　V_{MPPT}：期望輸出電壓

V_{dc}：線上實際輸出電壓

4.　採以其他的 σ 值，重複步驟 2 與 3。

5.　MSE 最小的 σ 值，即為最佳的 σ 值。

然而因為平滑參數為一大於零之數，其涵蓋範圍太大，如果只用 holdout method，很難找出最適合的平滑參數值，接著我們用遞減式搜尋法。所謂遞減式搜尋法即是，先設一平滑參數初值與折減係數，並設定「學習循環」次數，例如：

初值：1.0
折減係數：0.5
學習循環：10

學習步驟會先以平滑參數 $\sigma = 1.0$ 開始，第二循環再以 $\sigma = 0.5$，第三循環以 $\sigma = 0.25$ 測試，直到第 10 次 $\sigma = 0.00195$，選擇會使訓練範例誤差均方根為最小的平滑參數為最佳平滑參數。

廣義迴歸類神經網路的學習過程與一般的監督式學習過程截然不同，其網路連結加權值是直接由訓練範例的輸入向量與輸出向量決定。與其他監督式類神經網路有以下幾點不同：

1.　不用初始網路連結加權值。

2.　不使用推論輸出向量與訓練範例的目標輸出向量之差距修正網路連結加權值。

3. 網路的神經元術與訓練範例有關。

4. 無疊代學習過程。

5. 學習的目的在於尋找最佳之平滑參數。

5-6 類神經網路滑模變結構控制之原理與架構

5-6-1 滑模變結構控制之原理

變結構控制(Variable Structure Control, VSC)本質上是一種特殊的非線性控制，其非線性表現為控制之不連續性。這種控制策略與其他控制的不同之處在於系統的結構並不固定，而是可以在動態過程中，根據系統當前的狀態(如偏差及其各隱導數等)，有目的地不斷變化，迫使系統按照預定滑動模態的狀態軌跡運動，所以又常稱變結構控制為滑動模態控制(Sliding Mode Control, SMC)，及滑模變結構控制。

滑模變結構控制其特性可以迫使系統在一定特性下沿規定的狀態軌跡作小幅度、高頻率的上下運動，及所謂的滑動模式或滑模運動。這種滑動模態是可以設計的，且與系統的參數及擾動無關，可使滑模運動的系統具有很好的強韌性。

滑動模式控制的概念和特性如下：

1. 考慮一般的情況，在系統 $\dot{x} = f(x), x \in R^n$ 的狀態空間中，有一個切換面 $s(x) = s(x_1, x_2, \cdots, x_n) = 0$，他將狀態空間分成上下兩部份 $s > 0$ 及 $s < 0$。再切換面上的運動點有三種情況，如圖 5-8 所示。

   (1) 通常點：系統運動點運動到切換面 $s = 0$ 附近時，穿越此點而過(點 A)

   (2) 起始點：系統運動點到達切換面 $s = 0$ 附近時，從切換面的兩邊離開該點(點 B)

   (3) 終止點：系統運動點到達切換面 $s = 0$ 附近時，從切換面的兩邊趨向於該點(點 C)。

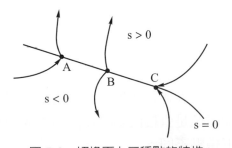

圖 5-8 切換面上三種點的特性

在滑模變結構中，通常點與起始點無大多意義，但是終止點確有特殊的涵義。因為如在切換面上某一區域內所有的運動點都是終止點，一旦運動點趨近於該區域，就會被吸引到該區域內運動。此時，稱在切換面 $s=0$ 上所有運動點都是終止點的區域爲滑動模態區，或簡稱爲滑模區，系統在該區上運動就稱爲滑模運動。

按照滑模區上的運動點都必須是終止點這一要求，當運動點到達切換面 $s(x) = 0$ 附近時，必有

$$\lim_{s \to 0^+} \dot{s} \le 0 \ , \ \lim_{s \to 0^-} \dot{s} \ge 0 \tag{5-32}$$

或者

$$\lim_{s \to 0^+} \dot{s} \le 0 \le \lim_{s \to 0^-} \dot{s} \tag{5-33}$$

式(5-33)也可寫成

$$\lim_{s \to 0} s\dot{s} \le 0 \tag{5-34}$$

此不等式對系統提出了如式(5-35)的 Lyapunov 函數的必要條件。

$$v(x_1, x_2, \cdots, x_n) = [s(x_1, x_2, \cdots, x_n)]^2 \tag{5-35}$$

由於在切換面區域內式(5-35)爲正定的，而式(5-35)中，s^2 的導數是負半定的，也就是說在 $s = 0$ 附近 v 是一個非增函數，因此，如果滿足條件式(5-34)，則式(5-35)是系統的一個條件 Lyapunov 函數。系統本身也就穩定於條件 $s = 0$。

滑模變結構的定義

滑模變結構控制的基本問題如下：

設有一控制系統

$$\dot{x} = f(x, u, t), x \in R^n, u \in R^m, t \in R \tag{5-36}$$

需要確定切換函數

$$s(x), s \in R^m \tag{5-37}$$

求解控制函數

$$u = \begin{cases} u^+(x) & s(x) > 0 \\ u^-(x) & s(x) < 0 \end{cases} \tag{5-38}$$

其中，$u^+(x) \neq u^-(x)$，使得

1. 滑動模式存在，使得式(5-38)成立。

2. 滿足可達性條件，在切換面 $s(x) = 0$ 以外的運動點都將於有限的時間內到達切換面。

3. 保證滑模運動的穩定。

4. 達到控制系統的動態品質要求。

　　上述前三點為滑模變結構控制的基本問題，只有滿足了這些條件的控制才可能為滑模變結構控制。

🌳 5-6-2　徑向基底類神經網路之原理

　　徑向基底函數類神網路(Radial Basis Function Network, RBFN)，或稱為輻射基底函數類神經網路，屬於函數模擬問題的類神經網路。網路架構為一層輸入層、一層隱藏層與一層輸出層，如圖 5-9 所示。輸入層是輸入資料與網路連接的介面層，單一隱藏層則是將輸入資料經過非線性活化函數轉換到隱藏層，也就是將輸入空間進行非線性映射到隱藏空間，換言之，可將不知系統明確數學模式之下，得到輸出輸入之間的關係。輸出層則是扮演將隱藏層的輸出進行線性組合獲得輸出值的特色，該層神經元將輸入值相加成為網路輸出。主要概念是建立許多輻射基底函數，以函數逼近法來找出輸入與輸出之間的映射關係。

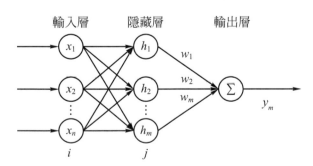

圖 5-9　徑向基底類神經網路架構圖

在徑向基底類神經網路中，$X = [x_1 x_2 \cdots x_n]^T$ 為網路的輸入向量。設 $H = [h_1 h_2 \cdots h_m]^T$ 為徑向基底類神經網路的徑向基底向量，其中 h_j 為高斯函數：

$$h_j = \exp\left(-\frac{\|X - c_j\|^2}{2b_j^2}\right), j = 1, 2, \cdots, m \tag{5-39}$$

其中，隱藏層的第 j 個神經元所屬高斯函數的平均值向量為 $c_j = [c_{j1} c_{j2} \cdots c_{jn}]$

隱藏層的高斯函數偏差值向量為 $B = [b_1 b_2 \cdots b_m]^T$，其中 b_j 為第 j 個神經元所屬高斯函數的標準偏差值，且為大於零的數

則網路的權重值向量為

$$W = [w_1 w_2 \cdots w_m]^T \tag{5-40}$$

徑向基底類神經網路的輸出即為

$$y_m(t) = w_1 h_1 + w_2 h_2 + \cdots + w_m h_m \tag{5-41}$$

徑向基底類神經網路的誤差函數為

$$E = \frac{1}{2}[y(t) - y_m(t)]^2 \tag{5-42}$$

根據梯度下降法，輸出權重值、高斯函數平均值及高斯函數偏差值的疊代算法如下：

$$w_j(t) = w_j(t-1) + \eta[y(t) - y_m(t)]h_j + \alpha[w_j(t-1) - w_j(t-2)] \tag{5-43}$$

$$\Delta b_j = [y(t) - y_m(t)]w_j h_j \frac{\|X - c_j\|^2}{b_j^3} \tag{5-44}$$

$$b_j(t) = b_j(t-1) + \eta \Delta b_j + \alpha[b_j(t-1) - b_j(t-2)] \tag{5-45}$$

$$\Delta b_{ij} = [y(t) - y_m(t)]w_j \frac{x_j - c_{ij}}{b_j^2} \tag{5-46}$$

$$c_{ij}(t) = c_{ij}(t-1) + \eta \Delta c_{ij} + \alpha[c_{ij}(t-1) - c_{ij}(t-2)] \tag{5-47}$$

其中，η 為學習速率 α 為動量因子。

5-6-3　徑向基底類神經網路-滑模控制器之原理

　　本章設計一徑向基底類神經網路-滑模控制器(RBFN-Sliding Mode Controller, RBFNSM)於風力發電系統之旋角控制,並利用徑向基底類神經網路的適應性能力使得滑模控制器可更快速達到終止點,且非常適合應用於非線性系統,如圖 5-10 所示。

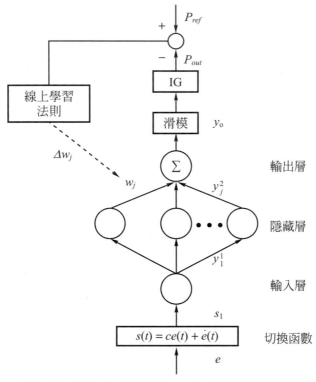

圖 5-10　徑向基底類神經網路-滑模控制器之架構圖

　　首先需先定義一切換函數 $s(t)$ 作為徑向基底類神經的輸入,如式(5-48),而滑模控制器作為徑向基底類神經網路的輸出,假設其期望輸出值為風機之額定參考功率 P_{ref},並將切換函數設計為

$$s(t) = ce(t) + \dot{e}(t) \tag{5-48}$$

其中,c:常數

　　　$e(t)$:實際輸出功率 P_{out} 與額定參考功率 P_{ref} 之功率誤差

　　　$\dot{e}(t)$:實際輸出功率 P_{out} 與額定參考功率 P_{ref} 之功率誤差變化率

一、神經元運作如下所示：

1. 第一層：輸入層(Input Layer)

   對於輸入層而言，其輸入與輸出如下所示：

   $$net_1^1 = s_1^1(k)$$

   $$y_1^1(k) = f_1^1(net_1^1(k)) = net_1^1(k) \tag{5-49}$$

   其中，s_1^1：輸入層的訊號，爲切換函數

   　　　k：類神經網路疊代次數

2. 第二層：隱藏層(Hidden Layer)

   隱藏層的基底函數型式包含許多型態。如線性函數(Linear Function)、高斯函數(Gaussian Function)、邏輯函數(Logic Function)及指數函數(Exponential function)等，本章採用最爲普遍之高斯函數。當資料輸入網路後，直接由輸入層將輸入向量傳給隱藏層中的每個徑向基底函數，也就是計算輸入向量與隱藏層各神經元中心點的距離後，將函數轉換獲得隱藏層各神經元的輸出，其輸出與輸入如下：

   $$net_j^2(k) = -\frac{\left\| s_1^2 - c_j \right\|^2}{b_j^2}$$

   $$y_j^2 = f_j^2(net_j^2(k)) = \exp(net_j^2(k)) \text{，} j=1,2,\ldots,m \tag{5-50}$$

   其中，c_j：隱藏層中第 j 個神經元所屬高斯函數的平均值

   　　　b_j：隱藏層中第 j 個神經元的所屬高斯函數的偏差值，且大於零

   　　　m：隱藏層中的神經元個數

3. 第三層：輸出層(Output Layer)

   本層中的每一個神經元標示爲 Σ，表示將所有輸入此神經元的訊號做加總之計算。對於輸出層中的第 o 個神經元而言，其輸入與輸出如下：

   $$net_o^3 = \sum_j w_j y_j^2(k)$$

   $$y_o^3(k) = f_o^3(net_o^3(k)) = net_o^3(k) = \beta \tag{5-51}$$

   其中，y_o^3：網路之輸出值，即爲旋角角度 β

   　　　w_j：隱藏層的第 j 個神經元至輸出層的權重值

二、監督式學習和訓練程序

　　徑向基底類神經網路的權重值是根據梯度下降演算法來進行修正，以使網路的輸出值趨近於期望輸出值。

　　因滑模控制器設為徑向基底類神經網路的輸出端，為了描述線上學習法則，則控制器的目標是使 $s(t)\dot{s}(t) \to 0$，則定義一誤差函數 E，如下所示：

$$E = s(t)\dot{s}(t) \tag{5-52}$$

以動態倒傳遞演算法則為基礎的學習演算法述如下：

輸出層：倒傳遞回來的誤差如下所示：

$$\delta_o = -\frac{\partial E}{\partial net_o^3} = \left[\frac{\partial E}{\partial y_o^3} \frac{\partial y_o^3}{\partial net_o^3} \right] \tag{5-53}$$

則輸出曾與隱藏層之間連結權重值每次更新疊代如下所示：

$$\Delta w_j = -\frac{\partial E}{\partial w_j} = \left[-\frac{\partial E}{\partial y_o^3} \frac{\partial y_o^3}{\partial net_o^3} \right] \left(\frac{\partial net_o^3}{\partial w_j} \right) = \delta_o y_j^2 \tag{5-54}$$

則輸出層與隱藏層之間連結權重值可根據下是來調變：

$$w_j(t+1) = w_j(t) + \eta_w \Delta w_j \tag{5-55}$$

　　其中，η_w：輸出層與隱藏層之間權重值的學習速率

隱藏層之高斯函數平均值每次更新別帶如下所示：

$$\Delta c_{1j} = -\frac{\partial E}{\partial c_{1j}} = \left[-\frac{\partial E}{\partial net_o^3} \right] \left(\frac{\partial net_o^3}{\partial y_j^2} \right) \left\{ \frac{\partial y_j^2}{\partial c_{1j}} \right\} = \delta_o w_j y_j^2 \frac{2(s_1^1 - c_{1j})}{(b_{1j})^2} \tag{5-56}$$

隱藏層之高斯函數平均值每次修正量如下所示：

$$c_{1j}(t+1) = c_{1j}(t) + \eta_c \Delta c_{1j} \tag{5-57}$$

　　其中，η_c：高斯函數平均值之學習速率

隱藏層之高斯函數標準偏差值每次更新疊代如下所示：

$$\Delta b_{1j} = -\frac{\partial E}{\partial b_{1j}} = \left[-\frac{\partial E}{\partial net_0^3}\right]\left(\frac{\partial net_0^3}{\partial y_j^2}\right)\left\{\frac{\partial y_j^2}{\partial b_{1j}}\right\} = \delta_o w_j y_j^2 \frac{2(s_1^1 - c_{1j})^2}{(b_{1j})^3} \tag{5-58}$$

隱藏層之高斯函數標準偏差值每次修正量如下所示：

$$b_{1j}(t+1) = b_{1j} + \eta_b \Delta b_{1j} \tag{5-59}$$

其中，η_b：高斯函數標準偏差值之學習速率

▶ 習題

1. 類神經網路依照不同的學習方法可以分為那三種型態？

2. 試說明徑向基底類神經網路原理與架構？

3. 試說明 Elman 類神經網路原理及架構？

4. 試說明廣義迴歸類神經網路之原理與架構？

5. 試描述滑模變結構控制之原理？

6 分散式發電之微電網系統運轉與控制

6-1 簡介

　　近年來由於電力系統負載的持續成長及環保意識抬頭，爲了提高系統容量以增加系統穩定度及供電可靠度，興建傳統大型發電廠收到強烈的阻力，因此未來的電力系統中，再生能源型分散式電源(Distributed Generation, DG)使用數目必大量增加。傳統電網規劃方法是以集中發電及經由被動的配電網路傳輸到用戶端，因所有用戶均經由同一配電網路供電，固其電力品質幾乎相同。當由大量小型分散式電源重整後之配電網路，可依用戶需求不同進行分類，改善系統可靠度和定義電力品質層級，此即爲微電網(Micro-Grid)，因此當發生主電網電力不足、跳脫或是突發斷電情形時，彼此間互聯之微電網便能相互支援，以減少偶發事件造成的損失，是一個能實現自我控制保護和管理的自治系統，既可以與外部電網併聯運轉，亦可獨立運轉。

　　各種再生能源的發電技術不斷的被開發，並廣泛的應用於電力系統中，其中以風力發電與太陽能發電最被廣泛應用與電網併聯發電，因台灣能源缺乏，故須仰賴進口能源，但因地理位置的優勢，日照量相當充裕，而離島、沿海及高山等地區常年風力強勁，因此相當適合風力發電與太陽能發電的發展。而單一再生能源易受季節、氣候變化等因素所影響，導致發電量不穩定，系統之供電連續性不佳，因料電池發電系統常用來供應容量較小的電力系統，爲了減少燃料成本及石化燃料所造成的污染，因此結合太陽能發電與風力發電，並配合柴油引擎，可使混合發電微電網系統具有較完善的電力供應以及提高系統的可靠度。

爲了提高風力發電系統與太陽能發電系統之最大功率輸出，在風力發電系統方面，由於風力發電機的輸出功率會隨著功率係數、風速及葉片半徑變動而變化，其中功率係數函數又與尖端速度比和旋角有關係。因此如若沒有良好的旋角控制系統使系統運轉在最佳功率輸出，將無法有效地把風能完全轉換成電能輸出。在不同的風速下，如何控制風力發電機的旋角，使風力發電系統皆操作在最佳工作點，以獲得最大的輸出電功率，爲本章主要研究之一。在太陽能系統方面，傳統的最大功率追蹤方法會有最大功率點飄動的缺點，因此本章提出一智慧型控制器，使太陽能發電系統運轉在最大功率點，以提高系統運轉穩定度。

6-2　靜態同步補償器之原理與分析

如圖 6-1 所示，爲靜態同步補償器之單線圖與等效電路，電壓源反流器利用脈寬調變技術產生與系統相同頻率的三相電壓源，在交流電源一個週期內，使反流器之電力電子開關元件快速切換，構成交流 PWM 電壓以降低低次諧波含量，藉由改變輸出電壓振幅大小，對系統提供或吸收虛功率，以維持系統電壓之穩定。

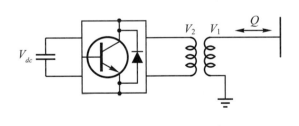

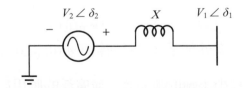

圖 6-1　靜態同步補償器之單線圖與等效電路

靜態同步補償器之功率潮流表示如式(6-1)：

$$P = \frac{V_1 V_2 \sin \delta}{X}$$

$$Q = \frac{V_1 (V_1 - V_2 \cos \delta)}{X} \tag{6-1}$$

其中，V_1：電網之端電壓

V_2：靜態同步補償器產生之端電壓

X：電網與靜態同步補償器之間的等效阻抗

δ：電網端電壓與靜態同步補償器端電壓之相角差

🌳 6-2-1　靜態同步補償器之數學模型分析

三相電力系統之瞬時功率為：

$$P = v_a i_a + v_b i_b + v_c i_c = \begin{bmatrix} v_a & v_b & v_c \end{bmatrix} \begin{bmatrix} i_a \\ i_b \\ i_c \end{bmatrix} \tag{6-2}$$

正交座標轉換矩陣為：

$$[A] = \frac{2}{3} \begin{bmatrix} 1 & -\frac{1}{2} & -\frac{1}{2} \\ 0 & \frac{\sqrt{3}}{2} & -\frac{\sqrt{3}}{2} \\ \frac{1}{\sqrt{2}} & \frac{1}{\sqrt{2}} & \frac{1}{\sqrt{2}} \end{bmatrix} \tag{6-3}$$

利用正交座標轉換，將三相物理量轉換為正交座標成分：

$$\begin{bmatrix} v_d \\ v_q \\ 0 \end{bmatrix} = [A] \begin{bmatrix} v_a \\ v_b \\ v_c \end{bmatrix} , \quad \begin{bmatrix} i_d \\ i_q \\ 0 \end{bmatrix} = [A] \begin{bmatrix} i_a \\ i_b \\ i_c \end{bmatrix} \tag{6-4}$$

此座標轉換之反矩陣為：

$$\begin{bmatrix} v_a \\ v_b \\ v_c \end{bmatrix} = \left[A\right]^{-1} \begin{bmatrix} v_d \\ v_q \\ 0 \end{bmatrix} , \quad \begin{bmatrix} i_a \\ i_b \\ i_c \end{bmatrix} = \left[A\right]^{-1} \begin{bmatrix} i_d \\ i_q \\ 0 \end{bmatrix}$$ (6-5)

將式(6-5)代入式(6-2)可得：

$$P = \begin{bmatrix} v_a \\ v_b \\ v_c \end{bmatrix}^T \begin{bmatrix} i_a \\ i_b \\ i_c \end{bmatrix} = \frac{3}{2} \begin{bmatrix} v_d \\ v_q \\ 0 \end{bmatrix}^T \left(\left[A\right]^{-1}\right)^T \left[A\right]^T \begin{bmatrix} i_d \\ i_q \\ 0 \end{bmatrix}$$ (6-6)

整理可得：

$$P = \frac{3}{2}\left(v_d i_d + v_q i_q\right) = \frac{3}{2}|v||i|\cos\phi$$ (6-7)

其中，ϕ：電壓與電流之夾角

由式(6-7)可得知瞬時虛功率為：

$$Q = \frac{3}{2}\left(v_d i_d - v_q i_q\right) = \frac{3}{2}|v||i|\sin\phi$$ (6-8)

　　如圖 6-2 所示，為靜態同步補償器電路圖，包括一直流電容器 C、一電壓源型反流器及補償器輸出變壓器之漏電感與濾波電感合成等效電感 L。

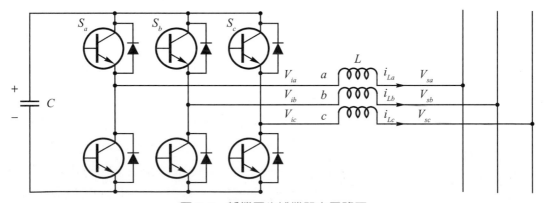

圖 6-2　靜態同步補償器之電路圖

其交流端電路方程式為：

$$
\frac{d}{dt}\begin{bmatrix} i_{La} \\ i_{Lb} \\ i_{Lc} \end{bmatrix} = \frac{1}{L}\begin{bmatrix} V_{ia} - V_{sa} \\ V_{ib} - V_{sb} \\ V_{ic} - V_{sc} \end{bmatrix}
$$

(6-9)

其中，i_{La}、i_{Lb}、i_{Lc}：靜態同步補償器流入系統之三相電流

V_{ia}、V_{ib}、V_{ic}：反流器之輸出三相電壓

V_{sa}、V_{sb}、V_{sc}：系統之三相電壓

三相座標系統與同步旋轉座標轉換關係式為：

$$
\begin{bmatrix} f_q \\ f_d \\ f_0 \end{bmatrix} = \frac{2}{3}\begin{bmatrix} \sin\theta & \sin\left(\theta - \frac{2\pi}{3}\right) & \sin\left(\theta + \frac{2\pi}{3}\right) \\ \cos\theta & \cos\left(\theta - \frac{2\pi}{3}\right) & \cos\left(\theta + \frac{2\pi}{3}\right) \\ \frac{1}{2} & \frac{1}{2} & \frac{1}{2} \end{bmatrix}\begin{bmatrix} f_a \\ f_b \\ f_c \end{bmatrix}
$$

(6-10)

反轉換矩陣為：

$$
\begin{bmatrix} f_a \\ f_b \\ f_c \end{bmatrix} = \begin{bmatrix} \cos\theta & \sin\theta & 1 \\ \cos\left(\theta - \frac{2\pi}{3}\right) & \sin\left(\theta - \frac{2\pi}{3}\right) & 1 \\ \cos\left(\theta + \frac{2\pi}{3}\right) & \sin\left(\theta + \frac{2\pi}{3}\right) & 1 \end{bmatrix}\begin{bmatrix} f_q \\ f_d \\ f_0 \end{bmatrix}
$$

(6-11)

其中，f_{qd0}：三相座標轉換至 q、d、0 軸之電壓、電流

f_{abc}：三相之電壓、電流

θ：a 軸與 q 軸之間的旋轉夾角

將式(6-11)代入式(6-9)將三相座標轉換成同步旋轉座標可得：

$$
\frac{d}{dt}\begin{bmatrix} i_{Ld} \\ i_{Lq} \end{bmatrix} = -\frac{1}{L}\begin{bmatrix} 0 & -\omega \\ \omega & 0 \end{bmatrix}\begin{bmatrix} i_{Ld} \\ i_{Lq} \end{bmatrix} + \frac{1}{L}\begin{bmatrix} V_{id} - V_{sd} \\ V_{iq} - V_{sq} \end{bmatrix}
$$

(6-12)

6-2-2 靜態同步補償器之控制器設計

　　如圖 6-3 所示，為靜態同步補償器之控制器。由系統擷取三相電壓 V_1 後，經由鎖相電路得到系統之角度 θ，三相電壓 V_1 與所得之角度 θ 經交流電壓測量器得到一電壓信號 V_{ac}，所得之電壓訊號 V_{ac} 再與參考電壓 V_{ref} 比較得到一誤差值，所得之誤差值經由交流電壓控制器得到三相 d-q 軸電壓 V_{1dq} 與 q 軸電流參考值 I_{qref}，將擷取之三相電流 I 與系統之角度 θ 經由電流測量器，得到 q 軸電流 I_q 及 d 軸電流 I_d，擷取直流電容器之直流電壓 V_{dc}，經由直流電壓測量器得到一直流電壓信號 V_{dc}，將直流電壓信號 V_{dc} 與直流電壓參考值 V_{dcref} 比較得到一誤差值，將此誤差值由直流電壓控制器得到 d 軸電流參考值 I_{dref}，再將得到之 q 軸電流參考值 I_{qref} 與 d 軸電流參考值 I_{dref} 分別跟 q 軸電流 I_q 與 d 軸電流 I_d 比較得到 q 軸電流誤差與 d 軸電流誤差，兩誤差值與三相 d-q 軸電壓 V_{1dq} 經由電流控制器得到 d 軸電壓 V_{2d} 與 q 軸電壓 V_{2q}，再與所得之 d-q 軸電壓與角度 θ 經由脈波頻寬調變 PWM，即可得到控制靜態同步補償器之觸發信號。

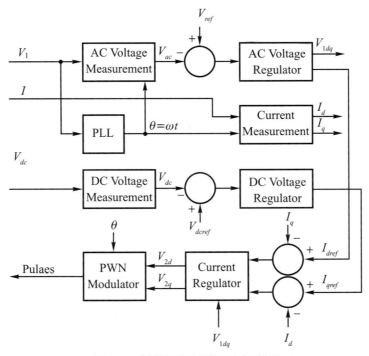

圖 6-3　靜態同步補償器之控制器

6-3　混合發電之最大功率追蹤控制

　　由於單一再生能源易受季節、氣候變化等因素所影響，導致發電量不穩定，系統之供電連續性不佳，因此，以混合再生能源發電不但可以有較完善的電力供應，亦可提高電力系統的穩定性。　為了提高風力發電與太陽能發電之最大功率輸出，其發電系統需配合使用最大功率追蹤之控制器，使得風力發電與太陽能發電均在最大功率輸出下運轉，除了可提高供電效率、系統穩定度外，也可降低環境污染。

6-3-1　風力發電系統之最大功率追蹤設計原理

一、旋角控制之設計原理

　　由於風速屬於不穩定的能源，將導致輸出的功率亦變得不穩定，為了維持穩定的輸出功率以及避免超出額定輸出，必須做輸出功率控制。傳統的風力最大功率輸出方法有許多種，如擾動觀察法、直線近似法與模糊控制法等，其控制方式是藉由量測風力發電機之各種參數，經由最大功率追蹤控制法得到一訊號，由此訊號來控制發電系統中的升降壓轉換器之開關切換週期，使其為最大功率輸出。

　　本章所使用之功率控制方法為旋角控制，它是利用葉片之可變旋翼構造，於高風速時可同時調整多個葉片角度，可減低風的推力，使發電機不至於損壞；於低風速時亦可調整其葉片，增加葉片受風面積，以提高發電機之功率輸出。

二、比例-積分之旋角控制

　　如圖 6-4 所示，為旋角控制系統之架構，若發電機輸出功率大於系統要求之參考功率，則啟動旋角控制系統，其控制系統利用比例-積分控制器控制旋角，藉由改變旋角之受風面積，使風力渦輪機輸出功率維持在最大輸出功率。

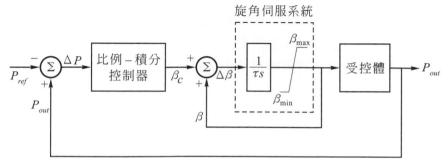

圖 6-4　利用比例-積分之旋角控制系統

其中利用風力發電機之實際輸出率功率 P_{out} 與風力發電機之輸入參考功率 P_{ref} 的誤差功率做為輸入值，然後經過比例-積分控制器後，得到 β_c，再與由旋角伺服系統所得之 β 值相加得到一個新的 $\Delta\beta$ 值，然後新的 $\Delta\beta$ 值經過旋角伺服系統，再經由旋角限制器來限制輸出之新 β 值的範圍，得到新的輸出 β 值，如此重覆其運作，使旋角控制器維持旋角在零度附近，以達到最大功率輸出。

旋角控制之微分方程式為：

當風速大於額定風速時：

$$p\beta_c - p\left(P_{out} - P_{ref}\right)K_P = \left(P_{out} - P_{ref}\right)K_I$$

$$p\beta_c = \frac{(\beta_c - \beta)}{\tau} \tag{6-13}$$

當風速小於或等於額定風速時：

$\beta = 0$

其中，K_P、K_I：比例-積分控制器之參數

τ：旋角伺服之時間常數

β_{max}、β_{min}：旋角限制器，分別為葉片之最大與最小旋角角度的限制
（單位：degree）

p：微分運算子

三、Elman 類神經網路旋角控制之設計

如圖 6-5 所示，為本章所設計之旋角控制器，設計一 Elman 類神經網路控制器取代傳統比例-積分控制器，因傳統比例-積分控制器之參數設定非常不容易，若設定參數不佳，則其控制效果將會非常差，而本章所設計之智慧型控制器，除了控制器之設計外，另外藉由線上學習法則來調整控制器內之權重參數，使其產生最佳 β_c 值，提高旋角控制系統之響應，使得發電機能很快進入最大輸出功率點。

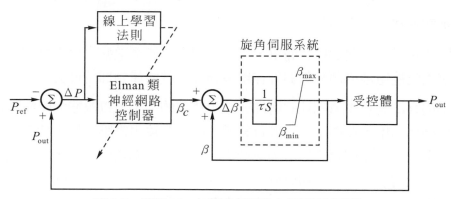

圖 6-5　利用 Elman 類神經網路之旋角控制系統

　　由第三章式 3-12 與圖 3-1 可得知當旋角角度為零，且功率係數為 0.48 時，感應發電機輸出為最大功率。將每個取樣時間所得到的誤差量 ΔP 當作 Elman 類神經網路與線上學習法則之輸入資料，經過建模與訓練，所輸出訊號來控制旋角角度，使感應發電機輸出功率為當時旋角角度與風速下之最大功率。當誤差量不為零時，此時將誤差量倒傳遞回去修正連結權重值，以控制旋角角度以及功率係數，進而提高感應發電機之輸出功率；當誤差量接近零時，此時旋角角度接近於零，且功率係數接近於最佳值，即感應發電機輸出功率為最大輸出功率。而每個取樣時間的類神經網路之輸入資料即為前一刻所得到的輸出功率與參考功率之誤差。

6-3-2　太陽能發電系統之最大功率追蹤設計原理

一、太陽能發電系統之最大功率追蹤控制

　　太陽能電池是將光能轉換為電能，由於陽光為取之不盡，用之不竭的天然能源且無污染，由第二章得知，太陽能電池的輸出功率會受日照強度與溫度改變等因素影響，使太陽能電池的電壓與電流呈現非線性關係，在不同工作環境下，由於日照強度與溫度不同，使其有不同之工作曲線，而每條工作曲線皆可找到一最大輸出功率的操作點，即為最大輸出功率點。

　　為了提高太陽能電池之效率，因此必須控制太陽能發電系統之功率電路，並配合最大功率追蹤法則，使其能隨不同之工作環境變化而輸出最大功率。太陽能系統最大功率追蹤法有很多種，如擾動觀察法、增量電導法、直線近似法、實際量測法及功率迴授法等，以下將分別介紹其工作原理。

1. 擾動觀察法

如圖 6-6 所示，此法構造簡單，只需量測太陽能電池輸出之電壓與電流，不需考慮太陽能電池內部參數與外在環境條件，就能達到即時最大功率追蹤。

擾動觀察法是藉由週期性的增加或減少負載的大小，以改變太陽能電池的端電壓與輸出功率，並觀察、比較負載變動前後之輸出電壓及輸出功率的大小，以決定下一次電壓與功率的增加或減少。若輸出功率較變動前大，則在下一個週期再適量的往同方向增加或減少負載，使輸出功率增加；若輸出功率較變動前小，則在下一個以反方向增加或減少負載，如此反覆擾動、觀察及比較，使太陽能電池達到最大功率點。

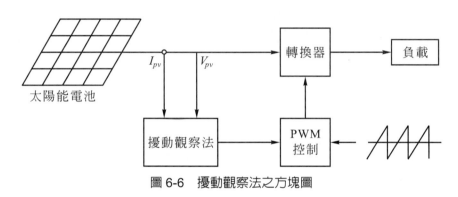

圖 6-6　擾動觀察法之方塊圖

2. 增量電導法

如圖 6-7 所示，增量電導法是藉由量測太陽能電池之增量電導值 $\dfrac{dI}{dV}$ 與瞬時電導值 $\dfrac{I}{V}$，經比較後決定下一次的開關責任週期。若比較後為零，則表示達到最大功率點，此時開關責任週期不變。

此法是以拋物線峰值微分為零的概念，依據太陽能電池之電壓-功率特性曲線推導出增量電導法的數學式，即 $\dfrac{dP}{dV}=0$ 時可獲得最大功率輸出。其中功率 P 可以電壓 V 與電流 I 表示，將 $\dfrac{dP}{dV}$ 表示成：

$$\frac{dP}{dV} = \frac{d(IV)}{dV} = I + V\frac{dI}{dV} = 0 \tag{6-14}$$

整理後可得

$$\frac{dI}{dV} = -\frac{I}{V}$$ (6-15)

其中，dI：增量前後量測之電流差值

dV：增量前後量測之電壓差值

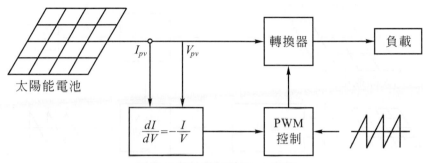

圖 6-7　增量電導法之方塊圖

3. 直線近似法

如圖 6-8 所示，在某日照強度下，其最大功率點發生在輸出功率變化相對於輸出電流變化為零時，即 $\frac{dP}{dI} = 0$。並以一直線來近似某溫度之下的各種不同日照量的最大功率點，將太陽能電池之輸出電流控制在此直線上，即可達到最大功率追蹤。

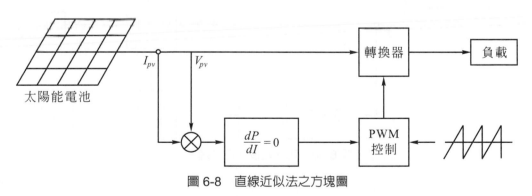

圖 6-8　直線近似法之方塊圖

4. 實際量測法

如圖 6-9 所示,主要是在系統外另設置額外的太陽能電池,並以此太陽能電池作為參考模型,每隔一段時間來量測此太陽能電池之開路電壓與短路電流,並求出在此工作環境下之最大功率點的電壓與電流,再搭配適當的 PWM 控制,使系統之太陽能電池工作在此電壓與電流下,即可達到最大功率輸出。

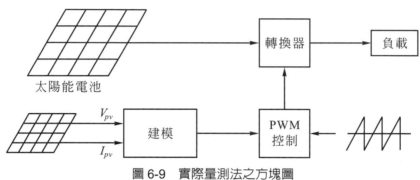

圖 6-9　實際量測法之方塊圖

5. 功率迴授法

如圖 6-10 所示,功率迴授法為輸出功率對電壓變化率之邏輯判斷,使其能依工作環境之變化而達到最大功率追蹤。當 $\dfrac{dP}{dV} = 0$ 時,即為最大功率點,且配合 PWM 控制,即可動態追蹤太陽能電池在不同日照量與溫度下之最大功率點。

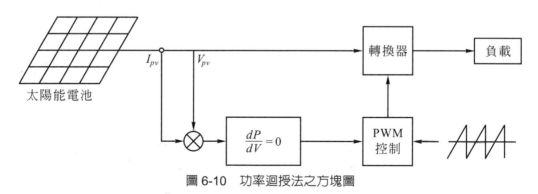

圖 6-10　功率迴授法之方塊圖

二、徑向基底類神經網路最大功率追蹤之設計

　　如圖 6-11 所示，爲本章所設計之智慧型最大功率追蹤法，擷取太陽能電池之電壓、電流與溫度之資料作爲徑向基底類神經網路的輸入資料，並進行建模與訓練，將類神經網路之輸出電壓訊號與負載端之直流電壓經由比較器來控制轉換器之開關切換週期，使其在不同工作環境下均能運作在最大輸出功率點。

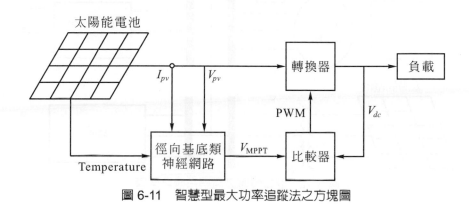

圖 6-11　智慧型最大功率追蹤法之方塊圖

　　將每個取樣時間所得到的電壓、電流與溫度作爲徑向基底類神經網路之輸入資料，經過建模與訓練，將所得之輸出電壓與直流電壓比較。利用誤差量倒傳遞回去修正連結權重值，以控制升壓轉換器之切換週期，進而控制升壓轉換器之輸出直流電壓與太陽能電池最大功率點之電壓與電流。而每個取樣時間所輸入類神經網路之資料即爲前一刻所得到的電壓、電流與溫度之信號。

6-4　混合發電微電網系統架構

　　如圖 6-12 所示，爲本章所建立之混合發電微電網系統，此系統的模組包括風渦輪機(Wind Turbine)、感應發電機(Induction Generator, IG)、柴油引擎(Diesel Engine, DE)、同步發電機(Synchronous Generator, SG)、功因補償電容器組(PF Compensation Capacitor Bank)、太陽能發電系統(Photovoltaic Generator System)、靜態同步補償器(Static Synchronous Compensator)以及靜態負載(Static Load)。

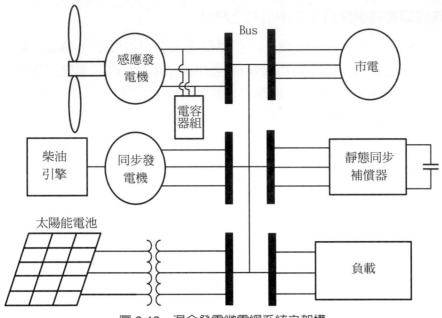

圖 6-12 混合發電微電網系統之架構

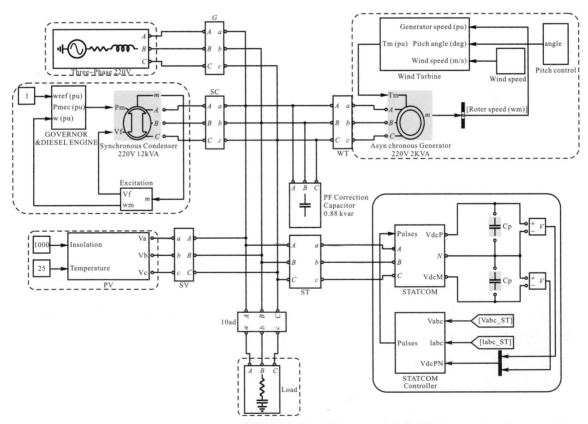

圖 6-13 市電併聯混合發電系統之 Simulink 架構圖

6-5　模擬結果

本節之模擬架構皆如圖 6-12 所示，為混合發電微電網系統併聯市電與靜態同步補償器之模擬。即為當系統達到穩態響應時，系統發生變化之分析。如圖 6-13 所示，為市電併聯型混合發電系統之 Simulink 架構圖。

🌳 6-5-1　市電併聯型太陽能-風能-柴油引擎混合發電微電網系統

一、固定風速 12m/s 與照度 1000W/m² 下，總負載量為 4KW

其模擬結果如圖 6-14 所示，太陽能發電系統與風能發電機約在 0.18 秒後，穩定輸出其外在條件之下的輸出功率，此時柴油引擎發電機同時提供輸出功率，由於太陽能發電系統、風力發電機與柴油引擎發電機所輸出之功率已足夠供應負載，而柴油引擎發電機又須維持穩定輸出，故將多餘之功率回饋給市電，以維持系統穩定運轉。其匯流排電壓如圖 6-15 所示。

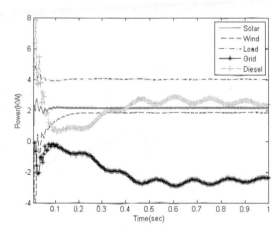

圖 6-14　固定風速與照度之市電併聯混合發電微電網系統之功率分配

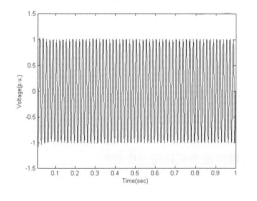

(a) 電壓波形　　　　　　　　　(b) 圖(a)之0.4~0.6之區域放大圖

圖 6-15　定風速與照度之市電併聯混合發電微電網系統匯流排電壓

二、固定風速 12m/s 與照度 1000W/m² 下，總負載量在 0.5 秒時，由 3KW、3KVAR(電容性)再增加 3KW、3KVAR(電容性)

其模擬結果如圖 6-16 所示，太陽能發電系統與風力發電機約在 0.18 秒後，穩定輸出其外在條件下所輸出之功率，當時間在 0.5 秒增加負載量時，太陽能發電系統與風力發電機之輸出功率依然維持穩定輸出，此時柴油引擎發電機也不足以供應負載功率，故將不再回饋功率至市電，而是改由市電提供不足之功率，其負載之虛功率由柴油引擎與市電同時提供，以維持系統穩定運轉。其匯流排電壓如圖 6-17 所示。

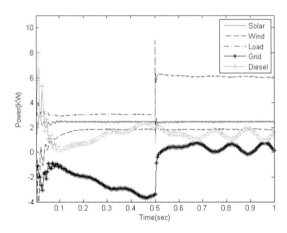

圖 6-16　載變化下之市電併聯混合發電微電網系統之功率分配

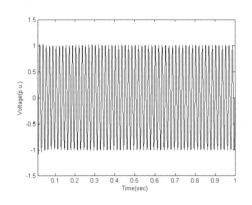

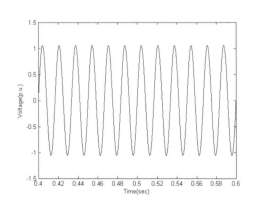

(a) 電壓波形　　　　　　　　　　(b) 圖(a)之0.4~0.6之區域放大圖

圖 6-17　負載變化下之市電併聯混合發電微電網系統匯流排電壓

🌳 6-5-2　獨立型混合發電系統最大功率追蹤之測試比較

　　使用本章所提出之智慧型控制器於風力發電機之旋角控制與太陽能之最大功率追蹤，跟旋角控制所用比例-積分控制器與太陽能最大功率追蹤所用擾動觀察法作比較，其他條件皆為相同。

一、固定風速 12m/s 與照度 1000W/m² 下，總負載量 3KW

　　模擬結果如圖 6-18 所示，在時間約為 0.13 秒時，太陽能發電系統與風力發電機皆在固定照度與風速下輸出最大功率，由於其功率輸出已足夠供應負載，此時柴油引擎發電機轉變為電動機，以消耗多餘負載，維持系統穩定運轉。如圖 6-19 所示，為 ENN 與比例-積分之旋角控制比較所得到的輸出功率比較圖，由圖可知，本章所設計之智慧型控制器較傳統比例-積分控制器震盪更小、穩態響應更快，其輸出效率亦較高。如圖 6-20 所示，以 RBFN 與擾動觀察法之太陽能最大功率追蹤比較，由圖可知本章所設計之智慧型控制器較擾動觀察法更快穩定，其最大功率追蹤效果更佳。如圖 6-21 所示，圖(a)為使用擾動觀察法控制升壓轉換器之切換週期，圖(b)為使用智慧型控制器控制升壓轉換器之切換週期。如圖 6-22 所示，為太陽能模組之特性曲線圖。如圖 6-23 所示，為太陽能模組之輸出電壓與電流，由圖 6-23 可得知，此電壓與電流為太陽能模組之最大功率點的電壓與電流。

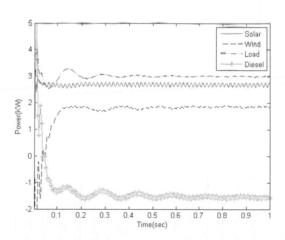

圖 6-18　固定風速與照度之獨立型混合發電微電網系統之功率分配

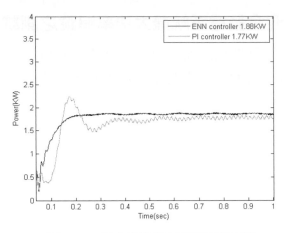

圖 6-19　風力發電機之輸出功率比較

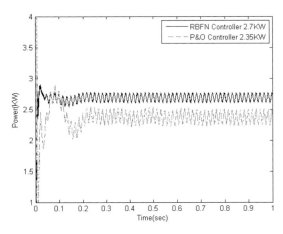

圖 6-20　太陽能發電之輸出功率比較

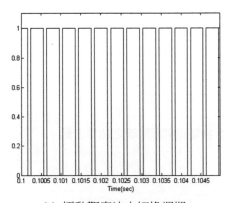

(a) 擾動觀察法之切換週期　　　　(b) 徑向基底類神經網路之切換週期

圖 6-21　太陽能發電系統升壓轉換器之切換週期比較

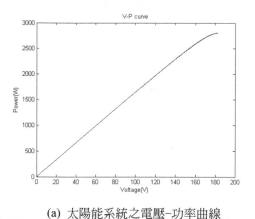

(a) 太陽能系統之電壓–功率曲線

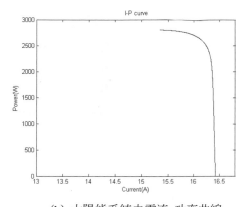

(b) 太陽能系統之電流–功率曲線

圖 6-22　應用 RBFN 於太陽能最大功率追蹤之特性曲線

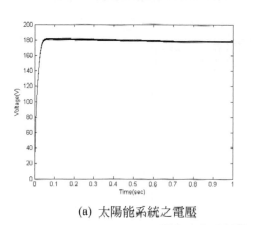

(a) 太陽能系統之電壓

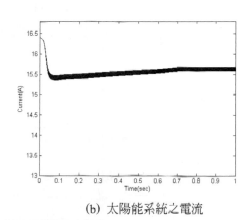

(b) 太陽能系統之電流

圖 6-23　太陽能最大功率點之電壓與電流

二、固定風速 12m/s 與照度 1000W/m² 下，總負載量在 0.5 秒時，由 3kW 增加到 4kW

　　模擬結果如圖 6-24 所示，當時間為 0.5 秒增加負載量，即為擾動系統之功用，而本章所設計之智慧型控制器，可快速收斂及穩定其輸出功率。如圖 6-25 所示，為 ENN 與比例-積分之旋角控制對於擾動之比較，由圖可知，本章設計之智慧型控制器較傳統比例-積分控制器具有快速收斂及穩定輸出之能力。如圖 6-26 所示，為 RBFN 與擾動觀察法在太陽能最大功率追蹤對於擾動之比較，由圖可知，本章所設計之智慧型控制器較擾動觀察法具有快速尋找最大功率點與抗擾動之能力。

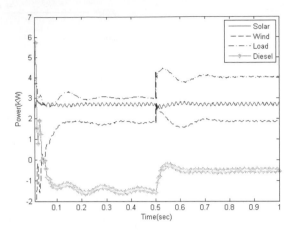

圖 6-24　固定風速與照度且變動負載下之獨立型混合發電微電網系統之功率分配

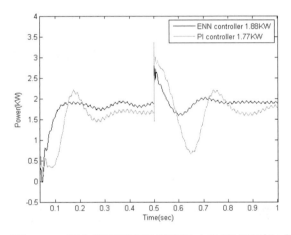

圖 6-25　風力發電機在負載變動中之輸出功率比較

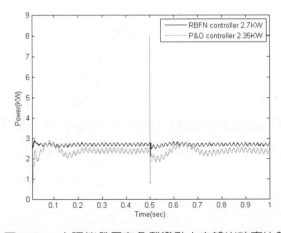

圖 6-26　太陽能發電在負載變動中之輸出功率比較

6-5-3　事故模擬分析

一、三相短路分析

　　此模擬為市電在時間 0.3 至 0.31 秒間，發生三相短路，模擬結果如圖 6-27 所示,當發生短路時，系統會產生劇烈變化，此時風力發電機將重新啟動發電，而柴油引擎發電機則藉由吸收市電功率重新激磁啟動，當達到

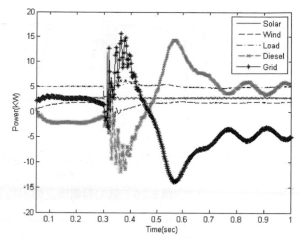

圖 6-27　發生三相短路之市電併聯混合發電微電網系統之實功率分配

系統穩定時，風力發電機、太陽能發電系統與柴油引擎發電機之輸出功率足夠供應負載，並將多餘實功率回饋市電。虛功率模擬結果如圖 6-28 所示，當發生短路系統重新啟動後，此時柴油引擎發電機輸出虛功率不足，故由市電同時提供虛功率，以維持系統穩定。如圖 6-29 所示，以 ENN 與比例-積分應用於旋角控制器之比較，由圖可知，當發生三相短路故障時，系統在劇烈變化後並重新啟動，而本章所設計之控制器可使風力發電機在重新啟動之後，迅速達到最大輸出功率。如圖 6-30 所示，以 RBFN 與擾動觀察法應用於太陽能發電系統最大功率追蹤之比較，由圖可知，本章所設計之控制器在劇烈變化後，可迅速穩定於最大輸出功率點。如圖 6-31 所示，為系統匯流排之電壓，當系統短路之時間內，系統電壓為零

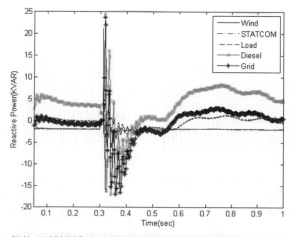

圖 6-28　發生三相短路之市電併聯混合發電微電網系統之虛功率分配

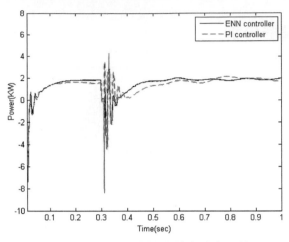

圖 6-29　風力發電機之輸出功率比較

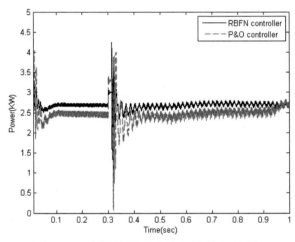

圖 6-30　太陽能發電系統之輸出功率比較

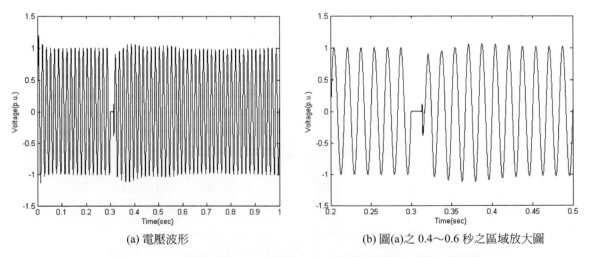

(a) 電壓波形　　　　　　　　　　(b) 圖(a)之 0.4～0.6 秒之區域放大圖

圖 6-31　發生三相短路之市電併聯混合發電微電網系統匯流排電壓

二、負載切換分析

此模擬動作爲時間在 0.4 秒時，由 5KW、1KVAR(電容性)增加 6KVAR(電容性)，在 0.7 秒時，切換爲 5KVAR(電感性)，模擬結果如圖 6-32 所示，此時風力發電機、太陽能發電系統與柴油引擎發電機輸出之功率足夠供應負載，並將多餘功率回饋市電。虛功率模擬結果如圖 6-33 所示，此時由柴油引擎發電機與市電同時供應虛功率給負載及風力發電機，而靜態同步補償器則爲調節其功率輸出。如圖 6-34 所示，以 ENN 與比例-積分應用於旋角控制器之比較，由圖可知，在兩段切換不同之負載時，本章所設計之控制器仍然可在變動後迅速找到最大輸出功率點，如圖 6-35 所示，以 RBFN 與擾動觀察法應用於太陽能發電系統之最大功率追蹤之比較，由圖可知，本章所設計之控制器除了最大功率追蹤較佳外，亦可迅速到達穩定輸出，而不至於變化太過劇烈。如圖 6-36 所示，爲系統匯流排之電壓。

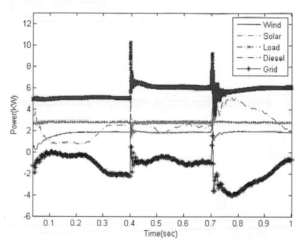

圖 6-32　負載切換下之市電併聯混合發電微電網系統之實功率分配

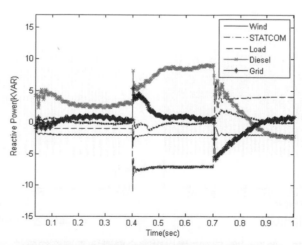

圖 6-33　負載切換下之市電併聯混合發電微電網系統之虛功率分配

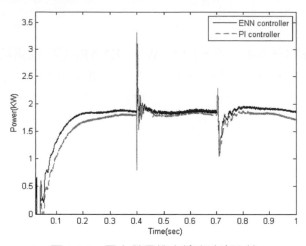

圖 6-34　風力發電機之輸出功率比較

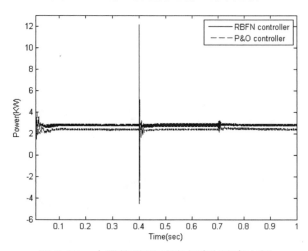

圖 6-35　太陽能發電系統之輸出功率比較

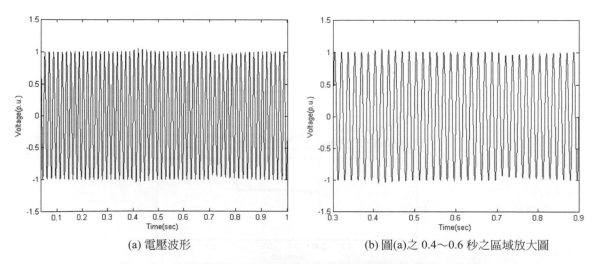

(a) 電壓波形　　　　　　　　　　　(b) 圖(a)之 0.4～0.6 秒之區域放大圖

圖 6-36　負載切換下之市電併聯混合發電微電網系統匯流排電壓

三、太陽能發電系統事故跳脫分析

此模擬為太陽能發電系統在時間 0.5 秒時，發生事故跳脫，模擬結果如圖 6-37 所示，當太陽能跳脫時，因功率不足供應負載，此實市電由吸收功率轉變為提供功率，以維持系統穩定。如圖 6-38 所示，為 ENN 與比例-積分應用於旋角控制器之比較，由圖可知，本章所設計之控制器較比例-積分控制器更快達最大功率輸出，當太陽能發電系統跳脫時，風力發電機輸出可更快穩定其輸出功率。如圖 6-39 所示，為 RBFN 與擾動觀察法應用於太陽能發電系統之最大功率追蹤比較，由圖可知，本章所設計之控制器在系統啟動時迅速達最大輸出功率，並在太陽能發電系統跳脫時，能迅速移除其功率，而不致於讓系統功率回流至太陽能發電系統。如圖 6-40 為太陽能發電系統匯流排之電壓與電流，太陽能發電系統跳脫時，此時其電壓並未為零，因無接上任何負載，故電流為零。

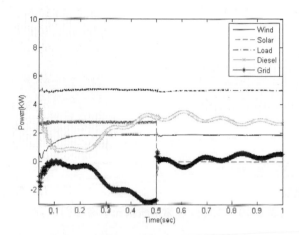

圖 6-37　太陽能發電系統跳脫之市電併聯混合發電微電網系統之實功率分配

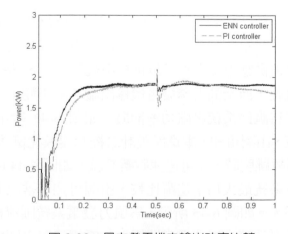

圖 6-38　風力發電機之輸出功率比較

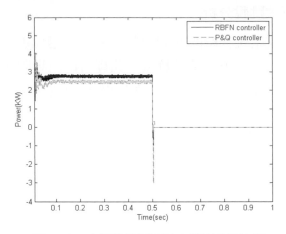

圖 6-39　太陽能發電系統之輸出功率比較

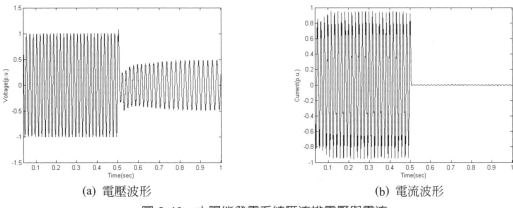

(a) 電壓波形　　　　　　　　　　　　　　(b) 電流波形

圖 6-40　太陽能發電系統匯流排電壓與電流

四、風力發電系統事故跳脫分析

　　此模擬為風力發電系統在時間 0.5 秒時，發生事故跳脫，模擬結果如圖 6-41 所示，風力發電系統於 0.5 秒時跳脫，此時柴油引擎發電機與太陽能發電系統之輸出功率不足供應負載，故由市電來供應不足之功率以維持系統穩定。虛功率模擬結果如圖 6-42 所示，因風力發電機跳脫，而柴油引擎發電機輸出虛功率不變，故由市電吸收多於虛功率，靜態同步補償器為調節系統之虛功率補償。如圖 6-43 所示，為 ENN 與比例-積分之旋角控制器比較，由圖可知，本章所設計之控制器較比例-積分控制器快達到最大功率輸出，當發生事故跳脫時，亦可迅速脫離系統。如圖 6-44 所示，為 RBFN 與擾動觀察法之太陽能發電系統最大功率追蹤比較，由圖可知，當風力發電機跳脫時，太陽能之輸出功率變動不大。如圖 6-45 所示，為風力發電系統匯流排之電壓與電流，因本節跳脫點包含風力發電系統之補償電容器組，故電流沒有立即為零。

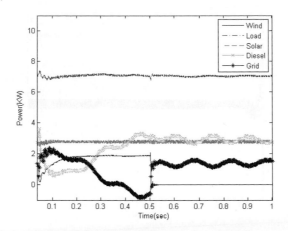

圖 6-41　風力發電系統跳脫之市電併聯混合發電微電網系統之實功率分配

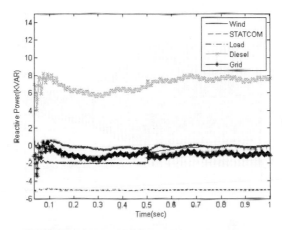

圖 6-42　風力發電系統跳脫之市電併聯混合發電微電網系統之虛功率分配

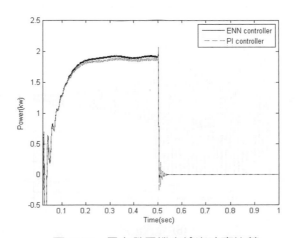

圖 6-43　風力發電機之輸出功率比較

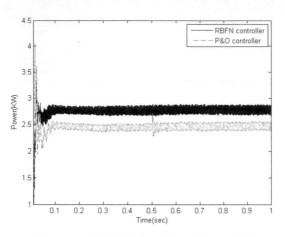

圖 6-44　太陽能發電系統之輸出功率比較

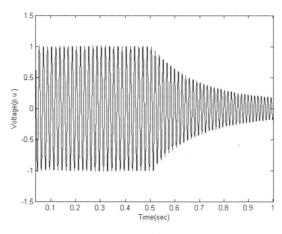

(a) 電壓波形

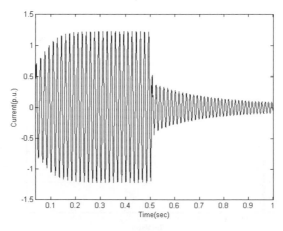

(b) 電流波形

圖 6-45　風力發電系統匯流排電壓與電流

6-6　結論

　　本章利用 MATLAB/SIMULINK 軟體來設計分散式發電微電網系統，並設計智慧型控制器運用於旋角控制與太陽能最大功率追蹤上，再利用靜態同步補償器於負載劇烈變化下來穩定系統電壓。太陽能發電系統反流器之控制方法，採用同步旋轉座標系統之電流控制法，具有改善輸出電流波形、降低諧波含量、減少損失及使功率因數接近於 1，以提高發電效率。本章亦設計靜態同步補償器於混合發電系統上，可在負載劇烈變動下穩定其系統之電壓，使系統可以穩定運轉。亦模擬了獨立型與市電併聯型兩種混合發電系統，可得知市電併聯型可調度之容量較大，若負載較小，可將過多之功率回饋至市電；若負載較大，可由市電提供不足之功率，應用範圍較獨立型廣泛，且市電併聯型電壓總諧波失真為 1.38%，較獨立型電壓總諧波失真 4.61%低。

▶ 習 題

　　1. 傳統擾動觀察法太陽能系統最大功率追蹤法之五種方法為何？

　　2. 試說明 Elman 類神經網路風力發電系統之最大功率追蹤設計原理？

　　3. 試說明徑向基底類神經網路太陽能發電系統之最大功率追蹤設計原理？

　　4. 試說明靜態同步補償器之原理？

7 應用即時能源管理和功率控制於混合發電之微電網

7-1 簡介

　　本章主要為太陽能、風力發電機與燃料電池混合發電建立而成之微電網能源管理系統及其運轉性能，此系統包含太陽能發電系統、風力發電系統、燃料電池發電系統、靜態虛功補償器以及智慧型控制器。風力和太陽能為提供給系統的主要能源，而燃料電池電解槽作為提供給系統的備份能源且為一長期的儲存裝置。本章利用MATLAB/Simulink 來建立微電網控制的混合發電系統並模擬分析，及應用靜態虛功補償器提供系統無效功率，來調整混合發電系統的電壓。為了使混合發電系統皆可操作在最大功率點以及系統實功率快速達到穩定的響應，本章提出的智慧型控制器，包含廣義迴歸類神經網路(GRNN)、徑向基底類神經網路-滑模控制(RBFNSMC)，將其應用於風力發電系統、太陽能與燃料電池發電系統之最大功率追蹤。其中風力發電系統之葉片旋角控制器是利用徑向基底類神經網路-滑模控制器，由控制器輸出的旋角，來控制風力渦輪機的輸出功率及發電機輸出功率，以達到最大功率追蹤。而太陽能和燃料電池發電系統則分別利用廣義迴歸類神經網路和粒子群最佳化控制器，由控制器輸出信號來控制直流／直流升壓轉換器，以達到最大功率輸出。

　　爲了提高風力發電系統與太陽能發電系統之最大功率輸出，在風力發電系統方面，由於風力發電機的輸出功率會隨著功率係數、風速及葉片半徑變動而變化，其中功率係數函數又與尖端速度比和旋角有關係。因此如若沒有良好的旋角控制系統使系統運轉在最佳功率輸出，將無法有效地把風能完全轉換成電能輸出。在不同的風速下，如何控制風力發電機的旋角，使風力發電系統皆操作在最佳工作點，以獲得最大的輸出電功率，爲本章主要研究之一。在太陽能和燃料電池系統方面，傳統的最大功率追蹤方法會有最大功率點飄動的缺點，因此本章提出一智慧型控制器，使太陽能和燃料電池發電系統運轉在最大功率點，以提高系統運轉穩定度。

　　因風力感應發電機吸收之虛功會隨風速增加而上升，所以必須在風力發電機端並聯一固定電容器組。在風速變化之下，將造成發電機之電流突波，爲了調節在不同風速下之發電機端電壓，故利用虛功補償元件，隨著感應發電機之虛功需求來調整，以達到電壓穩定。本章以微電網的概念爲出發點，利用風機、太陽能與燃料電池併聯而成之混合發電系統，將負載與微電源整合成爲單一可控制的系統，向用戶提供電力與熱能。依據 CERTS(Consortium for Electric Reliability Technology Solutions)所定義之微電網，主要由靜態切換開關(Static Switch)與微電源(Micro Source)所組成，可與大電網併聯運轉後在節能或用電效率上具有相當大的成效，不僅可大幅增進經濟效益，在大電網故障時亦可獨立供電運轉。微電網的監控方式與一般電力公司使用的監控系統(Supervisory Control And Data Acquisition, SCADA)有很大的不同。爲提高微電網的可靠度，微電網應提供設備隨插即用(Plug and Play)的功能，亦即負載與搭配的電源(或稱供需模組)能夠整組從微電網移除或併入，甚至兩個不同模組能予以對調而不需調整任何監控參數及保護設定。

7-2　靜態虛功補償器之原理與分析

　　彈性交流輸電系統(Flexible AC Transmission Systems, FACTS)是利用大功率電力電子元件結合傳統被動補償設備而成，FACTS 應用於交流系統中，可以有效控制實功與虛功傳輸、穩定系統電壓、降低線路損失以及提高能源利用率與系統安全度。本章採用彈性交流輸電系統中的靜態虛功補償器(Static Var Compensator, SVC)，靜態虛功補償器可解決系統中因負載突然切離或其他因素造成系統電壓瞬間變化現象，亦在電壓控制方面也有不錯效果。於系統裝設靜態虛功補償器並適當地控制，亦可有效提高電力品質與穩定度。

7-2-1　靜態虛功補償器之原理與特性分析

　　靜態虛功補償器一般並聯於輸電網路上，其功能爲虛功補償之用，圖 7-1 所示爲一理想靜態虛功補償器，其在電力系統中之動作原理如圖 7-2 所示，圖中 $Q_S = Q_L + Q_{SVC}$，而 SVC 依據系統中虛功率 Q_L 之變化，持續調整 Q_{SVC} 之大小，進而達到調整 Q_S 的變化，使電力系統之端電壓可維持在一定的範圍內，以保持系統電壓穩定度，此爲進行動態並聯補償時之首要考慮條件，也是靜態虛功補償器主要特性之一；其另一特性爲當發生電壓閃爍變化較大的情形下，能夠快速響應與快速的調整以反應系統端電壓之改變。

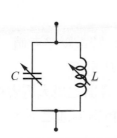

圖 7-1　理想靜態虛功補償器

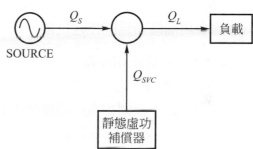

圖 7-2　靜態虛功補償器之原理

　　如圖 7-3 所示，爲靜態虛功補償器之電壓-電流特性曲線，當靜態虛功補償器設定系統端電壓之參考準位時，圖中 $B_{C\max}$ 線段表示電容的電壓電流關係曲線，若有一電抗性負載使得系統端電壓低於參考準位，則利用電容效應提高系統之端電壓，來達到電壓穩定的目的，因此，I 區代表電容區；而 $B_{l\max}$ 線段表示電感的電壓電流關係曲線，當有一電容性負載使得系統端電壓高於參考準位時，則需要電感效應降低系統之端電壓達到電壓穩定，因此，II 區代表電感區。理想化的靜態虛功補償器之電壓電流特性曲線的斜率(X_s)幾乎爲零，因此無論系統負載如何變化，端電壓始終能保持在初始值。但是在實際的靜態虛功補償器上，其 X_s 爲有一斜率之直線，普遍的調節範圍在 2%至 5%之間。

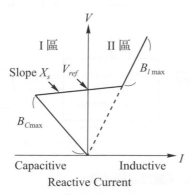

圖 7-3　靜態虛功補償器之電壓-電流特性曲線

靜態虛功補償器之電壓電流關係表示式如下：

$$V = V_{ref} + X_s \times I$$

(靜態虛功補償器在可調節範圍內，$-B_{C\max} < B < B_{l\max}$)　　　　　　　　(7-1)

$$V = -\frac{I}{B_{C\max}}$$

(靜態虛功補償器為閘控開關電容器，$B = B_{C\max}$)　　　　　　　　(7-2)

$$V = \frac{I}{B_{l\max}}$$

(靜態虛功補償器為閘控電抗器，$B = B_{l\max}$)　　　　　　　　(7-3)

其中，V：系統正相序電壓　　　　　　V_{ref}：系統電壓參考值

X_s：斜率　　　　　　　　　　I：虛功電流

$B_{C\max}$：在閘控電抗器無動作下，閘控開關電容器之最大電容導納

$B_{l\max}$：在閘控開關電容器無動作，且閘控電抗器導通之下，
　　　　　閘控電抗器之最大電感導納

7-2-2　靜態虛功補償器之控制器設計

如圖 7-4 所示，為靜態虛功補償器之控制器，由系統擷取變壓器之一次測正相序電壓後，所得到之電壓訊號與參考電壓 V_{ref} 作比較後可得到一誤差值，所得之誤差經由電壓調整器後，可得到讓系統保持電壓穩定的靜態虛功補償器輸出導納 B，將所得導納 B 經過 Distribution Unit 後，可得到閘控開關電容器之觸發角 α，並於系統擷取變壓器之二次測正相序電壓與閘控開關電容器的觸發角 α，經由一同步系統與鎖相電路 (PLL)，即可得到控制靜態虛功補償器之觸發信號。

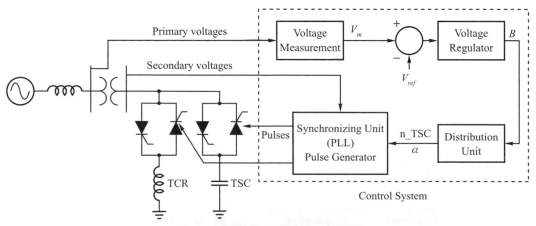

圖 7-4　靜態虛功補償器之控制器

7-3　混合發電之最大功率追蹤控制

7-3-1　風力發電系統之最大功率追蹤設計原理

一、旋角控制之設計原理

在第 6 章 6-3-1 節已經將設計原理介紹完畢。

二、比例-積分之旋角控制

在第 6 章 6-3-1 節已經將旋角控制介紹完畢。

三、徑向基底類神經網路-滑模控制控制器於旋角控制之設計

如圖 7-5 所示，為本章所設計之旋角控制器，設計一徑向基底類神經網路-滑模控制(RBFNSM)控制器取代傳統比例-積分控制器，因傳統比例-積分控制器之參數設定非常不容易，若設定參數不佳，其控制效果將會非常差，而本章所設計之智慧型控制器，除了控制器之設計外，另外藉由線上學習法則來調整控制器內之權重參數，使其產生最佳 β_c 值，提高旋角控制系統之響應，使得發電機能很快進入最大輸出功率點。

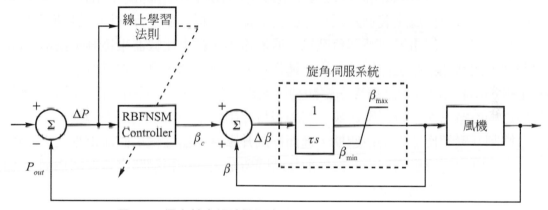

圖 7-5　徑向基底類神經網路-滑模控制器之旋角控制系統

由第三章式(3-12)與圖 3-1 可得知當旋角角度為零，且功率係數為 0.48 時，感應發電機輸出為最大功率。將每個取樣時間所得到的誤差量 ΔP 當作 RBFNSM 控制器與線上學習法則之輸入資料，經過建模、訓練與測試後，將所得輸出訊號用來控制旋角角度，使感應發電機輸出功率為當時旋角角度與風速下之最大功率。當誤差量不為零時，此時將誤差量倒傳遞回去修正連結權重值，以控制旋角角度以及功率係數，進而提高感應發電機之輸出功率，當誤差量接近零時，此時旋角角度接近於零，且功率係數接近於最佳值，即感應發電機輸出功率為最大輸出功率。而每個取樣時間的類神經網路之輸入資料，即為前一刻所得到的輸出功率與參考功率之誤差。

🌿 7-3-2 太陽能發電系統之最大功率追蹤設計原理

一、太陽能發電系統之最大功率追蹤控制

太陽能電池是將光能轉換為電能,由於陽光為取之不盡,用之不竭的天然能源且無污染,由第三章得知,太陽能電池的輸出功率會受日照強度與溫度改變等因素影響,使太陽能電池的電壓與電流呈現非線性關係,在不同工作環境下,由於日照強度與溫度不同,使其有不同之工作曲線,而每條工作曲線皆可找到一最大輸出功率的操作點,即為最大輸出功率點。

為了提高太陽能電池之效率,因此必須控制太陽能發電系統之功率電路,並配合最大功率追蹤法則,使其能隨不同之工作環境變化而輸出最大功率。太陽能系統最大功率追蹤法有很多種,如擾動觀察法、增量電導法、直線近似法、實際量測法及功率迴授法等,如第六章 6-3-2 所述。

二、廣義迴歸類神經網路最大功率追蹤之設計

如圖 7-6 所示,為本章所設計之智慧型最大功率追蹤法,擷取太陽能電池之電壓、電流與溫度之資料作為廣義迴歸類神經網路的輸入資料,並進行建模、訓練與測試,將類神經網路之輸出電壓訊號與負載端之直流電壓,經由比較器來控制轉換器之開關切換週期,使其在不同工作環境下均能運作在最大輸出功率點。將每個取樣時間所得到的電壓、電流與溫度作為廣義迴歸類神經網路之輸入資料,經過建模、訓練與測試,將所得之輸出電壓與直流電壓比較。將誤差量經由線上學習法則回去尋找最佳平滑參數,以控制升壓轉換器之切換週期,進而控制升壓轉換器之輸出直流電壓與太陽能電池最大功率點之電壓與電流。而每個取樣時間所輸入類神經網路之資料即為前一刻所得到的電壓、電流與溫度之信號。

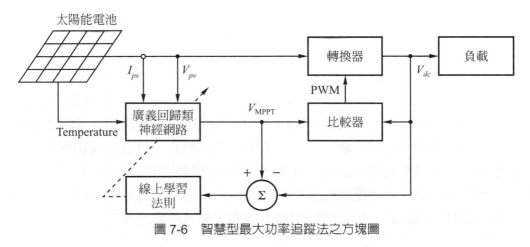

圖 7-6　智慧型最大功率追蹤法之方塊圖

7-4 混合發電微電網系統架構

如圖 7-7 所示，為本章所建立之混合發電系統，此系統的模組包括風力發電系統 (Wind generation system)、太陽能發電系統、燃料電池發電系統(Fuel Cell generation system)、靜態虛功補償器以及靜態負載。如圖 7-8 所示，為市電併聯型混合發電系統之 Simulink 架構圖。

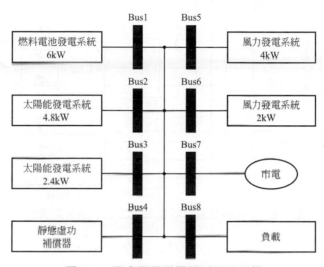

圖 7-7 混合發電微電網系統之架構

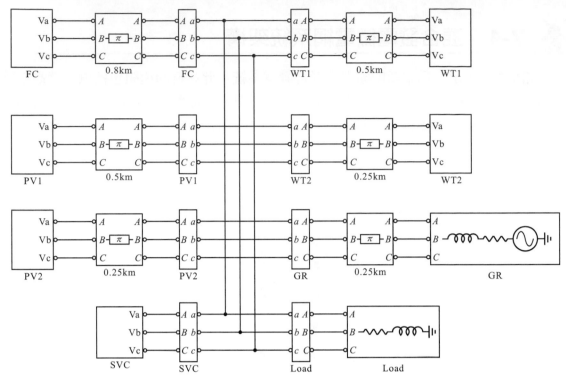

圖 7-8　市電併聯混合發電系統之 Simulink 架構圖

7-5　模擬結果

　　本節之模擬架構皆如圖 7-7 所示，為混合發電微電網系統併聯市電與靜態同步補償器之模擬。即為當系統達到穩態響應時，系統發生變化之分析。如圖 7-10 所示，為市電併聯型混合發電系統之 Simulink 架構圖。

7-5-1　市電併聯型太陽能-風能-燃電混合發電微電網系統

　　本節模擬架構如圖 7-9 所示，為市電併聯太陽能-風能與燃電混合發電系統模擬分析。

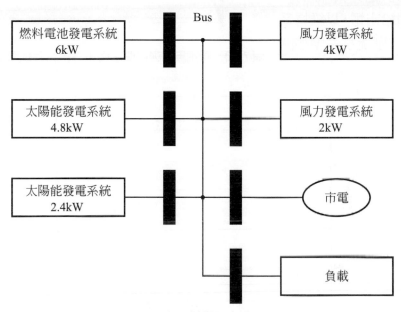

圖 7-9　市電併聯混合發電系統

一、固定風速 12m/s 與照度 1000W/m² 下，總負載量為 18kW、10kVAR(電感性)

其模擬結果如圖 7-10 所示，太陽能發電系統與風能發電機約在 0.2 秒後，穩定輸出其外在條件之下的輸出功率，此時燃電發電系統同時提供輸出功率，由於太陽能發電系統、風力發電機與燃電發電系統所輸出之功率已足夠供應負載，故將多餘之功率回饋給市電，以維持系統穩定運轉。其匯流排電壓如圖 7-11 所示。

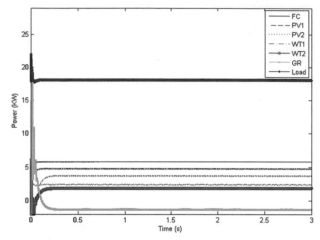

圖 7-10　固定風速與照度之市電併聯混合發電系統之功率分配

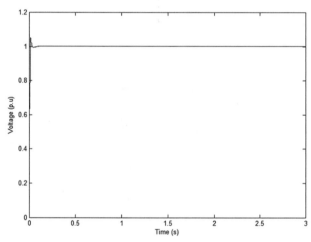

圖 7-11　固定風速與照度之市電併聯混合發電系統匯流排電壓

二、照度 1000W/m² 與固定風速 12m/s 下，總負載量在 1.5 秒時，由 18kW、10kVAR(電感性)增加為 23kW、13kVAR(電感性)時

模擬結果如圖 7-12 所示，因照度與風速固定，故太陽能發電系統與風機達到應輸出之功率後，其輸出功率維持不變，而燃電發電系統依然維持穩定輸出，故在負載變化時由市電供應其不足之功率，以維持系統之穩定。由於負載的增加導致匯流排電壓下降至約 0.97 標么，如圖 7-13 所示。

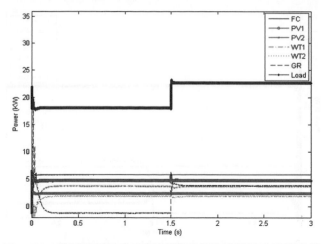

圖 7-12 負載變動下之市電併聯混合發電系統之功率分配

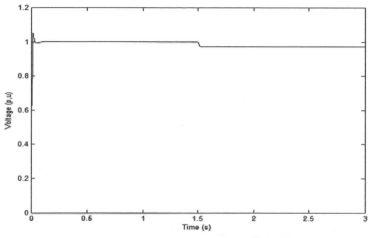

圖 7-13 負載變動下之市電併聯混合發電系統匯流排之電壓

三、太陽能照度由 1000W/m² 下降至 600W/m² 與風速由 12m/s 減至 8m/s，總負載量為 18kW、10kVAR(電感性)時

模擬結果如圖 7-14 所示，於 1.5 秒前，太陽能發電系統與風機維持其條件下之輸出功率，當時間在 1.5 秒時，照度由 1000W/m² 下降至 600W/m² 而風速由 12m/s 減至 8m/s，此時太陽能發電系統與風機輸出功率則減少至 600W/m² 照度與 8m/s 風速下的輸出功率，燃電發電系統仍然維持穩定輸出，而原本回饋給市電之功率，由於太陽能發電系統與風機輸出功率下降，改由市電提供功率，以維持系統穩定。其匯流排之電壓如圖 7-15 所示。

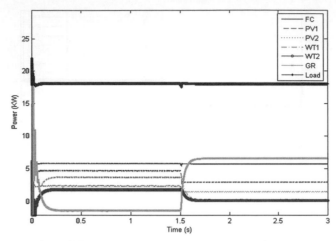

圖 7-14　照度與風速變化下之市電併聯太陽能-風機混合發電系統之功率分配

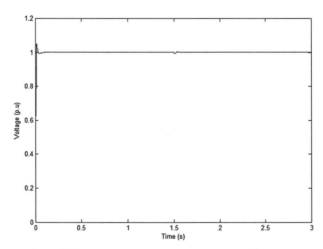

圖 7-15　照度與風速變化下之市電併聯太陽能-風機混合發電系統匯流排電壓

7-5-2　市電併聯型最大功率追蹤之測試比較

　　本節模擬在市電併聯型中本章所提出之智慧型控制器於風力發電機之旋角控制與太陽能之最大功率追蹤，跟旋角控制所用比例-積分控制器與太陽能最大功率追蹤所用擾動觀察法作比較。本章風機內部感應發電機的部份設為理想化狀態，與一般實際風機情況不同，所以穩態響應部份會比實際風機來的快。

一、固定風速 12m/s、照度 1000W/m² 與固定負載下

　　如圖 7-16(a)所示，為 2kW 風力發電機之 RBFNSM 與比例-積分之旋角控制比較所得到的輸出功率比較圖，由圖可知，本章所設計之智慧型控制器較傳統比例-積分控制器震盪小且穩態響應更快，其輸出效率亦較高。如圖 7-16(b)所示，為 2.4kW 太陽能發電系統之 GRNN 與擾動觀察法之太陽能最大功率追蹤比較,由圖可知本章所設計之智慧型控制器較擾動觀察法較快穩定,且最大功率追蹤效果更佳。

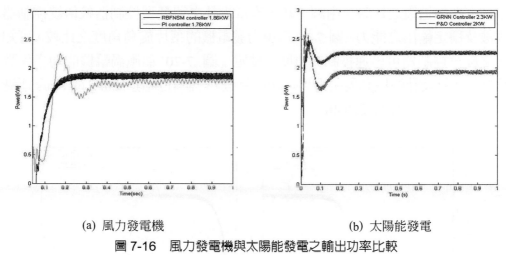

(a) 風力發電機　　　　　　　　　　　　(b) 太陽能發電

圖 7-16　風力發電機與太陽能發電之輸出功率比較

二、固定風速 12m/s、照度 1000W/m² 與變動負載下

如圖 7-17(a)所示,為負載於 0.5 秒變動,RBFNSM 與比例-積分之旋角控制對於抗擾動之比較,由圖可知,本章設計之智慧型控制器較傳統控制器具有快速收斂及穩定輸出之能力。如圖 7-17(b)所示,為 GRNN 與擾動觀察法在太陽能最大功率追蹤對於抗擾動之比較,由圖可知,本章所設計之智慧型控制器較擾動觀察法具有快速尋找最大功率點與抗擾動之能力。

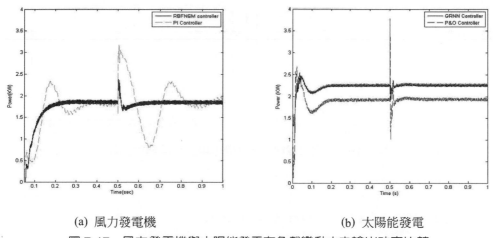

(a) 風力發電機　　　　　　　　　　　　(b) 太陽能發電

圖 7-17　風力發電機與太陽能發電在負載變動中之輸出功率比較

三、風速變化、照度變化與固定負載下

　　如圖 7-18 所示，為風速於 0.5 秒上升與下降中，RBFNSM 與比例-積分之旋角控制對於最大功率追蹤之比較，由圖可知，本章設計之智慧型控制器較傳統控制器具有快速收斂及穩定輸出之能力。圖 7-19 為風力發電機的葉片旋角角度之比較，可知本章所設計之旋角控制器可迅速控制其角度之穩定。圖 7-20 為風渦輪機的功率係數之比較，可知本章所設計的控制器所得到之功率係數，無論在風速 12m/s 或 8m/s 運轉下皆可非常接近於最佳功率係數 0.48。

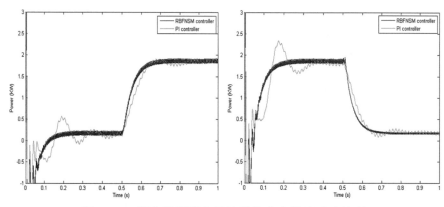

圖 7-18　風力發電機在風速變化中之輸出功率比較

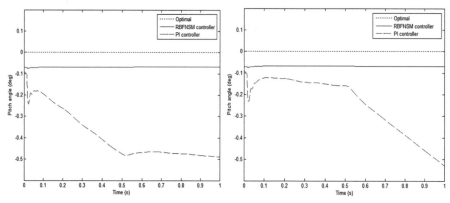

圖 7-19　風力發電機在風速變化中之旋角角度比較

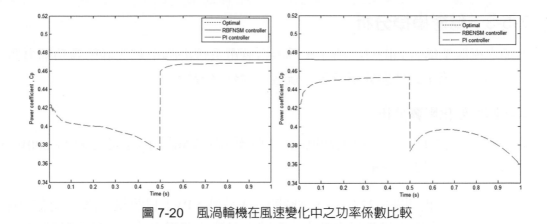

圖 7-20　風渦輪機在風速變化中之功率係數比較

　　由上述圖得知，本章所設計之控制器與比例-積分(Propor tional Integral, PI)控制器之比較如表 7-1 所示。

表 7-1　RBFNSM 與 PI 控制器之比較

	風速	功率係數 C_p	旋角 Pitch angle(deg)	平均功率(kW)
RBFNSM	12m/s	0.471	−0.06	1.05
	8m/s	0.47	−0.07	
PI	12m/s	0.46	−0.55	0.9
	8m/s	0.37～0.42	−0.02 − 0.55	

四、照度變化與固定負載下

　　如圖 7-21 所示，為 GRNN 與擾動觀察法在太陽能最大功率追蹤之比較，由圖可知，本章所設計之智慧型控制器無論在照度上升或下降時，尋找最大功率點之能力皆優於擾動觀察法且快速。

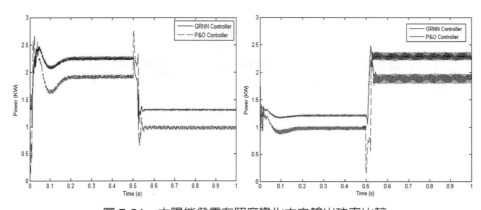

圖 7-21　太陽能發電在照度變化中之輸出功率比較

7-5-3 穩態模擬分析

本節之模擬架構皆如圖 7-7 所示，為混合發電系統併聯市電與靜態虛功補償器之模擬。即為當系統達到穩態響應時，系統發生變化之分析。

一、太陽照度變化影響分析

照度變化為 PV1 於 1 秒時 1000W/m² 下降至 600W/m²，PV2 於 2 秒時 600W/m² 上升至 1000W/m² 之模擬分析

實功率模擬結果如圖 7-22 所示，當時間在 1 秒時，PV1 日照量下降，導致於輸出功率下降，此時由市電提供不足之功率，而減少回饋給市電之功率，於 2 秒時 PV2 日照量上升，此時市電減少供應功率，以維持系統穩定運轉。虛功率模擬結果如圖 7-23 所示，負載與風力發電機所消耗之虛功率由市電與靜態虛功補償器提供，因太陽能發電系統輸出只為實功率，故照度變化時虛功不會有所變動。如圖 7-24 所示，為系統匯流排之電壓。

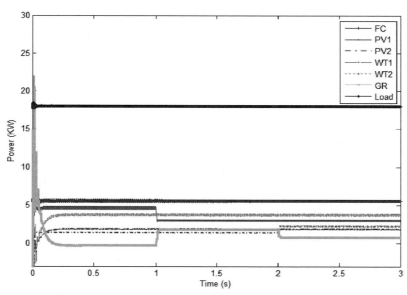

圖 7-22　照度變化之市電併聯混合發電系統實功率分配

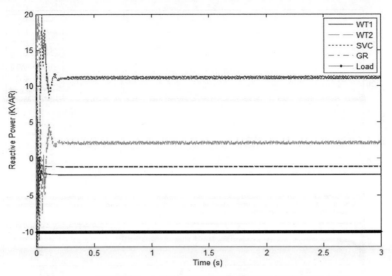

圖 7-23 照度變化之市電併聯混合發電系統虛功率分配

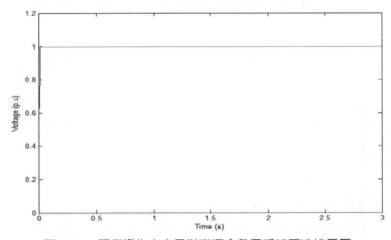

圖 7-24 照度變化之市電併聯混合發電系統匯流排電壓

二、風速變化影響分析

風速變化為 WT1 於 1 秒時風速從 12m/s 下降至 8m/s，WT2 於 2 秒時風速從 8m/s 上升至 12m/s 之模擬分析

實功率模擬結果如圖 7-25 所示，當時間在 1 秒時，WT1 風速下降，導致於輸出功率下降，此時由市電提供不足之功率，於 2 秒時 WT2 風速上升，此時市電減少供應功率，以維持系統穩定運轉。虛功率模擬結果如圖 7-26 所示，負載與風力發電機所消耗之虛功率由市電與靜態虛功補償器提供，風速上升時所消耗虛功上升，反之則減少，皆由靜態虛功補償器進行補償效果。如圖 7-27 所示，為系統匯流排之電壓。

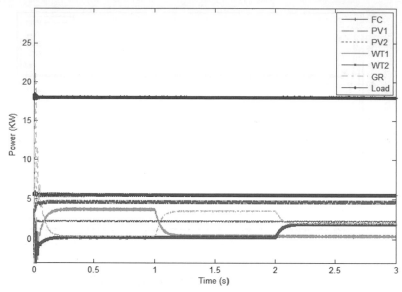

圖 7-25　風速變化之市電併聯混合發電系統之實功率分配

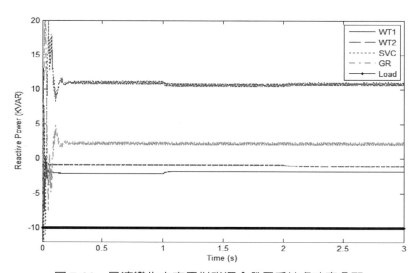

圖 7-26　風速變化之市電併聯混合發電系統虛功率分配

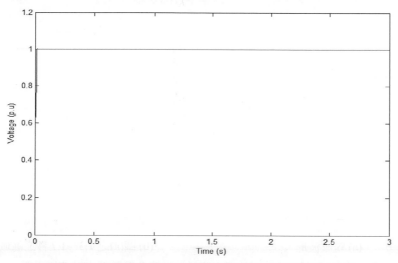

圖 7-27　風速變化之市電併聯混合發電系統匯流排電壓

三、負載變化下併聯靜態虛功補償器之模擬分析

本節模擬為負載變化下有無併接靜態虛功補償器之比較分析，在時間為 1.5 秒時，負載變化皆從 18kW、10kVAR(電感性)再增加 5kW、3kVAR(電感性)，來模擬分析。

1.　無靜態虛功補償器

模擬結果如圖 7-28 所示，負載與風力發電機所消耗之虛功率由市電供應，當時間在 1.5 秒增加負載量時，亦由市電供應所增加之虛功率。如圖 7-29 所示，為系統匯流排之電壓，因負載增加之緣故，匯流排電壓下降至 0.97 標么。

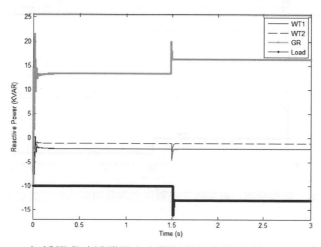

圖 7-28　無靜態虛功補償器之市電併聯混合發電系統之虛功率分配

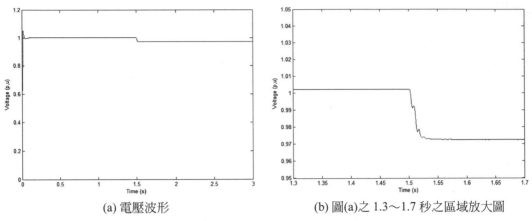

(a) 電壓波形　　　　　　　　(b) 圖(a)之 1.3～1.7 秒之區域放大圖

圖 7-29　無靜態虛功補償器之市電併聯混合發電系統匯流排電壓

2.　併接靜態虛功補償器

模擬結果如圖 7-30 所示，負載與風力發電機所消耗之虛功率由市電與靜態虛功補償器供應，當時間在 1.5 秒增加負載時，靜態虛功補償器開始動作進行補償，以減少市電輸出之虛功率。如圖 7-31 所示，為系統匯流排之電壓，在負載增加瞬間，靜態虛功補償器達到補償功用，使電壓穩定在 1 標么。如圖 7-34 所示，為併接靜態虛功補償器前後之比較，可知本章設計之靜態虛功補償器的確有補償之效果。

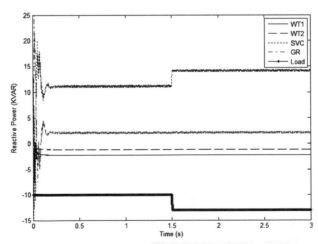

圖 7-30　含靜態虛功補償器之市電併聯混合發電系統之虛功率分配

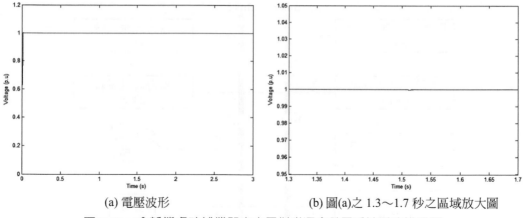

(a) 電壓波形　　　　　　　　　　(b) 圖(a)之 1.3～1.7 秒之區域放大圖

圖 7-31　含靜態虛功補償器之市電併聯混合發電系統匯流排電壓

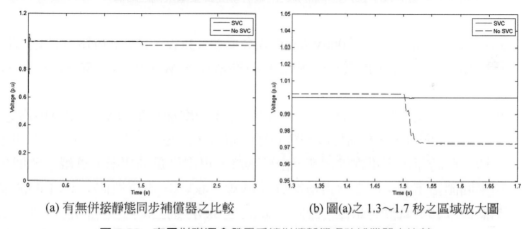

(a) 有無併接靜態同步補償器之比較　　　(b) 圖(a)之 1.3～1.7 秒之區域放大圖

圖 7-32　市電併聯混合發電系統併接靜態虛功補償器之比較

四、能源管理模擬分析

　　本節模擬為負載變化下於 PV1 與 WT2 上併接開關控制器之模擬分析，其模擬結構如圖 7-33 所示。PV1 上的開關控制器當接收到負載變化量超過 3kW 時，即自動併接，而 WT2 上的開關控制器當接收到負載變化量超過 1kW 時，及自動併接，若 2 個開關控制器接收到負載量超過 5kW 時，則 2 個開關均自動併接。

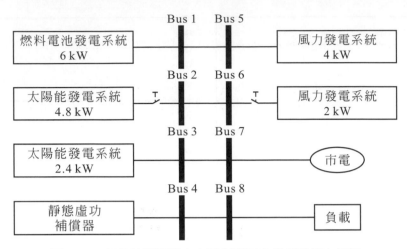

圖 7-33 加入控制開關之市電併聯混合發電系統之結構

1. 固定風速 12m/s、照度 1000W/m² 與總負載量 13kW、10kVAR(電感性)分別於 1 秒增加 1kW、1kVAR(電感性)和 2 秒時亦增加 4kW、4kVAR(電感性)，來模擬分析。

    實功率模擬結果如圖 7-34 所示，當時間在 1 秒增加負載 1kW、1kVAR(電感性)時，WT2 的開關控制器接收到負載變化量後，因變化量超過 1kW 則立即並接風機，此時原本市電提供功率，由於 WT2 可提供足夠功率至負載，便把多餘功率回饋給市電；於 2 秒再增加負載 4kW、4kVAR(電感性)時，PV1 的開關控制器接收到負載變化量後，因變化量超過 3kW 則立即並接太陽能系統，由於 PV1 可提供足夠功率至負載，亦把多餘功率回饋至市電，以維持系統穩定運轉。虛功率模擬結果如圖 7-35 所示，負載與風力發電機所消耗之虛功率由市電與靜態虛功補償器提供，負載增加時，皆由靜態虛功補償器進行補償效果。如圖 7-36 所示，為系統匯流排之電壓。

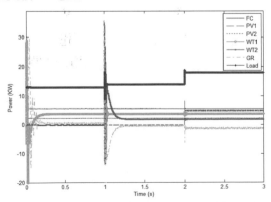

圖 7-34 開關分段並接之市電併聯混合發電系統之實功率分配

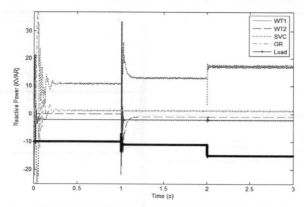

圖 7-35　開關分段並接之市電併聯混合發電系統之虛功率分配

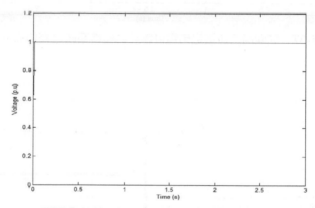

圖 7-36　開關分段並接之市電併聯混合發電系統之匯流排電壓

2. 固定風速 12m/s、照度 1000W/m² 與總負載量 12kW、9kVAR(電感性)於 1.5 秒增加 6kW、6kVAR(電感性)來模擬分析。

實功率模擬結果如圖 7-37 所示，當時間在 1.5 秒增加負載 6kW、6kVAR(電感性)時，WT2 與 PV1 的開關控制器接收到負載變化量後，因變化量超過 5kW，則立即並接風機與太陽能系統，於 1.5 秒前由於混合系統可供應足夠給負載，便將多餘功率回饋給市電，於 1.5 秒後，由於 PV1 與 WT2 可提供足夠功率至負載，亦把多餘功率回饋至市電，以維持系統穩定運轉。虛功率模擬結果如圖 7-38 所示，負載與風力發電機所消耗之虛功率由市電與靜態虛功補償器提供，負載增加時，皆由靜態虛功補償器進行補償效果。如圖 7-39 所示，為系統匯流排之電壓。

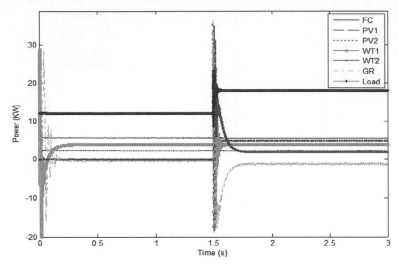

圖 7-37　開關同時並接之市電併聯混合發電系統之實功率分配

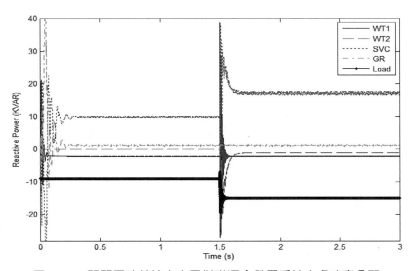

圖 7-38　開關同時並接之市電併聯混合發電系統之虛功率分配

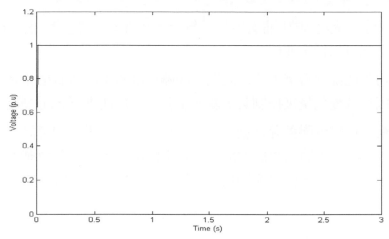

圖 7-39　開關同時並接之市電併聯混合發電系統之匯流排電壓

 7-6　結論

　　本章利用 MATLAB/simulink 軟體來設計一混合發電系統,並設計智慧型控制器運用於風機的旋角控制與太陽能最大功率追蹤上,亦於系統上設置靜態虛功補償器於負載劇烈變化下來穩定系統電壓。於各再生能源系統上反流器之控制方法,係採用同步旋轉座標系統之電流控制法,具有改善輸出電流波形、降低諧波含量與減少損失,以提高發電功率。

　　本章完成之主要工作與結論如下:

1. 葉片旋角角度的變動會影響到風渦輪機擷取功率,進而影響到感應發電機輸出功率,利用本章提出之智慧型控制器使旋角角度保持在零度附近,接近於最大功率輸出。

2. 將 RBFNSM 控制器成功應用於旋角控制系統,使風力發電機在不同風速下亦可操作於最接近之最大功率輸出點,並可快速達到穩態響應與抗擾動效果。

3. 將 GRNN 類神經網路成功應用於太陽能最大功率追蹤上,使太陽能發電系統在不同日照度下亦可操作於最接近之最大功率輸出點,並可快速達到穩態響應與抗擾動效果。

4. 本章亦設計一靜態虛功補償器於系統上，可在負載激烈變化下穩定系統之電壓，使系統可以穩定運轉。

5. 本章於再生能源匯流排上成功設置一開關控制器接收負載變化量，可使再生能源系統因負載變化量來控制其併聯於系統上，以便進行各種調度與功率分配。

6. 本章亦模擬市電併聯型混合發電系統，可得知市電併聯型可調度之容量較大，若負載較小時，可將再生能源過多之功率回饋給市電；若負載較大時，可由市電提供不足之功率，應用範圍較獨立形廣泛，且市電併聯型電壓總諧波失真為1.26%。

▶ 習題

1. 試說明徑向基底類神經網路-滑模控制風力發電系統之最大功率追蹤設計原理？

2. 試說明廣義迴歸類神經網路太陽能發電系統之最大功率追蹤設計原理？

3. 試說明靜態虛功補償器之原理？

8 應用燃料電池最大功率追蹤於微電網能源管理系統

8-1 簡介

　　本章探討由風力發電機與燃料電池分散式發電系統建立而成之智慧型能源管理系統及其運轉性能，此系統包含風力發電系統、燃料電池發電系統、儲能系統以及智慧型控制器。風機和燃料電池為提供給系統的主要能源。本章利用 MATLAB/Simulink 來建立分散式發電系統控制的智慧型能源管理系統並模擬分析。為了使智慧型能源管理系統皆可操作在最大功率點以及系統實功率快速達到穩定的響應，本章提出的智慧型控制器，包含廣義迴歸類神經網路結合比例積分微分控制器與改良型模糊遞迴式類神經網路，將其應用於燃料電池發電系統與風力發電系統之最大功率追蹤。其中風力發電系統之葉片旋角控制器是利用改良型模糊遞迴式類神經網路，由控制器輸出的旋角，來控制風力渦輪機的輸出功率及發電機輸出功率，以達到最大功率追蹤。而燃料電池發電系統則利用廣義迴歸類神經網路結合比例積分微分控制器，由控制器輸出信號來控制直流／直流升壓轉換器，以達到最大功率輸出。

全球能源的主要來源為石化能源，如石油、燃煤及天然氣等。石化能源在燃燒之後，會產生如二氧化碳、硫氧化物及碳氫化合物等污染氣體，這些有毒氣體都會造成空氣污染和溫室效應逐漸嚴重。有鑑於能源開採不易，石油與天然氣在未來數十年後即將枯竭耗盡，因此尋替代能源則是當務之急。就台灣而言，四面環海地狹人稠，相較於他國缺乏豐富的天然資源，百分之九十五的能源均仰賴進口。替代能源是指石化能源之外的能源，包括太陽能、風力、潮汐、燃料電池、地熱等，且能夠重複使用不虞匱乏之乾淨能源。

位處於亞熱帶地區的台灣，東北季風相當盛行，在離島、沿海及高山地區等蘊藏大量的風力來源，因此相當適合風力發電，為替代能源的主力。所謂替代能源是指石化能源之外的能源，包括太陽能、風力、潮汐、燃料電池、地熱等，泛指能夠重複使用不虞匱乏之乾淨能源。近年來由於電力系統負載的持續成長及環保意識抬頭，為了提高系統容量以增加系統穩定度及供電可靠度，傳統大型發電廠受到強烈的阻力，因此未來的電力系統中，分散式能源使用數目必大量增加。傳統電網規劃方法是以集中發電及經由被動的配電網路傳輸到用戶端，因所有用戶均經由同一配電網路供電，固其電力品質幾乎相同。當由大量小型分散式電源重整後之配電網路，可依用戶需求不同進行分類，改善系統可靠度和定義電力品質層級，因此當發生主電網電力不足、跳脫或是突發斷電情形時，彼此間互聯之微電網便能相互支援，以減少偶發事件造成的損失，是一個能實現自我控制保護和管理的自治系統，既可以與外部電網併聯運轉，亦可獨立運轉。在燃料電池系統方面，傳統的最大功率追蹤方法會有最大功率點飄動的缺點，如：擾動觀察法。因此本章提出一智慧型控制器，使燃料電池發電系統在不同環境因素下皆可運轉在最大功率點，以提高系統運轉穩定度。

8-2 　燃料電池控制器之設計

8-2-1　廣義迴歸類神經網路結合比例積分微分控制器

比例積分微分控制器是一個簡單且廣為應用的控制器，常見於工業用途上。但不適合被使用在高性能的驅動器，因為這些驅動器進行運轉時參數的不確定性、未建模和可變的負載條件。為了擴大穩健性和 PID 控制器的自適應能力，本章提出基於廣義迴歸類神經網路的 PID 控制器。廣義迴歸類神經網路結合比例積分微分控制器(General Regression Neural Network PID, PID GRNN)是從機率類神經網路與廣義迴歸類神經網路演變而來的，為監督式學習網路的一種。Donald F. Specht 於 1988 年提出機率類神經網路，並於 1991 年提出了廣義迴歸類神經網路的學習演算法。廣義迴歸類神經網路可學習動態模式作為預測或控制使用，因此無論線性或非線性迴歸問題也可用廣義迴歸類神經網路來解決。而廣義迴歸類神經網路結合比例積分微分控制器，利用基於遞迴最小平方法的在線連續訓練演算法，更新在線控制器的增益。這個控制器不僅容易實現，也僅需要最少的參數調整，使控制訊號更加快速的穩定收斂。

其中廣義迴歸類神經網路原理如第五章 5-5-2 所述。

圖 8-1 為本章所設計之廣義迴歸類神經網路結合比利積分微分控制器的網路架構圖，值得特別注意的是，本網路架構在輸出部分是允許輸出變數 y 亦可為一向量型態輸出的一般性架構，因此會針對向量輸出 y 的每一個成分元素分別進行其在 $\vec{x} = \vec{X}$ 處時的迴歸估計 $\hat{Y}_o(\vec{X})$，並有對應數量的輸出單元。圖 8-1 所示之輸入單元(Input Unit)為輸入向量 $\vec{X}$ 的分配單元，亦即是負責將輸入向量 $\vec{X}$ 的各成分元素分配給第二層的所有型態單元(Pattern Unit)，同時也相當於是把輸入向量 $\vec{X}$ 分配至每一個型態單元；而每一個型態單元代表一個訓練範例，也是一個量測樣本 $\vec{X^i}$，當一個新的輸入向量 $\vec{X}$ 進入網路並分配至各型態單元之後，每一個型態單元會將此輸入向量 $\vec{X}$ 減去其本身所代表的量測樣本向量 $\vec{X^i}$，並計算此差向量的所有元素之平方和(也就是 $\vec{X}$ 與 $\vec{X^i}$ 兩者間的歐幾里得距離的平方值)，之後再將此值輸入到一個非線性的類神經元激發函數(Activation Function)，而此激發函數所出來的值，便是型態單元的輸出值。

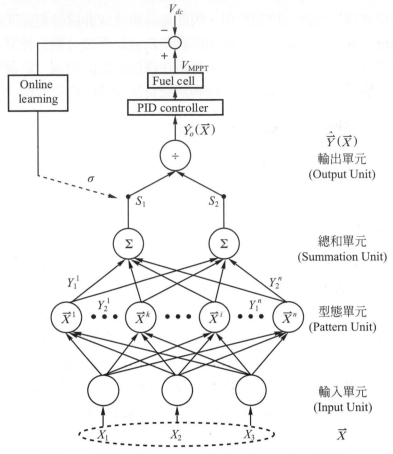

圖 8-1　廣義迴歸類神經網路結合比例積分微分控制器

🌳 8-2-2　廣義迴歸類神經網路結合比例積分微分之設計

　　平滑參數相當於控制一個樣本點的有效半徑，極端例子為：當平滑參數趨近於零時，表示未知樣本只受到鄰近樣本的影響；而參數趨近於無窮大時，代表每個樣本將受全部樣本的影響，且影響力相同，因此未知樣本數的函數值即所有樣本的函數值之平均值。經由比利積分微分控制器來使輸出的控制訊號更加的穩定。

　　決定平滑參數，一般使用由Donald F. Specht (1991)所提出的 Holdout Method 來決定平滑參數，其步驟如下：

1. 先選定一個特定的 σ 值。

2. 一次只移走一個訓練範例，用剩下的範例建構一個網路，用此網路來估計移走的那個樣本的估計值 $\hat{y}$。

3. 重複步驟 2 做 n 次(n 為訓練範例數)，記錄每個估計值與範例值之間的均方誤差 (Mean Square of Error, MSE)，並且把每一次的MSE 加總取平均。

$$\text{MSE} = \frac{1}{Q}\sum_{k=1}^{Q}(V_{MPPT} - V_{dc})^2 \qquad\qquad (8\text{-}8)$$

其中，Q：取樣本數

　　　V_{MPPT}：期望輸出電壓

　　　V_{dc}：線上實際輸出電壓

4. 採以其他的 σ 值，重複步驟 2 與 3。

5. MSE 最小的 σ 值，即為最佳的 σ 值。

　　然而因為平滑參數為一大於零之數，其涵蓋範圍太大，如果只用 holdout method，很難找出最適合的平滑參數值，接著使用遞減式搜尋法。所謂遞減式搜尋法即是，先設一平滑參數初值與折減係數，並設定「學習循環」次數，例如：

初值　　：1.0

折減係數：0.5

學習循環：10

　　學習步驟會先以平滑參數$\sigma = 1.0$開始，第二循環再以 $\sigma = 0.5$，第三循環以 $\sigma = 0.25$ 測試，直到第 10 次 $\sigma = 0.00195$，選擇會使訓練範例誤差均方根為最小的平滑參數為最佳平滑參數。

　　廣義迴歸類神經網路結合比例積分微分的學習過程與一般的監督式學習過程截然不同，其網路連結加權值是直接由訓練範例的輸入向量與輸出向量決定。與其他監督式類神經網路有以下幾點不同：

1. 不用初始網路連結加權值。

2. 不使用推論輸出向量與訓練範例的目標輸出向量之差距修正網路連結加權值。

3. 網路的神經元術與訓練範例有關。

4. 無疊代學習過程。

5. 學習的目的在於尋找最佳之平滑參數。

6. 經由多一層的控制與運算，得到更快速且穩定的控制訊號

8-3　分散式發電之最大功率追蹤控制

8-3-1　風力發電系統之最大功率追蹤設計原理

一、模糊控制器於旋角控制之設計

　　圖 8-2 為旋角控制系統之架構，若發電機輸出功率大於系統要求之參考功率，則啟動旋角控制系統，其控制系統利用模糊系統控制器控制旋角，藉由改變旋角之受風面積，使風力渦輪機輸出功率維持在最大輸出功率。

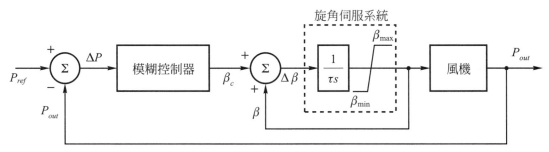

圖 8-2　模糊控制之旋角控制系統

　　其中利用風力發電機之實際輸出率功率 P_{out} 與風力發電機之輸入參考功率 P_{ref} 的誤差功率做為輸入值，然後經過模糊控制器後，得到 β_c，再與由旋角伺服系統所得之 β 值相加得到一個新的 $\Delta\beta$ 值，新的 $\Delta\beta$ 值經過旋角伺服系統，再經由旋角限制器來限制輸出之新 β 值的範圍，得到新的輸出 β 值，如此重覆其運作，使旋角控制器維持旋角在零度附近，以達到最大功率輸出。

二、改良型遞迴式控制器於控制器於旋角控制之設計

　　如圖 8-3 所示，設計一改良型遞迴式類神經網路控制器取代傳統控制器，另外藉由線上學習法則來調整控制器內之權重參數，使其產生最佳 β_c 值，提高旋角控制系統之響應，使發電機快速進入最大輸出功率點。

　　將每個取樣時間所得到的誤差量 ΔP 當作改良型遞迴式類神經網路控制器與線上學習法則之輸入資料，經過建模、訓練與測試後，將所得輸出訊號用來控制旋角角度，使感應發電機輸出功率為當時旋角角度與風速下之最大功率。當誤差量不為零時，此時將誤差量倒傳遞回去修正連結權重值，以控制旋角角度以及功率係數，進而提高感應發電機之輸出功率，當誤差量接近零時，此時旋角角度接近於零，且功率係數接近於最佳值，即感應發電機輸出功率為最大輸出功率。

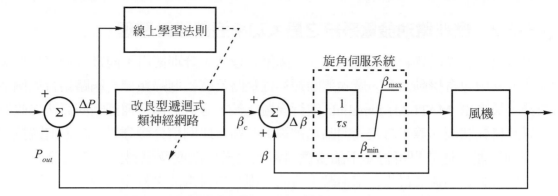

圖 8-3　改良型遞迴式類神經網路控制器之旋角控制系統

三、改良型模糊遞迴式控制器於旋角控制之設計

如圖 8-4 所示，為本章所設計之旋角控制器，設計一改良型模糊遞迴式控制器取代傳統控制器以及改良型遞迴式類神經網路控制器，因傳統控制器之參數設定非常不容易，若設定參數不佳，其控制效果將會非常差，而本章所設計之智慧型控制器，除了控制器之設計外，另外藉由線上學習法則來調整控制器內之權重參數，使其產生最佳 β_c 值，並結合模糊控制器以提高旋角控制系統之響應，使得發電機能更快進入最大輸出功率點。

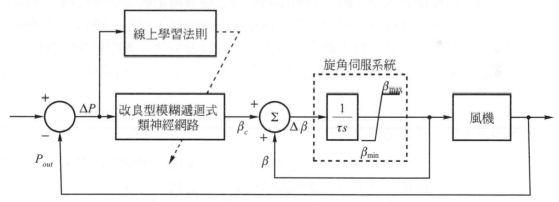

圖 8-4　改良型模糊遞迴式控制器之旋角控制系統

當旋角角度為零，且功率係數為 0.48 時，感應發電機輸出為最大功率。將每個取樣時間所得到的誤差量 ΔP 當作改良型模糊遞迴式控制器與線上學習法則之輸入資料，經過建模、訓練與測試後，將所得輸出訊號用來控制旋角角度，使感應發電機輸出功率為當時旋角角度與風速下之最大功率。當誤差量不為零時，此時將誤差量倒傳遞回去修正連結權重值，以控制旋角角度以及功率係數，進而提高感應發電機之輸出功率。而每個取樣時間的類神經網路之輸入資料，即為前一刻所得到的輸出功率與參考功率之誤差。

8-3-2　燃料電池發電系統之最大功率追蹤設計原理

根據質子交換膜燃料電池電壓電流之動態方程式，分別使用不同最大功率點搜尋演算法，其中包含擾動觀察、廣義迴歸類神經網路及廣義迴歸類神經網路結合比例積分微分，最後由 MATLAB/Simulink 進行模擬比較，分析上述三種控制演算法之收斂情形以及抖動狀況。爲了證廣義迴歸類神經網路結合比例積分微分最大功率追蹤控制器之控制性能，從結果可得知不論當燃料電池之操作溫度及燃料氣體壓力發生變動時，其皆可有效的達成最大功率追蹤之目的，提升燃料電池之效能，減少外在因素干擾時所造成的不必要損耗。

一、燃料電池發電系統之最大功率追蹤控制

燃料電池是將化學能轉換爲電能，由於使用氫氣與氧氣，兩者皆爲天然能源且無污染，燃料電池的輸出功率會受工作電流密度與溫度改變、工作壓力等因素影響，使燃料電池的電壓與電流呈現非線性關係，在不同工作環境下，由於電流密度與工作溫度不同，使其有不同之工作曲線，而每條工作曲線皆可找到一最大輸出功率的操作點，即爲最大輸出功率點。

爲了提高燃料電池之效率，因此必須控制燃料電池發電系統之功率電路，並配合最大功率追蹤法則，使其能隨不同之工作環境變化而輸出最大功率。燃料電池系統最大功率追蹤法有很多種，如：粒子群尋優演算法、直線近似法、實際量測法及功率迴授法等，本節介紹廣義迴歸類神經網路結合比例積分微分最大功率追蹤及其工作原理。

二、擾動觀察法最大功率追蹤之設計

如圖 8-5 所示，此法構造簡單，只需量測燃料電池輸出之電壓與電流，不需考慮電池內部參數與外在環境條件，就能達到即時最大功率追蹤。

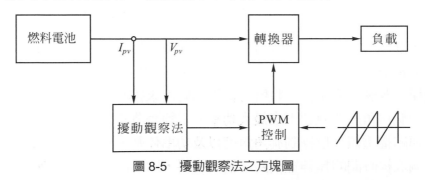

圖 8-5　擾動觀察法之方塊圖

　　擾動觀察法是藉由週期性的增加或減少負載的大小，以改變燃料電池的端電壓與輸出功率，並觀察與比較負載變動前後之輸出電壓及輸出功率的大小，以決定下一次電壓與功率的增加或減少。若輸出功率較變動前大，則於下一個週期再適量的往同方向增加或減少負載，使輸出功率增加；若輸出功率較變動前小，則在下一個以反方向增加或減少負載，如此反覆擾動、觀察及比較，使燃料電池達到最大功率點，如圖 8-6 所示。

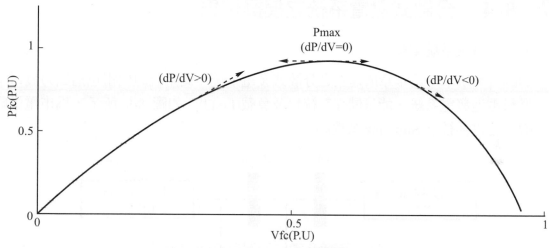

圖 8-6　燃料電池之功率與電壓特性曲線

三、廣義迴歸類神經網路結合比例積分微分最大功率追蹤之設計

　　如圖 8-7 所示，擷取燃料電池之電壓、電流與溫度之資料作為廣義迴歸類神經網路的輸入資料，並進行建模、訓練與測試，將類神經網路之輸出電壓訊號與負載端之直流電壓，經由 PID 再經由比較器來控制轉換器之開關切換週期，使其在不同工作環境下均能運作在最大輸出功率點。

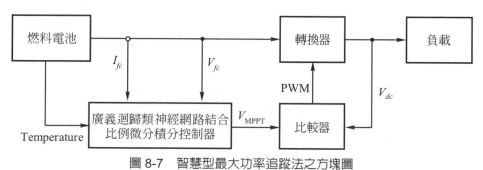

圖 8-7　智慧型最大功率追蹤法之方塊圖

　　將每個取樣時間所得到的電壓、電流與溫度作爲廣義迴歸類神經網路之輸入資料，經過建模、訓練與測試，將所得之輸出電壓與直流電壓比較。利用誤差量回去尋找最佳平滑參數，以控制升壓轉換器之切換週期，進而控制升壓轉換器之輸出直流電壓與電池最大功率點之電壓與電流。而每個取樣時間所輸入類神經網路之資料即爲前一刻所得到的電壓、電流與溫度之信號。

 ## 8-4　分散式發電系統之模擬結果

一、分散式發電系統架構

　　如圖 8-8 所示，爲本章所建立之分散式發電系統，此系統的模組包括風力發電系統、燃料電池發電系統、能量儲存系統以及負載(Load)。如圖 8-9 所示，爲市電併聯型分散式發電系統之 Simulink 架構圖。

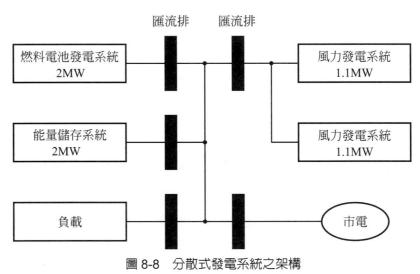

圖 8-8　分散式發電系統之架構

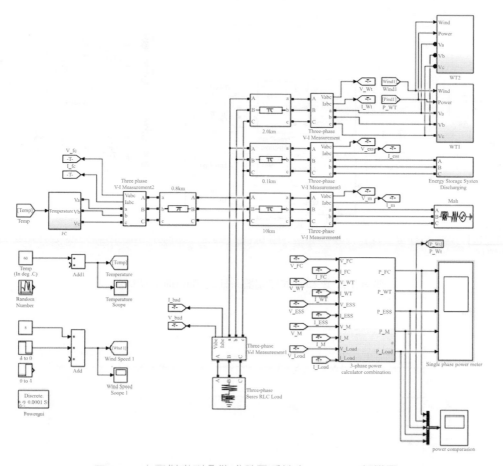

圖 8-9　市電併聯型分散式發電系統之 Simulink 架構圖

二、智慧型控制器效能分析

1. 燃料電池系統控制器比較

本節模擬之 MATLAB/Simulink 燃料電池系統控制器比較如圖 8-10 所示。其溫度變化模擬結果功率比較如圖 8-11 所示。圖 8-12 則為控制器局部放大比較圖、圖 8-13 為電壓比較圖。擾動觀察法與廣義迴歸類神經網路結合比例積分微分控制器皆於 0.1 秒左右達到穩定輸出。使用擾動觀察法系統於 1 秒左右產生了未知的擾動狀態，當系統模擬至 2.5 秒時，出現了一個明顯的振盪；本章提出之廣義迴歸類神經網路結合比例積分微分控制器則持續保持穩定的功率輸出。其控制性能如表 8-1 所示。

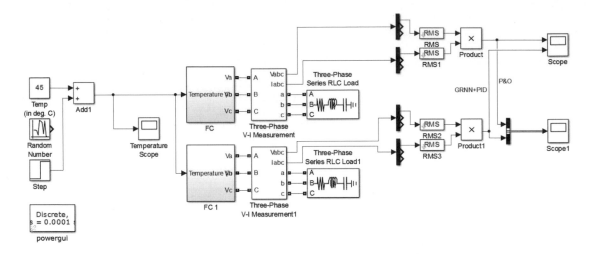

圖 8-10　燃料電池控制器系統之 Simulink 架構圖

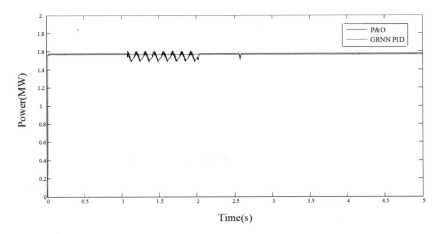

圖 8-11　燃料電池系統控制器輸出功率比較

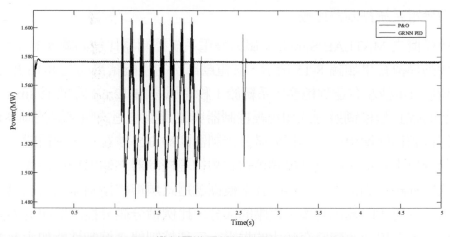

圖 8-12 燃料電池系統控制器功率放大比較圖

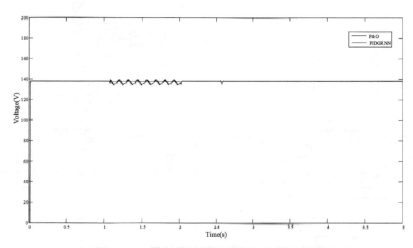

圖 8-13 燃料電池系統控制器電壓比較圖

表 8-1 控制器性能比較

比較 控制器	溫度變動 穩定時間(s)	功率振幅度(MW)	穩定功率(W)	功率增加幅度(%)
擾動觀察法	0.1	0.120	1.577	
廣義迴歸類神經網路結合比例積分微分	0.1	0.002	1.578	0.06%

2. 風力發電系統控制器比較

本節模擬之 MATLAB/Simulink 風力發電系統控制器比較如圖 8-14 所示。其風速變動模擬結果如圖 8-15 所示，其電壓部份的模擬結果如圖 8-16 所示。控制器皆於 0.4 秒左右達到穩態。系統於 1 秒時風速由 12m/s 降低至 8m/s，本章所設計的改良型模糊遞迴式類神經控制器與改良型遞迴式類神經控制器使用 0.2 秒回復到穩態輸出，比例積分微分控制器則約 0.5 秒左右達到穩態。輸出功率的部分以本章提出改良型模糊遞迴式類神經控制器之輸出功率最大、改良型遞迴式類神經控制器次之，得改良型模糊遞迴式類神經控制器能更加迅速的達到穩態並有更大的輸出功率。電壓的部分，比例積分微分控制器與另外兩種控制器比較，在風速改變時有較大的振盪。三種控制器之控制性能如表 8-2 所示。

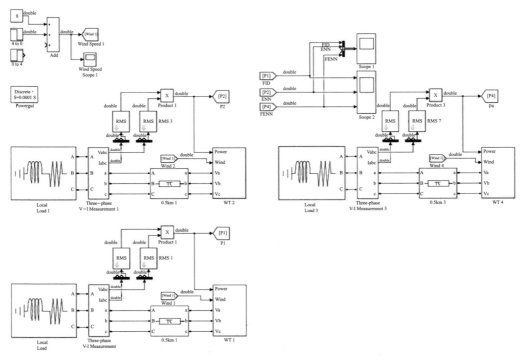

圖 8-14　風力發電系統控制器之 Simulink 架構圖

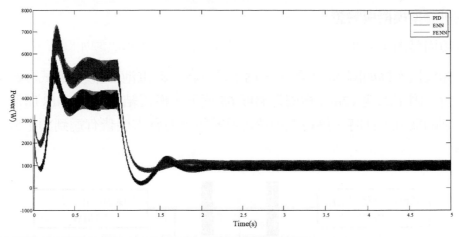

圖 8-15　風速變動模擬結果

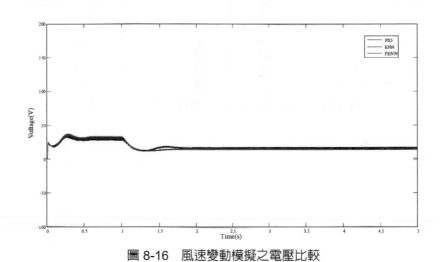

圖 8-16　風速變動模擬之電壓比較

表 8-2　控制器性能比較

比較 控制器	風速變動穩定時間 (s)	穩定功率(W), $t < 1s$	穩定功率(W), $t > 2.5s$	功率增加幅度 (%)
比例積分微分	1	4200	900	
改良型遞迴式類神經	0.6	5350	1050	16
改良型模糊遞迴式類神經	0.6	5400	1150	27

三、市電併聯型模擬與驗證

1. 環境因素固定分析

本節模擬架構如圖 8-17 所示，為市電併聯燃料電池-風機分散式發電系統模擬分析。固定風速 12m/s 與固定溫度 65 度下，模擬結果如圖 8-18 所示，在時間分別約為 0.2 秒時，燃料電池發電系統與風力發電機皆有達到額定最大輸出功率。

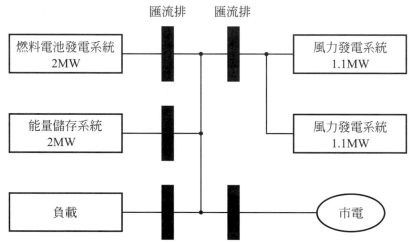

圖 8-17　市電併聯燃料電池-風機分散式發電系統

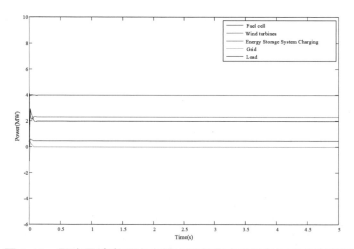

圖 8-18　固定風速與溫度之獨立型分散式發電系統之功率分配

2. 燃料電池溫度變化影響比較

本節模擬架構如圖 8-17 所示，為市電併聯燃料電池-風機分散式發電系統模擬分析。固定風速 12m/s 下，在時間 2.5 秒時溫度由 45 度改變為 65 度，模擬結果如圖 8-19 所示，在時間分別約為 0.2 秒時，燃料電池發電系統與風力發電機達到該溫度與風速應輸出之功率。

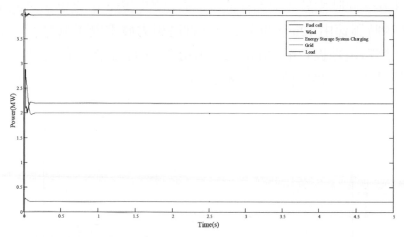

圖 8-19　溫度變動下之市電併聯燃料電池-風機分散式發電系統之功率分配

3. 能源管理機組調度模擬分析

本節模擬在隨機風速中本章所提出之智慧型控制器於風力發電機之旋角控制與燃料電池之最大功率追蹤。本節模擬架構如圖 8-17 所示，為市電併聯燃料電池-風機分散式發電系統與風能-燃料電池獨立型分散式發電系統模擬分析，本節模擬案例如表 8-3 所示。

表 8-3　各案例模擬狀態

案例編號	風力發電機	燃料電池發電	儲能系統狀態	市電端	風速狀態
	供應對象				
(a)	儲能系統	儲能系統	充電	ON	風速由 12m/s 減至 8m/s
(b)	負載	負載	充電	ON	
(c)	負載	負載	放電	OFF	隨機風速
(d)	負載	負載	充電	OFF	
(e)	儲能系統	儲能系統	充電	ON	
(f)	負載	負載	充電	ON	

(a) 風速由 12m/s 減至 8m/s，總負載量為 4MW、假設能量儲存系統為充電狀態時模擬結果，如圖 8-20 所示。風力發電機約在 0.2 秒時達到該風速之額定功率後，此時由於能量儲存系統為充電的狀態，市電供應剩餘不足之功率。2.5 秒時風速由 12m/s 減至 8m/s，此時風力發電機隨風速下降而減少輸出功率，燃料電池提升至 2MW 之輸出功率。由於假設儲能電池為充電狀態，市電維持不變以提供穩定的負載輸出。

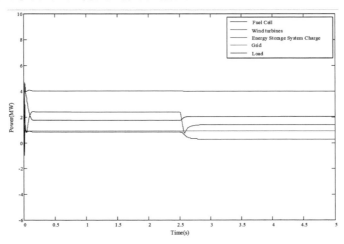

圖 8-20　風速變動下之市電併聯燃料電池-風機分散式發電系統之功率分配

(b) 風速由 12m/s 減至 8m/s，總負載量為 4MW 時模擬結果如圖 8-21 所示。此時儲能系統處於充電狀態，市電處於供應系統電池的狀態。當風力發電機約在 0.2 秒達到該風速之輸出功率，2.5 秒時風速由 12m/s 減至 8m/s，此時風力發電機隨風速下降而減少輸出功率，燃料電池發電系統功率增加、市電功率以及儲能系統功率則維持不變。

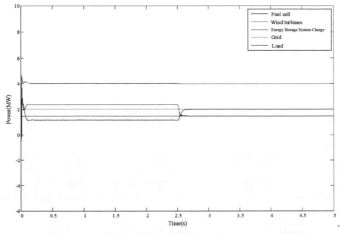

圖 8-21　風速變動下之市電併聯燃料電池-風機分散式發電系統之功率分配

(c) 風速為隨機風速，每 0.25 秒變動一次，範圍由 8m/s 至 16m/s，此時儲能系統處於放電狀態，與市電斷開。模擬結果如圖 8-22 所示。此時儲能系統處於放電狀態。風速每 0.25 秒範圍由 8m/s 至 16m/s 變動一次。當風力發電機隨風速下降而減少輸出功率，燃料電池發電系統、儲能系統功率增加，反之亦然，以維持系統穩定。在此系統在隨機風速時有較高的適應能力，可以對負載提供穩定的供電。

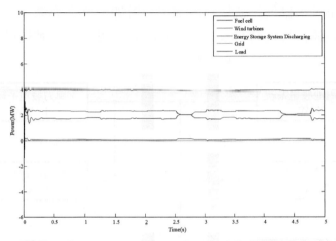

圖 8-22　隨機風速下之風能-燃料電池獨立型分散式發電系統之功率分配

(d) 風速為隨機風速，每 0.25 秒變動一次，範圍由 8m/s 至 16m/s，此時儲能系統處充電狀態。此時市電則維持斷路狀態、儲能系統處於充電狀態。模擬結果如圖 8-23 所示。

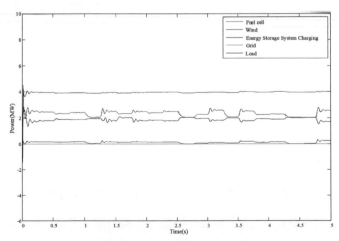

圖 8-23　風速變動下之市電併聯燃料電池-風機分散式發電系統之功率分配

(e) 本節模擬架構如圖 8-24 所示,為市電併聯燃料電池-風機分散式發電系統與風能-燃料電池獨立型分散式發電系統模擬分析。風速為隨機風速,每 0.25 秒變動一次,範圍由 8m/s 至 16m/s,其模擬結果如圖 8-25 所示。此時儲能系統處充電狀態。市電則持續向負載供電。當風力發電機約在 0.2 秒時,達到該風速之輸出功率後,其輸出功率維持不變,風速每 0.25 秒範圍由 8m/s 至 16m/s 變動一次,此時當風力發電機隨風速下降而減少輸出功率,燃料電池發電系統、儲能系統以及市電功率增加,反之亦然,以維持系統穩定。此系統在隨機風速時有較高的適應能力,可以對負載提供穩定的供電。

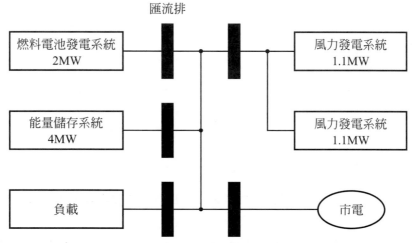

圖 8-24 燃料電池-風機分散式發電系統

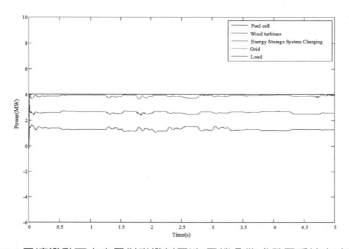

圖 8-25 風速變動下之市電併聯燃料電池-風機分散式發電系統之功率分配

(f) 本節模擬架構如圖 8-26 所示，為市電併聯燃料電池-風機分散式發電系統與風能-燃料電池獨立型分散式發電系統模擬分析。圖 8-27 為隨機風速下之燃料電池-風機分散式發電系統之功率比較。此時風力發電與燃料電持續對負載供電，儲能系統處充電狀態，市電則持續向電池供電。

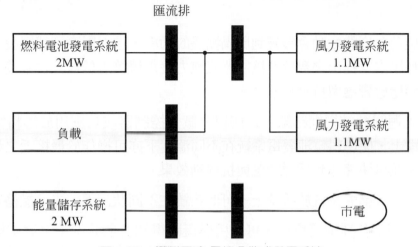

圖 8-26　燃料電池-風機分散式發電系統

　　當風力發電機約在 0.2 秒時，達到該風速之輸出功率後，其輸出功率維持不變，風速每 0.25 秒範圍由 8m/s 至 16m/s 變動一次，此時當風力發電機隨風速下降而減少輸出功率，燃料電池發電系統、儲能系統以及市電功率增加，反之亦然，以維持系統穩定。此系統在隨機風速時有較高的適應能力，可以對負載提供穩定的供電。

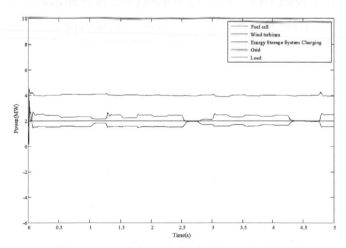

圖 8-27　風速變動下之市電併聯燃料電池-風機分散式發電系統之功率分配

8-5 結論

　　本章利用 MATLAB/Simulink 軟體來設計一分散式發電系統，並設計智慧型控制器運用於風機的旋角控制與燃料電池最大功率追蹤上，亦於系統上設置儲能系統來穩定系統電壓。

1. 葉片旋角角度的變動會影響到風渦輪機的功率，進而影響到感應發電機輸出功率，利用本章提出之智慧型控制器使風力發電機接近於最大功率輸出，並可快速達到穩態響應與抗擾動效果。

2. 將廣義迴歸類神經網路結合比例積分微分控制器成功應用於燃料電池最大功率追蹤上，使燃料電池發電系統在不同溫度下亦可操作於最接近之最大功率輸出點，並可快速達到穩態響應與抗擾動效果。

3. 本章亦加入儲能系統於系統上，可使系統在不同狀況下，盡可能穩定運轉。

4. 本章模擬了各種環境變化，可藉由模擬圖得知各個狀況中之發電機組運轉情形，並於再生能源系統內加上儲能系統，可使再生能源系統因應功率變化量來控制其併聯於系統上，以便進行各種調度與功率分配。

▶ **習題**

1. 試說明燃料電池發電系統之最大功率追蹤控制設計原理?
2. 試說明改良型模糊遞迴式控制器之旋角控制設計原理?

9 應用智慧型最大功率追蹤控制器於離岸式風力發電系統

9-1 簡介

　　澎湖電力系統主要能源為柴油發電，在發電成本較高的情況下，需增設新的風力再生能源設備，來降低柴油系統發電成本。因為澎湖夏季風速較低，導致風電效益不高，在不使用海底電纜併聯台灣電力系統的情況下，可以考慮增加風力發電機容量來提高再生能源輸出；但在冬季時風速較高，風能充裕的情況下，過多的再生能源容量將導致風力發電機機輸出太多，使實功率充斥系統導致系統不穩定。

　　本章利用 MATLAB/Simulink 建立澎湖電力系統併聯離岸式風力發電系統，並為了使風力發電系統皆可操作在最大功率點及系統實功率達到一個快速又穩定的響應，提出兩種智慧型控制器，包含廣義迴歸類神經網路與粒子群尋優-徑向基底類神經網路，將其應用風力發電系統的轉速與旋角控制。感應發電機轉速資訊是經由提出的模型參考適應系統來估測，達到無轉速感測器的實現。在風速較低時，廣義迴歸類神經網路控制器控制發電機轉速，使風力發電系統達成風力最大功率追蹤，提高發電效益。粒子群優化-徑向基底類神經網路控制器控制旋角角度,在冬季風速過高時能夠控制旋角角度降低進風量,減少葉扇損壞機率並使風力發電系統輸出穩定。

澎湖地區位處台灣海峽中央,在冬季時由於東北季風強勁,故擁有相當良好的風場,不論是風速與風能密度皆為全台灣地區最佳,非常適合發展風力發電,也是全台灣最早發展風力發電的地方。目前澎湖風電系統現中屯、湖西風力發電廠共 10.2MW,在冬季離峰總輸出可占高達 35%,因夏季風速較低風力機通常發不到滿載,總發電輸出只占整體供電量的 12%,其餘負載只能由尖山柴油發電廠來供應,然而燃油成本為所有燃料單價最高,在負載需求逐年升高的情況下,導至澎湖發電成本變得非常昂貴,因此考慮增設新的大型風力發電來輔助火力發電。

加上近年來各國加速風力發電的發展,由其是離岸式風力發電廠(Offshore Wind Power Generator),如英國的倫敦陣列(London Array)、德國與挪威的高占比離岸式風電。由於離岸海風的平均風速較陸域風速高,因此離岸式風力發電廠擁有較好的發電效益,並可以減少陸域風力發電的開發用地,降低居民因風力發電時葉片所產生的噪音干擾。澎湖地區依據經濟部能源局 89 至 93 年委託進行台灣地區風力潛能模擬分布,其海域年平均風速多可達五級以上,風能密度達 250W/m^{2}以上,顯示澎湖地區具有離岸式風力發電開發之潛力。

9-2 澎湖電力系統

澎湖地區位處於台灣海峽中央,擁有相當良好的風場,不論風速與風能密度皆為台灣最佳,非常適合風力發電的發展,因此為台灣最早發展風力發電的地方。由於澎湖地區的電力系統為一典型的孤島系統,其系統架構由尖山火力發電廠、中屯風力發電、湖西風力發電、變電所(馬公變電所、湖西變電所與赤崁變電所)、一條 69kV 輸電線(尖山-馬公雙迴線)以及 32 條 11.4kV 配電饋線等發輸配設備組成。本章所建立澎湖電力系統如圖 9-1 所示,此系統包含尖山柴油發電廠、中屯與湖西風力發電系統以及系統負載。

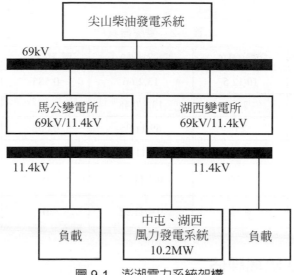

圖 9-1　澎湖電力系統架構

9-2-1　輸電線路與變壓器資料

　　澎湖本島的主要輸電線路有 69KV 地下電纜雙迴線，連接尖山電廠與馬公變電所，以及中屯風力發電廠連接至湖西變電所兩條 11.4KV 電力纜線，其線路參數如表9-1 所示。變壓器分別有尖山電廠柴油機組升壓變壓器、廠內變壓器、湖西變電所變壓器、馬公變電所變壓器、中屯風力機組之升壓變壓器與湖西風力機組之升壓變壓器，各變壓器參數列於表 9-2。

表 9-1　主要輸電線長度資料表

線路名稱	長度 (km)	總電阻值(Ω)	總電抗值(Ω)	電納值(μS)
尖山至馬變 69KV(紅)	12	0.2844	2.5986	864.235
尖山至馬變 69KV(白)	12	0.2979	2.587	862.882
湖變至中屯 (一期)	13.5	1.2164	1.7886	1337.823
湖變至中屯 (二期)	14	1.2614	1.855	1387.372
湖變至湖西 (湖西風力)	5.137	0.4628	0.6807	509.07

表 9-2　變壓器資料

電廠/變電所	容量(MVA)	電壓比(KV)	電阻(p.u.)	電抗(p.u.)
尖山升壓變壓器	10/12.5	13.2/66	0.585	9.8
尖山場內變壓器	2.5	13.8/0.48	0	6
湖西變電所	25	69/11.95	0.002	8.87
馬公變電所	25	69/11.95	0.002	8.7
中屯風力 升壓變壓器	0.75	0.4/11.95	0	5
湖西風力 升壓變壓器	0.75	0.4/11.95	0	5.5

9-2-2　離岸式風場評估

　　由於澎湖地區的用電量逐年提高，必須增設新的發電機組來因應負載上升，但考慮離島柴油火力發電成本過高已不具有裝設的經濟效益，故評估裝置新的離岸式風力發電機來供給負載效益較高，亦可減少尖山柴油發電輸出，達到降低發電成本的目的。

9-2-3　離岸式風力發電機機型與容量

　　離岸式風場計畫以 GE 3.6s Offshore 機型為主，該機型為目前國際上較廣泛使用的離岸式風機的機型，其單一裝置容量為 3.6MW。規劃建構於湖西鄉東邊海域，位於湖西鄉東方 600 公尺處，其面積約 9.3 平方公里，其平均水深均為 14.4 公尺，最多可放置 64 架風機，估計最多約可裝設 230MW 容量的離岸式風場，但考慮到電力輸出可靠度，需評估澎湖系統風力發電的最大占比。

9-2-4　離岸式風力占比與規劃

　　澎湖系統的最佳可靠度定義，為風力發電裝置容量除以系統最低負載量之比值。但實際上考量最大可併聯之風力發電量時，不能單純直接以負載規模占比來表示，而必須同時考量系統中運轉之發電機組數、機組運轉能力、系統可靠供電能力、熱機備轉容量及系統電壓限制等因素。例如：當提升系統的熱機備轉容量，相對風力發電的占比即可提高，以達到系統運轉穩定，但同時需考慮是否超出發電機組運轉之限制範圍，因此彼此間皆會相互影響。

本章所評估的離岸式風場必須考慮澎湖風力最大占比的方法，是以確保澎湖電力系統穩定運轉為首要考量，並考慮尖山電廠柴油機組運轉能力，以及澎湖為孤島系統且冬季離峰負載較低，相對有系統電壓變動較大的特性，同時須避免柴油機組在運轉造成效益、降低壽命損耗及碳排不符合環保標準等。因此，在系統評估時須符合下列各項之限制條件：

1.　尖山電廠一、二期機組運轉限制範圍為：
　　一期機組(#1～#4 機) PGmin > 3MW、PGmax < 10.5MW
　　二期機組(#1～#8 機) PGmin > 5.6MW、PGmax < 11.25MW
　　為避免低載運轉造成柴油機組效益降低，而為使碳排符合環保標準，系統正常運轉時，一、二期機組的出力必須分別維持在 3MW 及 5.6MW 以上。

2.　本章以 N-1 原則作為離岸式裝置容量上限的考量，其中 N-1 原則為當系統中任一部電力機組因事故跳脫時，其餘熱機機組仍能夠供應足夠電量給負載且出力不超過發電機組上限，維持系統供需穩定。

3.　尖山電廠一期機組的反應速度較二期機組快，且一期機組的低載能力較二期機組佳，故系統以一期機組出力為優先考量。

9-3　智慧型轉速和旋角控制器於最大功率追蹤控制

風力發電系統的主要兩種風力最大功率追蹤方法，為擾動觀察法與直線近似法，雖然擾動觀察法可以使發電機較精準地追隨風力最大功率點，但時常收斂速度較風速變化慢，導致無法有效接近最大功率點。然而，直線近似法收斂速度雖快但精準度較差，使轉換效率也無法太高。因此，本章設計一智慧型轉速控制系統，包含應用模型參考適應系統(Model Reference Adaptive System, MRAS)理論建構的轉速估測器，以及本章所提出的廣義迴歸類神經網路控制器調整 PWM 轉換器的開關週期，進而控制發電機轉速，達到一個效率較佳的最大功率追蹤控制方法，但風力易受季節、氣候變化等因素影響，導致風力發電量不穩定，對於系統的供電連續性不佳。因此，為了提高風力發電輸出功率的穩定性，發電系統需使用智慧型旋角控制器，使風力發電可以維持穩定輸出功率外，並且可避免葉片在高風速下的損壞，達到提高供電效率與系統穩定度的目的。

9-3-1　整體架構

影響風力發電系統效率的功率係數，為發電機的尖端速度比 λ 與旋角角度 β 所控制，其中 λ 隨著發電機速度及風速而變動。本章利用 MRAS 理論取代一般發電機的轉速感測器，對發電機的轉速做估測，計算出在不同風速下的最佳發電機轉速值，並應用廣義迴歸類神經網路控制器，使 MRAS 理論估測出風力發電機的轉速，逐漸逼近最佳轉速值，達到風力最大功率追蹤。整體架構圖如圖 9-2 所示，為一磁場導向感應發電機驅動系統，包含感應發電機、電流控制 PWM 電壓源轉換器與磁場導向機構，其中磁場導向機構包含座標轉換與廣義迴歸類神經網路控制器，以及 MRAS 轉速估測機制。

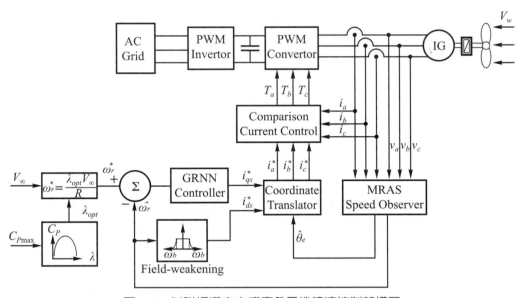

圖 9-2　以磁場導向之感應發電機轉速控制架構圖

9-3-2　基於模型參考適應系統之轉速感測器

由文獻中 Schauder 提出了 MRAS 的速度估測技術，這方法提供一個較佳的估測技術，其中包括暫態與穩態的速度響應模式。

利用式(9-1)，在 $n_p = 1$ 時，可分解爲電流的兩分量，得到電壓與電流兩種模型：

$$\frac{d}{dt}\begin{bmatrix} i_{qs}^s \\ i_{ds}^s \\ \lambda_{qr}^s \\ \lambda_{dr}^s \end{bmatrix} = \begin{bmatrix} -\left(\dfrac{R_s}{\sigma L_s}+\dfrac{1-\sigma}{\sigma T_r}\right) & 0 & \dfrac{L_M}{\sigma L_s L_r T_r} & -\dfrac{L_m}{\sigma L_s L_r}\omega_r \\ 0 & -\left(\dfrac{R_s}{\sigma L_s}+\dfrac{1-\sigma}{\sigma T_r}\right) & \dfrac{L_m}{\sigma L_s L_r}\omega_r & \dfrac{r_r L_M}{L_\sigma L_r^2} \\ \dfrac{L_m}{T_r} & 0 & -\dfrac{1}{T_r} & n_p \omega_r \\ 0 & \dfrac{L_m}{T_r} & -n_p \omega_r & -\dfrac{1}{T_r} \end{bmatrix}\begin{bmatrix} i_{qs}^s \\ i_{ds}^s \\ \lambda_{qr}^s \\ \lambda_{dr}^s \end{bmatrix} + \begin{bmatrix} \dfrac{1}{\sigma L_s} & 0 \\ 0 & \dfrac{1}{\sigma L_s} \\ 0 & 0 \\ 0 & 0 \end{bmatrix}\begin{bmatrix} v_{qs}^s \\ v_{ds}^s \end{bmatrix}$$

$$(9-1)$$

電壓模型

$$p\begin{bmatrix} i_{dmr}^s \\ i_{qmr}^s \end{bmatrix} = \frac{L_r}{L_m^2}\left[\begin{bmatrix} v_{ds}^s \\ v_{qs}^s \end{bmatrix} - \begin{bmatrix} R_s + \sigma L_s p & 0 \\ 0 & R_s + \sigma L_s p \end{bmatrix}\begin{bmatrix} i_{ds}^s \\ i_{qs}^s \end{bmatrix}\right] \qquad (9-2)$$

電流模型

$$p\begin{bmatrix} i_{dmr}^s \\ i_{qmr}^s \end{bmatrix} = \begin{bmatrix} -\dfrac{1}{T_r} & -\omega_r \\ \omega_r & -\dfrac{1}{T_r} \end{bmatrix}\begin{bmatrix} i_{dmr}^s \\ i_{qmr}^s \end{bmatrix} + \frac{1}{T_r}\begin{bmatrix} i_{ds}^s \\ i_{qs}^s \end{bmatrix} \qquad (9-3)$$

其中 $p = \dfrac{d}{dt}$，i_{dmr}^s 和 i_{qmr}^s 爲磁化電流，定義爲 $i_{dmr}^s = \dfrac{\lambda_{dr}^s}{L_m}$，$i_{qmr}^s = \dfrac{\lambda_{qr}^s}{L_m}$。

圖 9-3 爲用 MRAS 估測轉子速度之方塊圖，利用兩個獨立的觀測器用來觀測轉子激磁電流之交直軸成份，一個根據式(9-2)，另一個根據式(9-3)。因爲式(9-2)中不包含 ω_r，所以將式(9-2)視爲參考模型；而式(9-3)中內含有 ω_r，所以被視爲使用式(9-3)，可得到一個簡單的開迴路激磁電流觀測器，如下方程式：

$$p\begin{bmatrix} \hat{i}_{dmr}^s \\ \hat{i}_{qmr}^s \end{bmatrix} = \begin{bmatrix} -\dfrac{1}{T_r} & -\hat{\omega}_r \\ \hat{\omega}_r & -\dfrac{1}{T_r} \end{bmatrix}\begin{bmatrix} \hat{i}_{dmr}^s \\ \hat{i}_{qmr}^s \end{bmatrix} + \frac{1}{T_r}\begin{bmatrix} i_{ds}^s \\ i_{qs}^s \end{bmatrix} \qquad (9-4)$$

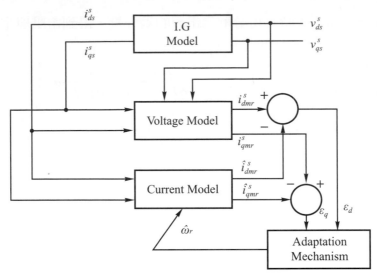

圖 9-3　轉子速度估測器架構圖

由式[(9-3)－(9-4)]，可得狀態誤差方程式如式(9-5)所示：

$$p\begin{bmatrix} \varepsilon_d \\ \varepsilon_q \end{bmatrix} = \begin{bmatrix} -\dfrac{1}{T_r} & -\omega_r \\ \omega_r & -\dfrac{1}{T_r} \end{bmatrix} \begin{bmatrix} \varepsilon_d \\ \varepsilon_q \end{bmatrix} + \left(\omega_r - \hat{\omega}_r \right) \begin{bmatrix} -\hat{i}^s_{qmr} \\ \hat{i}^s_{dmr} \end{bmatrix} \tag{9-5}$$

其中 $\varepsilon_d = i^s_{dmr} - \hat{i}^s_{dmr}$ ，$\varepsilon_q = i^s_{qmr} - \hat{i}^s_{qmr}$ 。

9-3-3　廣義迴歸類神經網路控制器於轉速控制的設計

圖 9-4 為本章所設計的廣義迴歸類神經網路，為一四層網路架構圖，網路架構在輸出部分允許輸出變數 y 為一向量型態輸出，因此會針對向量輸出 y 的每一個成分元素分別進行其在 $\vec{x} = \vec{X}$ 處時的迴歸估計 $\hat{Y}_o(\vec{X})$，並有對應數量的輸出單元。如圖 9-4 所示，輸入單元(Input Unit)為輸入向量 $\vec{X}$ 的分配單元，亦即是負責將輸入向量 $\vec{X}$ 的各成分元素分配給第二層的所有型態單元(Pattern Unit)，同時也相當於是把輸入向量 $\vec{X}$ 分配至每一個型態單元；而每一個型態單元代表一個訓練範例，也是一個量測樣本 $\vec{X^i}$，當一個新的輸入向量 $\vec{X}$ 進入網路並分配至各型態單元之後，每一個型態單元會將此輸入向量 $\vec{X}$ 減去其本身所代表的量測樣本向量 $\vec{X^i}$，並計算此差向量的所有元素之平方和，之後再將此值輸入到一個非線性的類神經元激發函數(Activation Function)，而此激發

函數所出來的值，便是型態單元的輸出值。

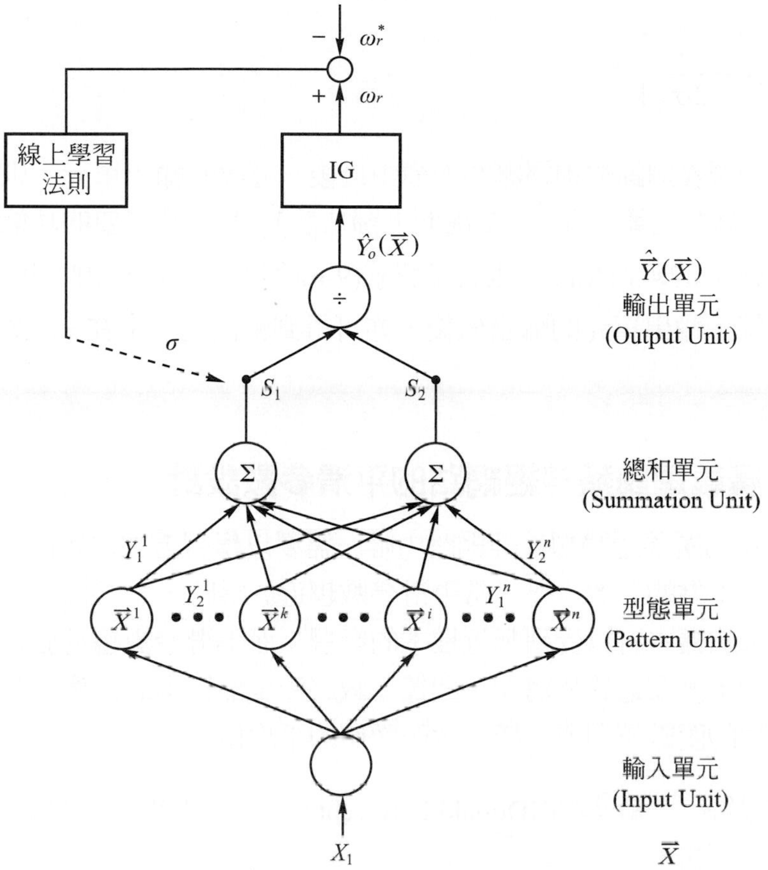

圖 9-4　廣義迴歸類神經網路架構圖

　　每一個型態單元的輸出值會被進一步地連接到每一個總合單元(Summation Unit)。而針對輸出向量 $\vec{y}$ 的各成分元素 y 在 $x = \vec{X}$ 處時的迴歸估計 $\hat{Y}_o(\vec{X})$ 而言，會分別對應到兩個總和單元 S_1 與 S_2，其中總和單元 S_1 與每一個型態單元的連結上會附帶有一權重值(Weighted)，代表在每一個量測樣本點 $\vec{X^i}$ 處所對應 $\vec{y}$ 的 k 元素之量測值，而總和單元 S_1 便會將所有型態單元的輸出值與其連結上的權重值進行加權總和(Weighted Sum)並輸出至對應的輸出單元(Output Unit)。另一個總和單元 S_2 則是將所有型態單元的輸出值進行單純的加總動作，並將結果輸出至與 S_1 相同的輸出單元。兩總和單元 S_1 與 S_2 的輸出值分別如式(9-7)及式(9-8)所示。

$$S_1 = \sum_{i=1}^{n} Y_k^i \exp\left[-\frac{D_i^2}{2\sigma^2}\right], \ k = 1,2 \tag{9-6}$$

$$S_2 = \sum_{i=1}^{n} \exp\left[-\frac{D_i^2}{2\sigma^2}\right] \tag{9-7}$$

圖 9-4 中的廣義迴歸類神經網路架構中最後一層次的輸出單元，則是分別對應至輸出向量 $\vec{y}$ 的各成分元素 y 在 $\vec{x} = \overrightarrow{X}$ 處的迴歸估計 $\hat{Y}_o(\overrightarrow{X})$，其主要的功能是將來自對應的總和單元 S_1 與 S_2 的數值相除，也就是將式(9-6)除以式(9-7)，如此即可以得到 $\hat{Y}_o(\overrightarrow{X})$ 值。而在求得每一輸出單元的輸出值後，亦可得到輸出向量 $\vec{y}$ 在 $\vec{x} = \overrightarrow{X}$ 處的迴歸估計 $\hat{Y}_o(\overrightarrow{X})$。

🌳 9-3-4　廣義迴歸類神經網路的平滑參數設計

平滑參數 σ 為廣義迴歸類神經網路中唯一需要以學習方式決定的參數，此參數相當於控制一個樣本點的有效半徑，當平滑參數趨近於零時，表示每個樣本的有效半徑趨近於零，即未知樣本將只受到鄰近樣本的影響；而平滑參數趨近於無窮大時，代表每個樣本的有效半徑趨近於無窮大，即樣本數將受全部樣本的影響，且影響力相同，因此未知樣本數的函數值即所有樣本數函數值的平均值。

決定平滑參數 σ，一般使用由Donald F. Specht (1991)所提出的Holdout Method 來決定平滑參數，其步驟如下：

1.　先選定一個特定的 σ 值。

2.　一次只移走一個訓練範例，用剩下的範例建構一個網路，用此網路來估計移走的那個樣本的估計值 $\hat{y}$。

3.　重複步驟 2 做 n 次(n 為訓練範例數)，記錄每個估計值與範例值之間的均方誤差 (Mean Square of Error, MSE)，並且把每一次的MSE 加總取平均。

$$\text{MSE} = \frac{1}{Q}\sum_{k=1}^{Q}(\omega_r^* - \omega_r)^2 \tag{9-8}$$

其中，Q：控制器樣本數　　　　　　ω_r^*：經第三章式(3-11)計算的參考轉速

　　　　ω_r：MRAS 方法的估測轉速

4.　採以其他的 σ 值，重複步驟 2 與 3。

5.　當 MSE 最小的 σ 值，即為最佳的 σ 值。

9-3-5　粒子群尋優徑向基底類神經網路控制器於旋角控制之設計

　　如圖 9-5 所示，為本章所設計的旋角控制器，是使用粒子群尋優徑向基底類神經網路來控制器並取代傳統比例-積分控制器(PI controller)，因傳統比例-積分控制器之參數設定非常不容易，若設定參數不佳，其控制效率將會非常差，而本章所設計的智慧型徑向基底類神經網路控制器，利用其類神經網路只有單一層高斯隱藏層的構造，使此控制器有計算速度較快的優點，並藉由粒子群優化演算法進行線上學習以調整控制器內之權重參數，使其產生最佳 β_c 值，相較於 PI 更能提高旋角控制系統的控制效率，使得發電機輸出能較快收斂，達到即時反應的效果。

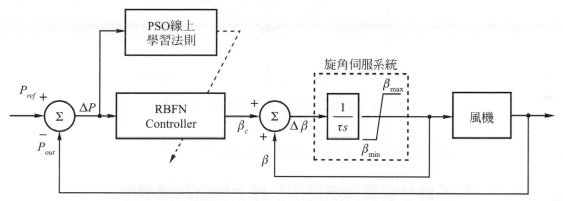

圖 9-5　粒子群尋優-徑向基底類神經網路旋角控制系統圖

　　當旋角角度為 0 度且尖速比為 8.1 時，功率係數為 0.48，此時發電機操作在最大功率點，所以在發電機輸出未達到參考功率 P_{ref} 時，旋角控制器必須使旋角角度控制在 0 度附近，並配合轉速控制器以讓發電機能夠達到最大功率輸出，但在輸出功率 P_{out} 超過參考功率 P_{ref} 的情況時，將會產生一誤差量 ΔP，將每個取樣時間所得到的誤差量 ΔP 當作粒子群尋優徑向基底類神經網控制器與線上學習法則的輸入資料，經過建模、訓練與測試後，將所得輸出訊號 β_c 用來調整旋角角度，使發電機的輸出功率 P_{out} 能快速逼近目標的參考功率 P_{ref}。

9-3-6　徑向基底類神經網路設計

　　本章設計一智慧型徑向基底類神經網路控制器，使其應用於風力發電系統的旋角控制，此類神經網路構造簡單且具有優良適應性能力，使其非常適合應用於複雜的非線性控制系統。此控制器架構如圖 9-6 所示，為一三層架構的類神經網路，其中輸入為 ΔP，輸出為 $\Delta \beta$。

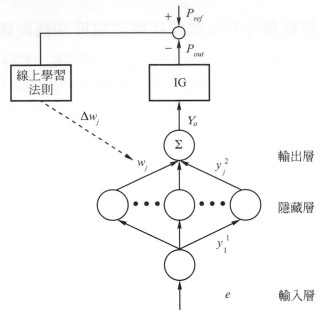

圖 9-6　徑向基底類神經網路控制器之結構圖

神經元運作如第五章 5-6-3 所述〔式(5-49)至式(5-51)〕：

🌳 9-3-7　粒子群尋優演算法應用於線上學習訓練機制

　　本章提出的智慧型旋角控制器是利用粒子群尋優演算法做為線上學習訓練的機制，此線上學習訓練機制為一種監督式的學習法則，將輸出功率與參考功率的誤差倒傳遞回去修正權重參數，此訓練機制目標為利用粒子群尋優演算法搜尋方程式最小解：

$$E = \frac{1}{2}\left(P_{out} - P_{ref} \right)^2 \tag{9-9}$$

其中為 P_{out} 風力發電機輸出功率，為 P_{ref} 參考功率，E 為絕對平方誤差。

　　在本章所設計的徑向基底函數類神經網路控制器中，為了兼顧控制器精確度與反應時間，將隱藏層神經元個數設定為 5 個，因為若隱藏層神經元設定多於 5 個，會使控制器計算時間變長而無法達到即時工作的目的，所以根據所設計的網路結構，可以發現決定徑向基底函數網路輸出旋角變化量 $\Delta\beta$ 值的變數，共有高斯函數共有中心值 c_j、權重值 w_j 與偏差值 b_j 等 15 個變數，本章利用粒子群尋優演算法配合參數時變方法搜尋此 15 個變數，其整體步驟如下：

1. 定義粒子群初始族群

   定義各變數上下限、PSO 族群數量及 *gbest* 收斂條件，本章設定族群數量為 15，當 *gbest* 收斂於式(9-9)中 E 小於 0.05 停止。

2. 隨機選取粒子位置及速率

   在整體找尋解的空間中，隨機選取初始粒子位置 $R_i^d(N) = [R_i^1\ R_i^2\ ......\ R_i^{15}]$ 與初始粒子速度 $V_i^d(N) = [V_i^1\ V_i^2\ ......\ V_i^{15}]$，其中 N 為疊代數、i 為族群數、d 為變數數量，並設定初始粒子位置均為 *pbest*，初始 *gbest* 為從初始 *pbest* 中選取一最佳解。

3. 疊代並更新速率與位置

   根據 *pbest* 與 *gbest* 位置來更新各變數的速率與位置，如式(9-10)與式(9-11)，其中 r_1 與 r_2 為 0~1 的隨機數，c_1、c_2 與 w 依參數時變方法，c_1 與 w 會隨疊代數愈而遞減，c_2 則會遞增。

$$V_i^d(N+1) = wv_i^d(N) + c_1 r_1 \left(pbest_i^d - R_i^d(N) \right) + c_2 r_2 \left(gbest^d - R_i^d(N) \right) \tag{9-10}$$

$$R_i^d(N+1) = R_i^d(N) + v_i^d(N+1) \tag{9-11}$$

4. 更新 *gbest* 與 *pbest*

   經由步驟 4，可得到各變數新的位置，並可計算出新的 P_{out}，再經由方程式(9-9)得到新的誤差，並與前面疊代結果做比較，並更新 *pbest* 與 *gbest*。

5. 疊代與收斂

   重複步驟 3 與步驟 4，直到符合收斂條件後結束疊代，完成 PSO 應用於線上學習機制的使用。如圖 9-7 所示，為 PSO 訓練機制的流程圖。

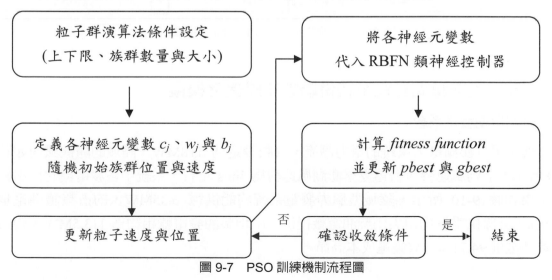

圖 9-7　PSO 訓練機制流程圖

9-4 澎湖發電系統之模擬結果

9-4-1 澎湖發電系統架構

澎湖電力系統的 Simulink 架構圖如圖 9-8 所示，其中變壓器及傳輸線路參數皆應用表 9-1 至表 9-2 的數據來建構，負載則採用 106 年台電評估負載，尖峰負載為 118MW，離峰負載為 47.5MW。根據 9-2-4 風力最大占比規劃，本章應用的離岸式風機容量設定為 50MW，並符合夏季電力系統可靠度需求。

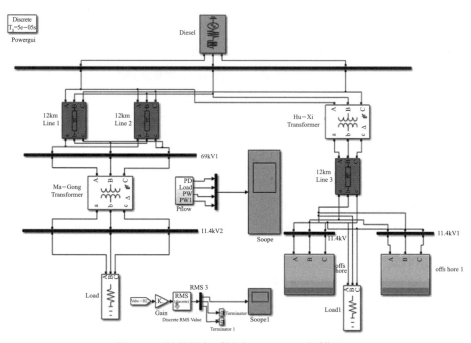

圖 9-8　澎湖電力系統之 Simulink 架構圖

9-4-2 夏季澎湖發電系統併聯離岸風機之模擬

一、原始澎湖發電系統

應用現有澎湖電力系統的電力潮流，負載設定為 118MW，陸域的隨機風速如圖 9-9 所示，平均風速參考台電夏季澎湖風速約為 4m/s 左右，系統中各發電機的輸出模擬結果如圖 9-10 所示，陸域型風力發電系統約能供電 6.35MW，約占整體供電量 5.29%，其餘供電量均由尖山柴油電廠提供，平均柴油發電輸出約為 113.5MW，約占整體供電量 94.71%，故發電成本高昂。

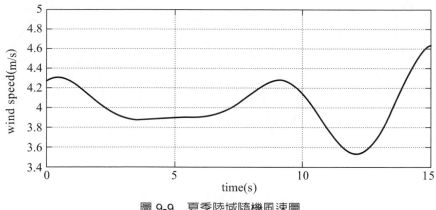

圖 9-9　夏季陸域隨機風速圖

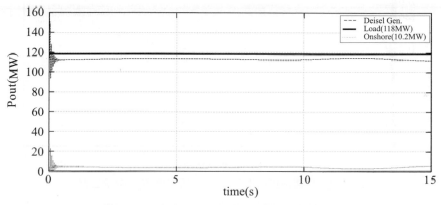

圖 9-10　原始澎湖系統於夏季實功率輸出圖

二、併聯離岸式風場的澎湖發電系統

　　模擬澎湖電力系統併聯 50MW 離岸式風場的電力潮流分析，案例分為智慧型轉速控制器裝設與否，並參考台電於澎湖白沙鄉外海量測的風速數據，設定海域風速如圖 9-11 所示，為浮動較大的隨機風速，平均風速約為 5.5m/s。

　　在無轉速控制器案例系統中，各發電機的輸出模擬結果如圖 9-12 所示，澎湖地區夏季風速較低，風力發電系統的輸出效率不佳，但加入了 50MW 離岸式風機仍提高許多再生能源發電量，降低柴油發電機昂貴的發電成本，其中柴油發電廠平均電力輸出約為 96.88MW，約占整體供電量 80%，離岸式風機平均電力輸出約為 17.94MW，約占整體供電量 14.76%，陸域型風場平均電力輸出約為 6.35MW，約占整體供電量 5.24%。

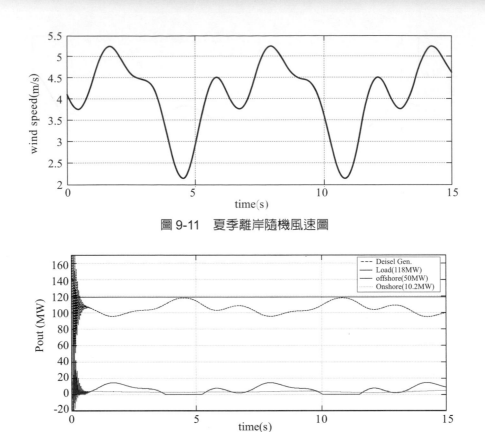

圖 9-11　夏季離岸隨機風速圖

圖 9-12　無轉速控制器的澎湖系統夏季實功率輸出圖

　　在裝設智慧型轉速控制器案例系統中，各發電機的輸出模擬結果如圖 9-13 所示，其中柴油發電廠平均電力輸出約為 92.33MW，約占整體供電量 76%，離岸式風機平均電力輸出約為 22.8MW，約占整體供電量 18.76%，陸域型風場平均電力輸出約為 6.35MW，約占整體供電量 5.24%。從案例模擬結果分析，裝設智慧型轉速控制器使風力發電機做風力最大功率追蹤控制，提高發電轉換效益。

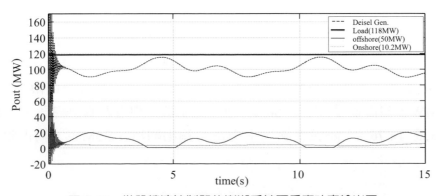

圖 9-13　裝設轉速控制器的澎湖系統夏季實功率輸出圖

🌳 9-4-3　冬季澎湖發電系統併聯離岸風機之模擬

一、原始澎湖發電系統

　　本章應用 Simulink 模組模擬現有澎湖電力系統的電力潮流，負載設定為 47.5MW，陸域隨機風速如圖 9-14 所示，平均風速約為 13m/s 左右。各發電機輸出模擬結果如圖 9-15 所示，陸域型風力發電系統約能供電 9.8MW，風力幾乎可以發電到滿載，約占整體供電量 17.1%，因此，尖山發電廠相較於夏季柴油發電機組的發電成本下降許多，約只有 38.5MW，約占整體供電量 82.9%。

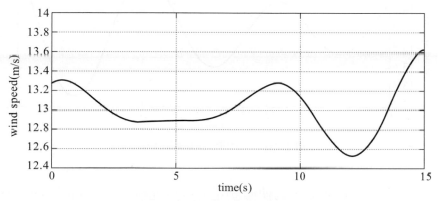

圖 9-14　冬季陸域隨機風速圖

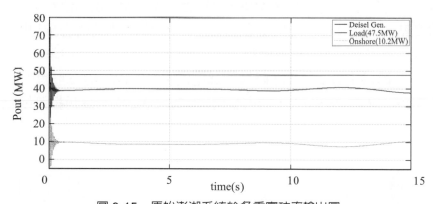

圖 9-15　原始澎湖系統於冬季實功率輸出圖

二、併聯離岸式風場的澎湖發電系統

　　模擬冬季澎湖電力系統併聯 50MW 離岸式風場的電力潮流分析，系統負載設定為 47.5MW，並設定海域風速如圖 9-16 所示，平均風速約為 14m/s。此模擬案例需考量冬季風能強盛，裝設的離岸式風力發電機的實功率將輸出太多，若不使用智慧型旋角控制器穩定風力發電機輸出，將導致實功率充斥系統導致整體電力系統不穩定，因此本模擬案例將智慧型旋角控制器的參考功率設定為冬季負載 47.5MW 扣除即時偵測的陸域發電機實功率輸出，使離岸式風力發電機的供電輸出有一個最大上限值，不至於影響整體系統安危。電力潮流模擬結果如圖 9-17 所示，離岸式風電供電約 35.2MW，約占整體供電量 69.7%，陸域型風電供應 9.8MW，約占整體供電量 19.4%，尖山柴油發電廠供應約 5.5MW，約占整體供電量 10.9%，旋角控制變化如圖 9-18 所示。

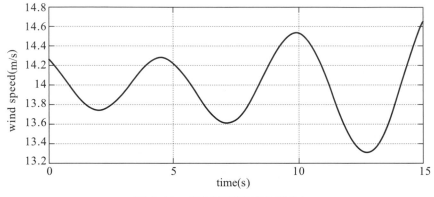

圖 9-16　冬季海域隨機風速圖

　　若考慮風力最大占比規畫，為使澎湖電力系統能夠符合 N-1 原則以確保系統安全，離岸式風力發電系統最大只能設置 13.81MW 的裝置容量，因此本案例將智慧型旋角控制器的參考功率設定為 13.81MW，以維護系統安全，雖然浪費了澎湖地區冬季風能充沛的優點，但隨著日後負載逐漸上升，離岸式風力占比的容量也隨之升高，風能的應用也會逐漸提高。電力潮流模擬結果如圖 9-19 所示，其中離岸式風電供電約 13.8MW，約占整體供電量 27.33%，陸域型風電供應 9.8MW，約占整體供電量 19.4%，尖山柴油發電廠供應約 26.9MW，約占整體供電量 53.27%，旋角控制變化如圖 9-20 所示。

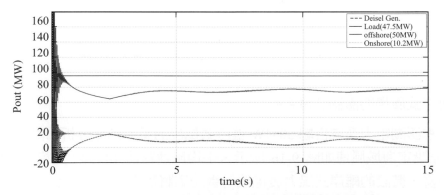

圖 9-17　併聯離岸式風機的澎湖系統冬季實功率輸出圖

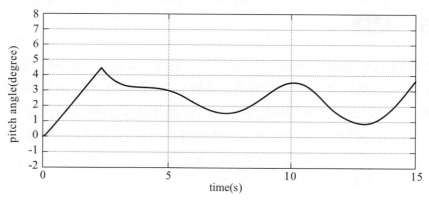

圖 9-18　併聯離岸式風機的旋角控制圖

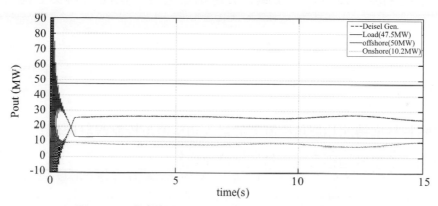

圖 9-19　考慮風力占比的澎湖系統冬季實功率輸出圖

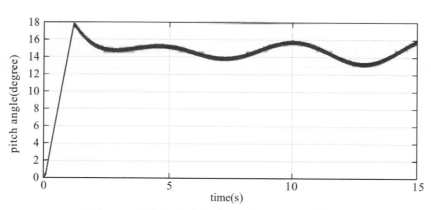

圖 9-20　風力占比案例離岸式風機的旋角變化圖

9-5　結論

　　本章應用 MATLAB 模擬軟體建構澎湖電力系統，並提出 GRNN 轉速控制器，並設計 50MW 離岸式風力發電結合澎湖電力系統，並且針對在 106 年夏季尖峰負載的電力潮流模擬分析。從本章的案例模擬中，50MW 離岸式風力發電設備配合智慧型轉速控制器的最大功率追蹤控制，在夏季尖峰負載時可以有效緩解尖山柴油電廠高供電量的情況，達到降低系統發電成本；在冬季離峰案例，50MW 離岸式風機因風能充沛更能替柴油機組分擔系統供電量，並應用智慧型旋角控制器控制葉片旋角，使風力發電機能穩定輸出不影響系統運轉安全，最後考慮在風力最大占比的限制考量情況下，評估澎湖電力系統潮流模擬分析，使風力發電結合電力系統能達到安全穩定運轉的目的。

▶ 習 題

1. 試說明智慧型轉速和旋角控制器於最大功率追蹤控制設計原理?

2. 試說明模型參考適應系統之轉速感測原理?

10 整合發電系統

10-1 整合離岸式風力與波浪發電系統之微電網

 ### 10-1-1 簡介

　　近年來全球氣候產生極大的變化，也因各種氣體的排放，使得全球暖化而且面臨能源短缺問題，除了尋找替代能源外，節能減碳保護地球已是當前課題。風能具有環保不破壞生態的特色，汙染甚低，且在運轉過程中不排放廢棄物，沒有輻射跟殘渣物，是乾淨自然的能源。風能分布十分廣泛，幾乎隨處可得，不但沒有能源取得成本，也無須運輸，對於偏遠地區的電力供應，有莫大的幫助。而在廣闊的海洋裡，蘊藏的能量非常的多，不管是在海面、海中、海底，都給予了我們很多能源的供給。海浪拍打和洋流流動所貯藏的能量來發電及風力發電已經是再生能源中最經濟、使用最廣泛的技術之一。

本章提出一種轉速控制模組、其控制優化方法及具有轉速控制模組之發電整合智慧電網系統，用以解決習知的再生能源發電系統，發電量不穩定及空間分配的問題。係包含：數個偵測元件，分別位於數個動力單元，各動力單元連接發電機；一學習網路，耦合連接數個偵測元件；及數個控制單元，耦合連接學習網路，控制單元依據該學習網路之計算控制轉子側轉換器及電網側反流器，轉子側轉換器及電網側反流器分別連接發電機之轉子及定子。

10-1-2　風力與波浪發電系統之模型

一、風力渦輪機模型

風力發電主要是藉由風來推動風力機的葉片旋轉，經由渦輪機進而帶動發電機旋轉發電。本章風力發電系統的風力渦輪機與雙饋式感應發電機耦合，將渦輪機獲得的風能(P_w)轉成旋轉的機械能(P_m)，然後再轉換成電磁功率(P_e)並經由轉換器(Converter)和反流器(Inverter)供給於電力系統。本章所提風力渦輪機模型將不考慮轉換器損失，其控制系統可加入齒輪箱，也可適用於直接驅動系統，如圖 10-1 所示。

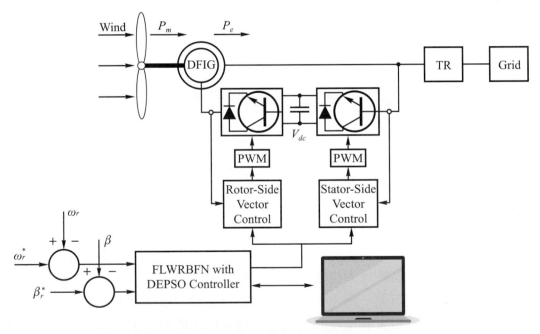

圖 10-1　風力發電系統的控制架構

二、波浪威爾斯渦輪機模型

海岸波浪發電場(Seashore Wave Power Farm, SWPF)是採用威爾斯渦輪機(Wells Turbine)驅動雙饋式感應發電機，其威爾斯渦輪機之葉片為對稱性翼面，運用葉片的力學構造，當沿岸波浪沖擊至威爾斯渦輪機葉片正面壓縮空氣氣流時，大部分氣流會往轉軸的斜面流動，少部分氣流則流向葉片的周圍外沿，但氣流作用在葉片上的合力仍以靠近轉軸的斜面較大，因此葉片藉由海浪的波動壓縮氣流而轉動，在海浪流向改變時，威爾斯渦輪機都能保持同一個方向繼續旋轉，不會受到波浪返馳來回流動方向之影響。威爾斯渦輪機藉由流出和流入的水柱壓縮其交替流空氣柱來推動威爾斯渦輪葉片帶動發電機發電，本章將波浪發電之發電機直接連接至電網如圖 10-2 所示。

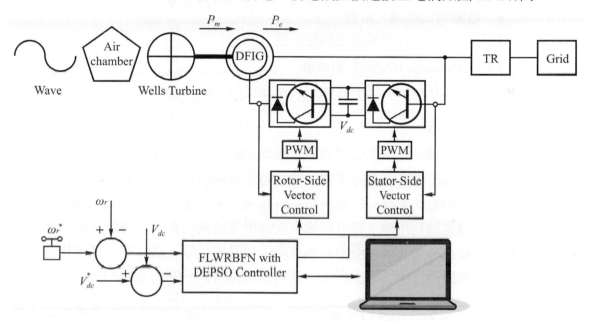

圖 10-2　波浪能發電系統的控制架構

威爾斯渦輪系統能夠從流出和流入水柱的氣流中擷取振盪的氣流能量，其渦輪轉速能夠以每分鐘數百 rpm 高速旋轉，所以它可以直接耦合到發電機的主軸上而不需要變速箱變速。當海面壓力以相當於 2～3 公尺的典型海浪高度穿過威爾斯渦輪，且壓力降正比於氣流時，此時渦輪的轉子運轉效率可達到最高。

從潮汐波動的氣流所獲得的數學模型為：

$$T_m = kC_t \left(V_A^2 + V_B^2 \right) \tag{10-1}$$

$$C_t = C_8 + \frac{C_1\alpha^3 - C_2\alpha^2 + C_3\alpha - C_4}{C_5\alpha^2 + C_6\alpha - C_7} \tag{10-2}$$

$$\alpha = \tan^{-1}\left(\frac{V_A}{V_B} \right) \tag{10-3}$$

其中，T_m：機械轉矩(Nm)

$\quad$ k：威爾斯渦輪機之常數

$\quad$ $C_1 - C_8$：威爾斯渦輪機之轉矩係數

$\quad$ V_A：渦輪機葉片尖端轉速(m/s)

$\quad$ V_B：空氣在振盪水柱中的絕對軸向速度(m/s)

三、雙饋式感應發電機

非同步發電機按轉子結構型式可分為鼠籠型和繞線型，前者轉子是短路的，因此只有一個機械功率輸出埠即所謂的單饋；後者轉子是開啟的，因此具有機械功率和電功率兩個埠。轉子的電功率埠可以通過電源傳送與外電路進行功率交換，即所謂的雙饋。雙饋式感應發電機利用轉子端可以輸入或輸出電能的特性，使得能在低同步範圍操作而且能輸出超出額定功率等優點。本章提供智慧型控制架構能在各種運轉條件下均能維持良好的動態特性，同時提高風力等再生能源併網於電力系統的穩定度。

雙饋式感應發電機採用背對背電壓源脈波寬度調變反流器做為電源轉換器主要控制。雙饋式感應發電機是先將風能／波浪能轉為機械能再經由發電機輸出電能。依轉子速度可分為下述三種運轉狀態：

1. 過同步運轉模式(Oversynchronous Mode)：
   即以高於同步速度之轉速運轉，為高風速下之運轉模式。此時直接連結電網的定子迴路承載大部分之風渦輪機／威爾斯渦輪機電力輸出，其餘之產生的電力則由轉子迴路經過電源轉換器(Converter)接回電網輸出。

2. 同步運轉模式(Synchronous Mode)：
   即以同步速度之轉速運轉。此時直接連結電網的定子迴路承載全部之風渦輪機／威爾斯渦輪機電力輸出。轉子迴路則單純提供激磁。

3. 欠同步運轉模式(Subsynchronous Mode)：

即以低於同步速度之轉速運轉，為低風速下之運轉模式。此時直接連結電網的定子迴路除了承載全部之風渦輪機／威爾斯渦輪機電力輸出至電網外，尚需提供電力回溯至轉子迴路以維持穩定頻率的電力輸出。

如果忽略加速齒輪的轉換損失，則發電機的機械動態方程由下式所示：

運動方程式為：

$$J\frac{d\omega_r}{dt} + B\omega_r = T_m - T_e \tag{10-4}$$

其中，J：轉動慣量

B：黏滯係數

T_e：電磁轉矩

T_m：機械轉矩

而風力／威爾斯渦輪機之輸出功率 P_m 與感應發電機之輸出功率 P_e 關係可表示成：

$$P_m = J\omega_r\frac{d\omega_r}{dt} + B\omega_r^2 + P_e \tag{10-5}$$

本章提出雙饋式感應發電機可在風速和波浪變動下使發電機保持在額定轉速或超同步運轉，且最大輸出可超出額定功率。其特點在於轉子端加入轉子側與電網側變換器，為了確保正常的運行，當風速或轉速產生變化時，需要對變換器設計控制，以輸出所需的轉子激磁電流，維持定子輸出頻率的恆定，但由於系統轉差率的限制約在 0.3～−0.3 之間，所以轉子側可控制的功率最高只有額定功率的 30%。

由於風速和波浪變化不可預測，故將風能和波浪能轉換為電能時必須要有良好頻率之控制；而風速和波浪的變動也對併接之電力系統造成一定衝擊，故在風渦輪機與威爾斯渦輪機出口亦要有良好穩定度之控制器。在兼顧風力和波浪最大輸出能量及系統穩定度下，發展出雙饋式風力發電機。利用兩組變流器，轉子側變流器控制最大風力和波浪輸出，系統側變流器調整電壓穩定度，如圖 10-1 和 10-2 所示。

利用脈波寬度調變技術搭配函數連結徑向基底類神經網路控制器控制背對背變流器，以使雙饋式感應發電機同時具備穩定定子端電壓及輸出最大功率之能力。雙饋式感應發電機轉子側經過背對背兩組變流器連接至定子側。藉由對系統側變流器作控制可達到穩壓目的，當負載變動時不影響發電機供電；藉由對轉子電壓作控制，則可達到最大功率追蹤。

雙饋式感應發電機經控制轉子側電壓大小，在次同步運轉時依然可發電，相較於單饋的鼠籠式發電機僅能超同步運轉，運轉範圍更大，適合運用在風力和波浪發電。而在高風速時，轉子側及定子側均可輸出實功，且在定子發電量未超過發電機額定下，發電機輸出實功總和大於額定容量，此點相較於鼠籠式發電機僅能單端發電，發電能力更大。

🌳 10-1-3　先前技術

近年來全球暖化及能源短缺問題，迫使尋求適當的替代能源成為重要之課題，尤其是取自大自然、源源不絕的再生能源，例如：太陽能、風能、地熱、水力、潮汐、生質能等。由於再生能源的不可預測，如：日照時間、風速變化等，將再生能源轉換為方便利用之電能的發電系統，必須結合具有良好穩定度之控制器，用以維持電能轉換效率同時避免過大能量衝擊發電系統。

習知利用再生能源的發電系統，係可以使用齒輪箱調變發電機轉速，用以穩定感應起電的速率；或者，發電系統將過剩之能源轉換為其它形式儲存，並在動力不足時用以驅動發電機維持運轉，惟能量在轉換及傳遞的過程中容易消耗，導致發電系統的電能轉換效率不佳。

雖然，再生能源可以永續利用，且改用再生能源係可以減少碳排放以延緩全球氣候變遷，惟用以轉換再生能源之發電站可能對環境產生影響及破壞當地生態系統，例如：開發水力而興建大壩導致生物棲息地遭破壞、風力發電需要空間分配而占用大量土地及轉動之扇葉影響飛行動物之動線等不良影響。因此，利用再生能源的發電系統具有高效的電力輸出較佳，且可以整合不同的再生能源最佳。使有限的發電廠空間能夠產生超乎預期的電力。

🌳 10-1-4　整合風力與波浪能發電之控制系統

本章提出一種整合風力發電與波浪能發電的控制方法，匯整單一發電系統的電力而產生比單一發電種類更大的發電量，以提供用戶端足夠的電力供給。本章整合變速型風渦輪機驅動的雙饋式感應發電機所組成之離岸式風場與威爾斯渦輪機用於波浪能架構的雙饋式感應發電系統的控制方法以及結合學習網路與控制優化方法於雙饋式感應發電之轉速控制系統。

　　參照圖 10-3 所示，其係本章轉速控制模組之較佳實施例的網路架構圖，係包含數個偵測元件 1、一學習網路 2 及數個控制單元 3，學習網路 2 分別耦合連接數個偵測元件 1 及數個控制單元 3。數個偵測元件 1 可以是轉速感測器、旋角感測器、直流電壓感測器等，係用於觀測發電機動力來源的運轉狀況，例如：渦輪機轉速、風能、波浪能等，並將觀測結果數據化後傳送至該學習網路 2。

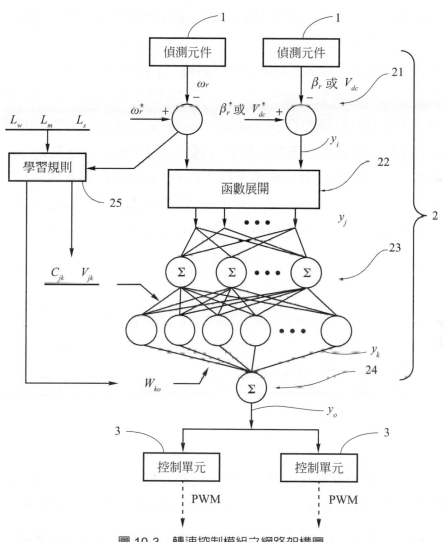

圖 10-3　轉速控制模組之網路架構圖

　　學習網路 2 可以是一種函數連結徑向基底類神經網路(Function-Link based Wilcoxon Radial Basis Function Network, FLWRBFN)，學習網路 2 係包含一輸入層 21、一函數連結層 22、一隱藏層 23 及一輸出層 24，由輸入層 21 接受該數個偵測元件 1 之觀測結果及其參考值，如：發電機轉子轉速及其參考值(ω_r 及 ω_r^*)、直流鏈電壓實際值及其參考值(V_{dc} 及 V_{dc}^*)、葉片旋角實際值及其參考值(β_r 及 β_r^*)等，並產生數個輸入向量 y_i；該數個輸入向量 y_i 進入函數連結層 22，藉由數個正交多項式展開數個輸入向量 y_i，係產生數個展開項 y_j；在隱藏層 23，將數個展開項 y_j 以徑向基函數之平均值 c_{jk} 及標準差 v_{jk} 表示，而產生數個近似值 y_k；在該輸出層 24，數個近似值 y_k 分別乘以對應之連結權值 w_{ko} 並加總產生一輸出向量 y_o；學習網路 2 還可以具有一學習規則 25，學習規則 25 係藉由梯度陡降演算法(gradient descent algorithm)，以數個展開項 y_j、數個近似值 y_k、輸出向量 y_o 及一誤差函數 E 計算，並由三個學習速率 L_w、L_m、L_s 分別調整連結權值 w_{ko}、平均值 c_{jk} 及該標準差 v_{jk}，其中，該誤差函數 E 可以包含數個偵測元件 1 之觀測結果及其參考值，例如：發電機轉子轉速及轉子轉速參考值。

其中，輸入向量 y_i、展開項 y_j、近似值 y_k 及輸出向量 y_o 之關係式如下：

$$y_i = x_1, x_2 \tag{10-6}$$

$$y_j = \begin{bmatrix} 1 & x_1 & \sin(\pi x_1) & \cos(\pi x_1) & x_2 & \sin(\pi x_2) & \cos(\pi x_2) & x_1 x_2 \end{bmatrix} \tag{10-7}$$

$$y_k = \exp[-\sum_{j=1}^{n} \frac{(y_j - c_{jk})^2}{v_{jk}}], k = 1,\ldots,6 \tag{10-8}$$

$$y_o = \sum_{k=1}^{m} w_{ko} y_k \tag{10-9}$$

其中，x_1、x_2 為二不同之該輸入向量 y_i 之值，函數連結層 22 係將二個輸入向量 x_1、x_2 以三角函數展開為八個展開項 y_j；近似值 y_k 係以高斯函數(Gaussian function)型態表示。

　　又誤差函數 E 定義為：$E = \frac{1}{2}(\omega_r^* - \omega_r)^2$，其中，$\omega_r^*$ 為轉子轉速參考值，ω_r 為發電機轉子轉速，另具有一誤差項 δ_o 定義為 $\delta_o = -\dfrac{\partial E}{y_o}$；學習規則 25 藉由下列算式可以計算得一連結權值變化量 Δw_{ko}、一平均值變化量 Δc_{jk} 及一標準差變化量 Δv_{jk}：

$$\Delta w_{ko} = -\frac{\partial E}{\partial w_{ko}} = \left[-\frac{\partial E}{\partial y_o^{(4)}} \frac{\partial y_o}{\partial w_{ko}} \right] = \delta_o y_k \tag{10-10}$$

$$\Delta c_{jk} = -\frac{\partial E}{\partial c_{jk}} = \left[-\frac{\partial E}{\partial y_o} \frac{\partial y_o}{\partial y_k} \frac{\partial y_k}{\partial c_{jk}} \right] = \delta_o w_{ko} y_k \frac{2(y_j - c_{jk})}{v_{jk}} \tag{10-11}$$

$$\Delta v_{jk} = -\frac{\partial E}{\partial v_{jk}} = \left[-\frac{\partial E}{\partial y_o} \frac{\partial y_o}{\partial y_k} \frac{\partial y_k}{\partial v_{jk}} \right] = \delta_o w_{ko} y_k \frac{(y_j - c_{jk})^2}{(v_{jk})^2} \tag{10-12}$$

連結權值 w_{ko}、平均值 c_{jk} 及標準差 v_{jk} 可以表示為：

$$w_{ko}(N+1) = w_{ko}(N) + L_w \Delta w_{ko}(N) \tag{10-13}$$

$$c_{jk}(k+1) = c_{jk}(k) + L_m \Delta c_{jk} \tag{10-14}$$

$$v_{jk}(k+1) = v_{jk}(k) + L_s \Delta v_{jk} \tag{10-15}$$

其中，L_w 為該連結權值 w_{ko} 的學習速率

　　　　L_m 為平均值 c_{jk} 的學習速率

　　　　L_s 為標準差 v_{jk} 的學習速率

　　數個控制單元 3 可以是脈波寬度調變(Pulse Width Modulation, PWM)訊號產生器，各控制單元 3 係可以依據輸出向量 y_o，產生對應的脈波寬度調變訊號，用以控制發電機之運轉。

　　參照圖 10-4 所示，其係本章控制優化方法之較佳實施例的流程圖，方法可以用於求取最佳之學習速率 L_w、L_m、L_s，該方法之步驟可包含：分別操作差分進化演算法(Differential Evolution, DE)及粒子群尋優演算法(Particle Swarm Optimization, PSO)；比較兩演算法 DE、PSO，並選擇較佳適應性之演算法；所選擇之演算法分享演算結果，兩演算法 DE、PSO 藉由疊代(Iteration)來強化適應性，以收斂求取最佳演算結果；再次比較比較兩演算法 DE、PSO，並選擇較佳適應性之演算法；反覆進行疊代及比較之步驟，直到產生明顯優化的演算結果，或者達到一預設的重複次數；最終的最佳適應性數值為優化後的學習速率 L_w、L_m、L_s，係可以用於本章之轉速控制模組，使具有轉速控制模組之發電機可以產生穩定且最大的發電量。

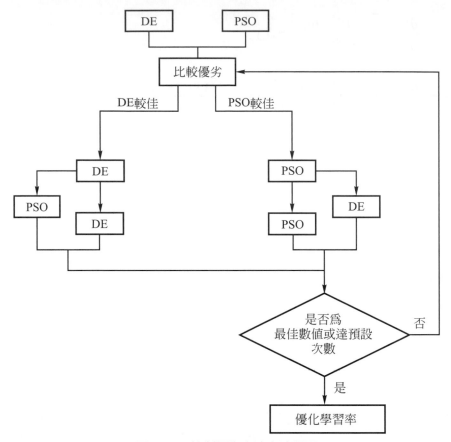

圖 10-4　控制優化方法之流程圖

　　參照圖 10-5 所示，其係本章之發電整合系統之架構圖，係由不同再生能源驅動之數個動力單元 4 分別連接數個發電機 5 之轉子 51，各該轉子 51 電性連接一轉子側變流器 6，各發電機 5 之定子 52 電性連接一電網側反流器 7 及一電網 G，而且，電性連接於同一發電機 5 之轉子側轉換器 6 及電網側反流器 7，係以背對背(Back to Back)結構互相電性連接。如此，數個發電機 5 之發電量由電網 G 收集，轉子側轉換器 6 可以控制轉子 51 的最大功率輸出，電網側反流器 7 可以穩定定子 52 輸出至電網 G 之電壓。

　　另外，上述轉速控制模組係可以搭配運用於同一發電機 5 之轉子側轉換器 6 及電網側反流器 7，數個偵測元件 1 位於動力單元 4，控制單元 3 分別耦合連接該轉子側轉換器 6 及電網側反流器 7，數個偵測元件 1 係可以提供學習網路 2 觀測該動力單元 4 之運轉數據，再由各該控制單元 3 依據學習網路 2 之運算結果，控制轉子側變流器 6 及電網側反流器 7 調整發電機 5 運轉模式。

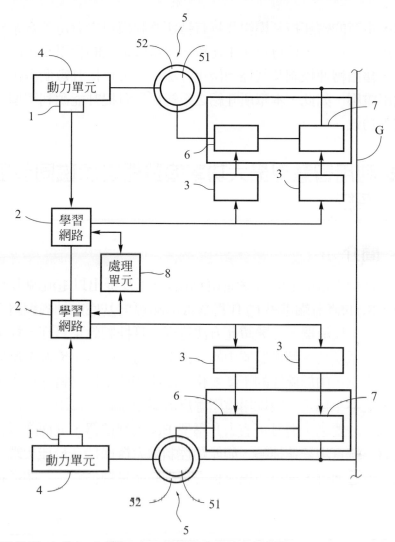

圖 10-5　發電整合系統之架構圖

　　另外，與數個發電機 5 搭配運用之數個學習網路 2 還可以整合於一處理單元 8，處理單元 8 可以是電腦或數位信號處理器，如此，處理單元 8 可以同步監控數個發電機 5 之發電量，當驅動數個動力單元 4 之再生能源不穩定時，由處理單元 8 藉由各個學習網路 2 調整各發電機 5 之運轉模式，使匯整至該電網 G 的電力穩定且最大化。

　　在本章中數個動力單元 4 可以是風渦輪機及波浪威爾斯渦輪機，藉由在海面上建立離岸式發電廠，係可以整合不同的動力單元 4，同時收集海上風力及波浪能量，當外在環境變化導致發電之動力來源不足時，兩種發電模式可以互相彌補，具有穩定電力供應及有效利用空間的功效。

綜上所述，本章的轉速控制模組及具有轉速控制模組之發電整合系統，藉由整合數個不同動力源之發電機，係可以產生比單一發電機更大的發電量，同時有效利用電廠空間，另外，藉由轉速控制及其控制優化方法，係可以提升數個發電機的電力轉換效率及穩定輸出電壓，如此，本章所介紹之系統係具有提升能源利用率、優化空間分配及穩定供電等功效。

10-2 利用智慧型最大功率追蹤器之永磁同步風力發電系統

🌳 10-2-1　簡介

本節運用一種「爬坡法」最大功率追蹤為核心，以及提出以電流源型反流器(current source inverter, CSI)的直流端電壓 V_{dc} 作為 Wilcoxon 徑向基底類神經網路之控制量來調整 PWM 輸出信號至反流器，並驗證此方法可行，且控制效果良好。採用電流源型反流器作為風力發電系統功率轉換裝置中的反流器，乃是應用電流源型反流器於風力發電領域之全新的嘗試，由於風速的不斷變化，風能和發電機的轉速亦不斷的變化，將使發電機的輸出電壓不穩定。與採用電壓源反流器相比較，採用電流源型反流器可以放寬直流迴路電壓的要求，而且可省去升壓型(Boost)轉換器，進而降低系統成本，永磁式同步發電機系統實現變速運轉，如能夠控制風力機保持在最佳尖端速度比 λ_{opt} 和功率係數 $C_{P\max}$ 附近運行，則可使風能獲得較高的能量轉換效率，明顯提高發電量，如圖 10-6 所示。

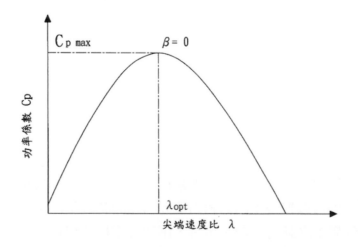

圖 10-6　尖端速度比與功率係數之關係示意圖

🌳 10-2-2　先前技術

　　先前的研究集中在三種類型的最大風力擷取方法，即葉尖速度比(TSR)控制，功率信號迴饋(PSF)控制和爬坡搜尋(HCS)控制。TSR 控制調節風力渦輪機轉子速度以保持最佳 TSR。PSF 控制需要知道風力渦輪機的最大功率曲線，並通過其控制機制追蹤此曲線。在先前開發的風力發電機最大功率追蹤(MPPT)策略中，TSR 方向控制方法受到風速和渦輪速度測量的困難的限制。然後提出了許多 MPPT 策略以通過利用風力渦輪機最大功率曲線來消除速度的測量，但是需要知道渦輪機的特性。提出 HCS 控制以連續地搜尋風力渦輪機的最大輸出功率。相較之下，HCS MPPT 由於其系統特性的簡單性和獨立性而受歡迎。針對永磁同步發電機(Permanent Magnet Synchronous Generator, PMSG)風力發電系統提出了基於 Wilcoxon 徑向基底類神經網路(WRBFN)的 HCS MPPT 策略。所提出的 WRBFN 控制架構能使系統在渦輪機慣性效應最小化的情況下，並且快速達到其平衡。HCS 可以快速和有效於風速的變化和渦輪機慣性的存在下，來達到最大功率追蹤。

🌳 10-2-3　永磁同步風力發電控制系統

一、永磁同步發電機之模型

機械轉矩方程式為：$T_m = \dfrac{P_m}{\omega_r}$

電磁轉矩方程式為：$T_e = \dfrac{P_e}{\omega_e} = \dfrac{2}{P}\dfrac{P_e}{\omega_r}$

而風力渦輪機之輸出功率 P_m 與永磁同步發電機之輸出功率 P_e 關係可表示成：

$$J\frac{d\omega_r}{dt} = T_m - (\frac{P}{2})T_e \tag{10-16}$$

其中，J：轉動慣量

　　　T_e：電磁轉矩

　　　P：極數

二、永磁同步發電系統控制說明

　　圖 10-7 為永磁同步風力發電系統控制方塊圖，其中 PMSG 由風渦輪機驅動以通過單相反流器將從風力擷取的功率饋送到電網。變速度之風力發電系統需要電力電子轉換器和反流器，以將可變頻率和可變電壓 AC 功率從發電機轉換成 DC，然後轉換成恆定頻率恆定電壓功率。在反流器的直流鏈路中，使用二極體來改善功率輸送能

力,以及保證 DC 鏈結電路的電壓轉移到輸出電壓。反流器控制器被設計爲處理兩個方面,即用於功率最大化的 MPPT 控制和用於到反流器的輸出 PWM 的電流控制。直流鏈路電壓 V_{dc} 和電流 I_{dc},並且被取樣以提供輸入到控制器的功率($P_{dc} = V_{dc} \cdot I_{dc}$),並且 V_{dc} 之參考信號 V_{dc}^* 使用 HCS 方法即時更新,以使系統達到其最佳操作點。另一方面,WRBFN 控制器的設計主要是強制 V_{dc} 跟隨 V_{dc}^* 來調整電流控制器的負載電流。

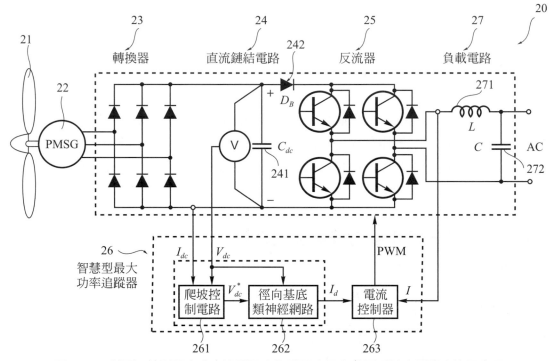

圖 10-7 利用智慧型最大功率追蹤器之永磁同步風力發電系統之電路方塊示意圖

🌿 10-2-4 爬坡控制法則

根據 C_P-λ 特性,風渦輪機械功率 P_m 可以表示爲 V_{dc} 的函數,如果在發電系統中採用 PMSG,則存在最優化的功率輸出 P_m。圖 10-8 表示 P_m-V_{dc} 相應的最大功率曲線,其形成有各種最佳操作點。爲了從風中擷取最大功率,使用 HCS 方法即時搜尋最優化。對於 HCS,如果先前的 V_{dc}^* 增量後並追隨增加 P_m,則搜尋在相同方向上繼續;否則搜尋反方向。P_m 增量近似於 P_{dc},並且在大致等於的動態平衡操作點處執行搜尋,以及渦輪機慣性 J 的影響可以最小化。在動態狀態下,V_{dc}^* 將被保持,WRBFN 將即時調整負載電流,將驅動系統快速達到其平衡點。圖 10-8 表示出了當風速變化時對於最大功率點的搜尋的流程。

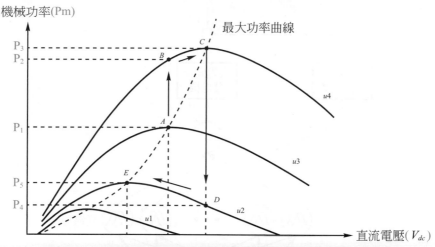

圖 10-8　複數個最大功率曲線及其對應之最佳操作點之示意圖

10-2-5　徑向基底類神經網路架構

　　線性 Wilcoxon 迴歸是相當具有強健性的理論，此乃 Wilcoxon 神經網路設計的動機。徑向基底函數類神網路，或稱為輻射基底函數類神經網路，屬於函數模擬問題的類神經網路。網路架構為一層輸入層、一層隱藏層與一層輸出層，如圖 10-9 所示。輸入層是輸入資料與網路連接的介面層，單一隱藏層則是將輸入資料經過非線性活化函數轉換到隱藏層，也就是將輸入空間進行非線性映射到隱藏空間，換言之，可在不知系統明確數學模式之下，得到輸出輸入之間的關係。輸出層則是扮演將隱藏層的輸出進行線性組合獲得輸出值的特色，該層神經元將輸入值相加成為網路輸出。主要概念是建立許多輻射基底函數，以函數逼近法來找出輸入與輸出之間的映射關係。

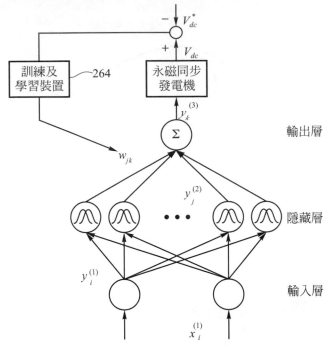

圖 10-9　Wilcoxon 徑向基底類神經網路之階層示意圖

 ## 10-3 結論

　　基於反流器為主的變速度風力發電系統的最大風力擷取演算法的開發，提出了 HCS 方法，用於通過各種渦輪慣性進行最大功率搜尋。在不需要測量風速和風渦輪機轉子速度的情況下，HCS 易於實現。當實際風力激勵系統時，系統能夠使用所產生的功率作為輸入來追蹤最大功率。然而，如果受控設備是高度非線性的或期望軌跡以較高頻率的變化，則 PI 型控制器可能不提供完美的控制性能。WRBFN 的提出的輸出最大化控制可以保持系統穩定性，並且即使在參數不確定的情況下也能達到所需的性能。

▶ 習題

　　1. 試說明風力與波浪發電系統之模型？

　　2. 試描述雙饋式感應發電機之三種運轉狀態？

　　3. 整合風力與波浪能發電之優點為何？

　　4. 試說明永磁同步風力發電系統之爬坡控制法則為何？

11 綠建築之再生能源與儲能系統整合技術

11-1 簡介

　　尖端科技給人類帶來高品質的生活，然而，在人們享受高品質生活的同時，也為地球帶來更嚴重的資源浩劫。為了享受高科技所帶來的便利，但又不使地球的資源枯竭，因此有了使用綠色再生能源的構想。能源的開源節流是相當重要的課題，開源是善用太陽能和風能等綠色能源；節流是有效地利用能源，提高能源的使用效率，避免無謂的浪費。

　　對綠色環境與再生能源的認知已是世界的趨勢，京都議定書於聯合國總部所在之美東時間 2005 年 2 月 16 日正式生效，共有 141 個國家或地區批准加入，對於二氧化碳、甲烷、氧化亞氮、氟化氫、全氟化氮、氟化硫等溫室氣體之排放納入管制。2005年 8 月 30 日甫發生災變的墨西哥灣颶風事件則使油價一度站上美金 70 元／桶，使高油價時代雪上加霜，此前美國哥倫比亞大學教授吉姆羅傑斯就曾預測國際原油價格未來有可能突破每桶 100 美元，節約能源的重要性至此更是無庸置疑。台灣缺乏自產能源，在能源消耗上，住商建築總耗能佔約 25％左右，主要來自台電等傳統電力系統，以空調與照明的消耗為最大宗，其中冷氣空調約佔 40％，照明約佔 30％。而在照明方面，根據研究顯示，我國目前每年用於照明的電力接近 600 億度，其中若能有效地採用半導體照明，每年就可節電 510 億度左右，相當於三峽電站的年發電量，其效果將相當顯著，占全國總用電之 10% 以上。

11-2 綠建築照明系統

白光 LED (Light emitting diode, LED)是革命性的照明技術。大幅影響未來人類生活，其市場規模極為龐大，遍及家用照明、汽車工業、手機、甚至飾品以及大樓設計、綠建材發展等層面。世界上各主要工業國家、大企業與學術界，莫不大力發展相關技術，尤其在燈具的發展方面，美日德等國都已有一定的成果。目前 LED 之研發以低壓 DC 電源為主流，但是在綠建築的發展方面，DC 或電池等僅為次要或備用電源，傳統 AC 仍為主要電源供應。易言之，並非垂手可得的 DC 電源將增加無數 AC/DC 轉換的成本負擔，不符環保原則。本章從不同角度思考，以高壓低耗損的 AC 電源為考量發展液晶照明支援系統，將可支援工業界所研發不同形式的各種燈具。另外，為解決視覺暫留給人眼的不適感與低頻省電之考量，將採 100Hz 為頻率，也就是規格為 AC110V/100Hz LED 照明系統。

近年來氮化鎵相關 LED 漸漸跳脫提示功能進而成為輔助照明設備，在高亮度之要求下，氮化鎵 LED 晶粒在電壓 3.8V 操作下，工作電流由過去的 20mA 增加到 350mA 甚至 1A，雖然由於磊晶、製程與封裝技術不斷進步，晶粒本身可以承受如此高電流驅動，但高電流卻造成控制電路耗損過大，發生因過熱所引起的 LED 的故障。若將 LED 工作電壓操作由 3.8V 升至 38V，其工作電流則可由 20mA、350mA、1A 降至 2mA、35mA、500mA，即可維持相同的操作功率，卻可在電路耗損大大減少，因此低電流高電壓的概念便應運而生。

因此，針對能源節流部分，本章將使用高亮度、節省能源與環保的 LED 固態照明光源，具一種體積小、壽命長、安全低壓、節能、環保等優良特性，這種新概念和新模式將改善並提高人類的生活質量。若 LED 操作在 AC 110V 電源下，更可直接使用現有之市電，其方便性不可言喻。

本章之整體考量以綠建築辦公大樓或住宅大廈為對象，但是也可推廣至區域用電，亦可滿足經濟考量的小型工廠或住宅用電，主要架構為：(一)適用於交流電系統之 LED 照明燈源與其相關週邊驅動電路；(二)一套單級式高功因換流器，其優點不僅具有高功因轉換效率，且具有改善諧波電流失真、電磁干擾之能力；(三)發展整合調度與管理上述設備與綠建築的電源管理系統(Power Management System, PMS)，整體架構如圖 11-1 所示。

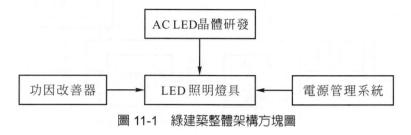

圖 11-1　綠建築整體架構方塊圖

🌿 11-2-1　交流 LED 本體

　　LED 若能操作在 AC 110V 電源下，就不須要外加電路，相對目前使用之燈具，其有體積小與可靠度高等優點，可直接應用於非主要照明用燈或設備控制指示燈等用途。AC LED 基本電路設計如圖 11-2 所示，此外由於 AC 電源本身即齊備高電壓、低電流、低線路損耗的優點，非常適合應用於大樓外牆裝飾燈與取代霓虹燈，相較於目前使用 DC 操作的 LED，以 AC LED 取代後僅是線路耗損便可降低約 50%，且不須考慮電源供應器續接的施工困難與成本增加等問題，均是 AC LED 優於 DC LED 之處，且整體成本的降低與效率的提昇都將增加 LED 於照明應用產業的競爭力，在未來提昇 AC LED 晶粒發光亮度後，競爭液晶電視背光光源時，也將因為易於控制整體耗電量、與不須降壓電路控制，以及可減少 LED 模組體積與成本等優點而具有相當大的優勢。除了 AC LED 之研製外，整個系統架構如圖 11-3 所示。

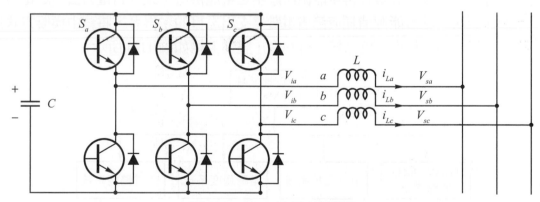

圖 11-2　AC LED 基本電路圖

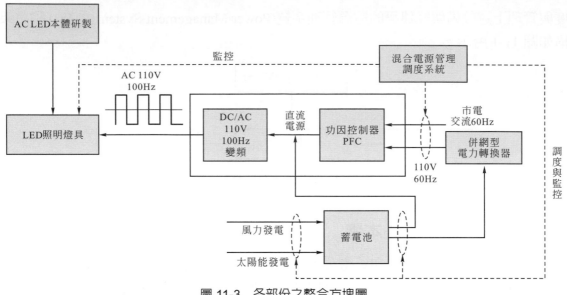

圖 11-3　各部份之整合方塊圖

![windmill] **11-3 電源管理系統**

　　綠建築的電源考量除了照明用電之電源與節約外,並須整合其他可能的再生能源,至少包含如太陽能發電、風力發電、電池與市電,將以可達到最高效率的混合發電系統(Hybrid Generation, HG)為未來目標作假設,以期提高再生能源之利用率,降低對傳統電源之依賴,並在不影響電力品質與可靠度的前提下,結合最佳化調度理論對混合式電源進行調度,儘量以再生能源所產生之電能供電,減少對電力公司之電力需求,進而達到節省發電能源消耗與節省電費之支出之目的。再者,將藉由模擬方式擴充系統,將智慧型監控與調度系統進行整合,整體架構如圖 11-4 所示。

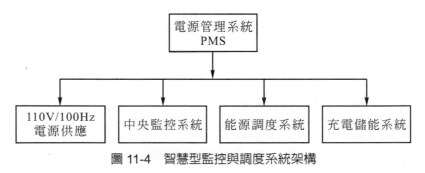

圖 11-4　智慧型監控與調度系統架構

🌳 11-3-1　住宅型混合再生能源發電系統

如圖 11-5 所示，整合的電能來源主要包含太陽能發電、風力發電、燃料電池與市電，太陽能可藉由太陽光電池轉換為電能，風能可藉由小型風力發電機轉換為電能，天然氣可藉由燃料電池轉換為電能，另外為求用電品質與可靠度，將與市電採並聯供電之方式，並在不影響電力品質與可靠度的前提下，結合最佳化調度理論對混合式電源進行調度，儘量以再生能源所產生之電能供電，減少對電力公司之電力需求，進而達到節省發電能源消耗與節省電費之支出之目的。

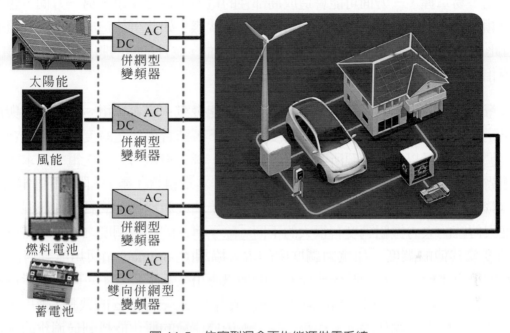

圖 11-5　住宅型混合再生能源供電系統

🌳 11-3-2　電池儲能系統之最佳化充電與監控管理

由於電池儲能系統的充放電涉及複雜的電化學反應，是屬於一種非線性系統，電池內部反應透過離子擴散的化學反應，無法使用確切數學模式表示之，因此充電方法是以實驗統計經驗為基礎，其概念近似於專家的經驗法則，近年來，各式各樣的充電技術都積極地推陳出新，以有效提升充電效率，抑制電池不正常溫升。故本章將規劃應用一專家系統模糊控制理論，回授電池端電壓及電流、溫度，運算下一 PWM 的責任週期，以達到抑制鉛酸電池過度浮充，導致電池溫度上升損害電池壽命，管控充電時溫度上升及電池電壓的情況，以達到保護電池延長電池壽命之功能。

🌳 11-3-3　電力品質監控與管理

　　由於各種再生能源發電系統皆須經由電力轉換器轉換後與市電直接併聯，相關的保護措施必須發展完備。將電力併入電網，可能面臨的一些技術與法規問題必須解決，諸如電力品質、電力系統的穩定性、孤島效應、負載保護、安全規範等等。在一個分散式電源系統，電力品質將成為一個更為重要與棘手的問題，電力品質的問題包括頻率偏移、電壓波動、電源諧波、孤島效應、電源可靠度等等，而其中最重要的即是孤島效應。當市電斷電時，變頻器若持續發電，會變成一個孤立的發電系統，由於負載變化不易掌握，一方面可能會造成局部性的電力不穩定現象，另一方面，也可能由於變頻器持續供電，相連接的電網將處於上電狀態，如此可能造成對維修人員的危險。因此，變頻器必須具備孤島效應的自動偵測功能，並且即時的將變頻器脫離電網，以保護相關連結電子系統與操作人員的安全。

　　本章以綠色建築照明系統為對象，整合太陽能發電、風力發電、燃料電池與市電並聯供電，並在不影響電力品質與可靠度的前提下，結合最佳化調度理論對混合式電源進行調度，儘量以再生能源所產生之電能供電，減少對電力公司之電力需求，進而達到節省發電能源消耗與節省電費之支出之目的。本章整合了風力、陽光、儲電設備、加上負載的變動、市電間、甚至額外的發電機如柴油或微渦輪機的調度，此混合式發電調度與傳統的火力機組調度有很大的不同。除了傳統的燃料調度之外，還需要考慮能量調度或其他的調度，如電力調度中的水火協調(Coordination)與川流式河川調度等，原則上再生能源存在的時候要能充分的加以應用，甚至負載不足時也要能持續利用，方法上則是屏除採取單一 Load-following 或者 Cycle-charging 的缺點，輔以人工智慧的方法綜合兩者優點作調度，讓每一樣設備依據環境的變化能找到最適化的定位。

🌬 11-4　混合式發電併聯系統之建構

　　圖 11-6 所示右方之方塊為本章擬建構之混合發電系統之示意圖，系統由三種之發電裝置：風力、太陽能、燃料電池與市電併聯供電，另建構有儲能設備、交直流電力轉換器及負載所組成。太陽能板輸出為直流，而商品化小型風力機亦常提供直流輸出，其能夠經由儲能設備進行蓄電作用，而後透過直流／交流反流器(Inverter)，供電至 LED 燈具。而儲能設備於尖載時可發揮作用，減少市電之使用量與使用時間。這類型系統之主要目的為盡可能由再生能源提供最大之發電，同時維持系統可接受之電力品質及可靠之電供應。

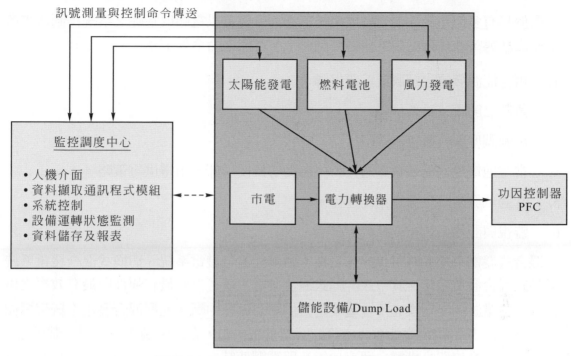

訊號測量與控制命令傳送

圖 11-6　具有監控調功能之混合發電系統架構圖

🌳 11-4-1　智慧型監控與調度

　　當系統由上述三種發電方式及儲能蓄電池組成時，提供更佳之變通性，白天盡量利用太陽光發電，當晚上低負載時，風力機可能仍能運轉或為電池充電。當氣候因素造成無太陽光與無風力時系統為避免可能喪失電力來源，為了維持電力供應可靠性，必須維持燃料電池供電並加入市電為輔助，此時將需額外負擔用電費用，也因此需設計成善用再生能源之供電，並使用電成本最小化。對於含有市電及再生能源之混合發電系統，為了能隨時供應負載功率而不致斷電，最簡單之方式為兩者同步連續運轉，可降低用電量，此刻再生能源亦只佔部分負載所需之發電量，此種運轉方式只需要少量簡單之控制法則。而為了提高經濟運轉效益，當再生能源之佔比增加時，因為負載發電量之隨機變動性，所以其控制法則會較趨複雜，一般高佔比時需有儲能裝置或 Dump Load 控制器來儲存或消耗掉多餘的電力，以使系統供需平衡，維持系統頻率，只有利用適當之控制與調度策略，才能整合系統之運作達成經濟性之運轉。透過混合發電系統設備元件之模型成本與性能分析研究，提出混合式發電調度策略，要能因地制宜，根據日照、風速、溫度等周圍環境的變化而自動調整發電策略以達到最高的能源利用率，以達到節約能源與用電費用最低廉之目的。

　　對於具有多個電源之混合發電系統，通常需要有以電腦為基礎之系統控制器來監控系統之狀態，並採取必要之運轉控制命令，可能之命令如下：

1. 再生能源發電之解聯或重新併聯。

2. 負載之解聯或重新併聯。

3. 電源調度與負載控制策略。

4. 當電池電壓過低或負載過大時，自動切換使用部分市電供電策略。

5. 當過載發生時，停止系統運轉。

6. 監視與記錄系統重要參數。

　　混合式發電系統大略可以分為三種：串聯式混合發電系統、切換式混合發電系統與併聯式混合發電系統。其中以併聯式混合發電系統可得到最有彈性與最有效率之供電特性，各電源間之切換亦不會造成電力供應的短暫中斷。此型混合發電系統架構如圖 11-7 所示，其可由再生能源及市電同時對負載供電，亦或單獨任一者對負載供電，圖中亦顯示該換流器具備雙向潮流功能及與電網連結之能力，透過適當調度控制，系統可達高效率運轉。

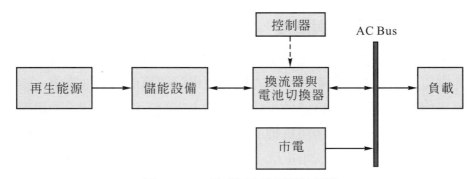

圖 11-7　併聯式混合發電系統架構

　　上述混合發電系統架構以 AC Bus 為共同連結點之混合發電系統設計，此種系統架構具備下列優點：

1. 所有發電源及儲能設備各自獨立併聯連接運轉。

2. 單相及三相系統設計容易，可因應負載成長擴充之需求。

3. 變通性佳，亦即可以任意移除或增加元件。

4. 系統可靠度增加。

5.　模組化設計、擴充容易。

6.　分散式控制設計。

7.　易與電網相連結。

🌳 11-4-2　太陽能儲能系統

　　為達到儲能系統在不同狀態下，充電設備都能即時的調整充電電流的策略，本章應用模糊控制理論於充電控制器的設計，實現自我修正功能之充電器，不僅可抑制電池溫度異常上升的情況下，並可避免電池電壓過度充電及過度放電，以延長電池使用壽命，並可節省成本減少廢棄物，兼具綠色環保之功能。模糊控制理論的特色在於使用語言變數代替數學模型，來描述真實生活中普遍存在的模糊現象，以模糊邏輯來模擬人類行為模式的邏輯思維，普遍應於在無法建立數學模型的控制系統中，以近似推理方法取代煩雜的數值演算來操控系統，例如非常慢、稍慢、剛剛好等。充電設備之模糊控制器由四個核心單位所組成，分別是模糊化、決策邏輯、模糊資料庫以及解模糊化。其中決策邏輯是模糊控制的核心部分，主要藉由專家人員對於受控系統的經驗累積與語言表達的方式建立模糊規則庫。

一、模糊集合

　　模糊集合與明確集合最大的差異在於不是屬於二值邏輯，也不能明確的分辨元素屬於哪一個集合。所謂不明確就是存在著程度上的「是」與「否」，此時以 1 (是)與 0 (否)兩個數值的區間作表示，而不具有二分性，故依此集合論，在評估時所評估值所構成的數即為模糊數。例如當評估值為 10 時，即表示「是 10」的真實程度為 1，反之評估值不為 10 時，即表示就「不是 10」的真實程度就是介於 0 和 1 之間，如圖 11-8 所示。

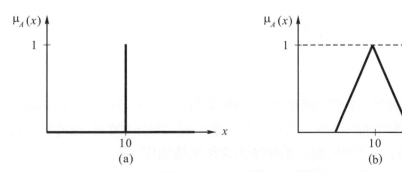

圖 11-8　(a)明確集合之特性函數；(b)模糊集合之特性函數

二、歸屬函數

　　將回授的電池電壓及充電電流等明確的數值加以模糊化，作為模糊推論引擎的輸入值，如圖 11-9 所示為模糊控制器的推論流程圖，圖 11-10 為迴授控制系統基本方塊圖。利用歸屬函數描述模糊集合並進行量化，本章採用三角連續型的歸屬函數，以減少誤差。圖為前、後端部的歸屬函數，前件部為電池電壓及電池溫度，後件部為充電電流，由三角形組成的歸屬函數，每一點的函數值皆在 0 與 1 之間，對應到每一個輸入變數值，其中橫座標為輸入變數值又稱為集合元素；縱座標為元素的大小又稱為歸屬度。

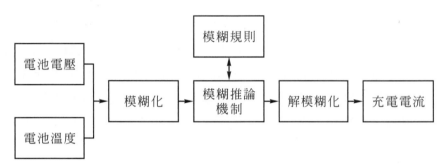

圖 11-9　模糊控制器的推論流程圖

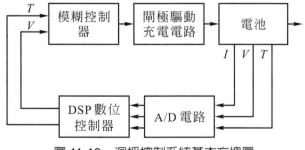

圖 11-10　迴授控制系統基本方塊圖

三、模糊規則庫

　　模糊控制器設計的第 2 步驟則是決定模糊規則的形式，並列出所有相關的規則，參考小型密閉式鉛酸電池的手冊，以及過去文獻中充放電所得的數據資料，及相關專家的建議，依照表 11-1 之規則建立系統所需之模糊規則庫：

表 11-1 模擬推論規則對照表

溫度＼電壓	小	中	大	巨大
小	巨大	巨大	大	中
中	大	大	中	中
大	小	中	中	小
巨大	零	小	小	零

四、模糊推論引擎

模糊控制器設計的第 3 步驟為決定採用何種模糊推論引擎，以本系統而言，選取 DSP 可應用之 Minimum Inference Engine 來當作模糊推論的方法。此模糊推論引擎的運作如圖所示，假設一組輸入值觸發了四條規則，由觸發的高度取其交集，得到被截斷之模糊集合(黃色區域)，被截斷的高度稱為第 i 條規則之適合度，再將得到的四個模糊集合聯集起來可得下圖之模糊集合，其中為輸入的模糊集合(電壓與溫度)，B 為輸出之模糊集合，經解模糊化後可得所需求之充電電流，如圖 11-11 所示。

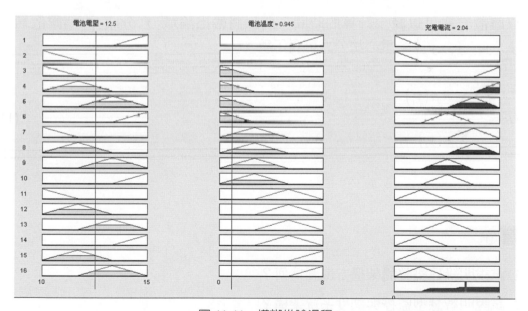

圖 11-11 模糊推論過程

前件部適合度：

$$W_i = Min\left\{\max\left[\min(T_i, V_i)\right]\max\left[\min(T_{i2}, V_{i2})\right]\right\}$$ (11-1)

結論部適合度：

$$B_i = \min(W_i \mu(y))$$ (11-2)

所有規則的統合：

$$B^* = \underset{i=1}{\overset{r}{Max}} B_i \text{，} r \text{為觸動規則數}$$ (11-3)

五、解模糊化

本章使用重心法(Center of Gravity)解模糊化，這種方法是求推論結果面積的重心，以其對應的元素為輸出操作量，其連續值下式所示

$$U^* = \frac{\int \mu(y) \times y\, dy}{\int \mu(y)\, dy}$$ (11-4)

以離散方式可以減少計算的時間，所以將輸出論域 Y 分成 p 個離散值，即 $Y = \left\{y_1 \quad y_2 \quad y_3 ... y_p\right\}$，重心法公式可表示為

$$U^* = \frac{\sum_{j=1}^{p} y_i \times \mu(y_i)}{\sum_{j=1}^{p} \mu(y_i)}$$ (11-5)

▶ 習題

1. 試說明綠建築整體架構方塊圖為何？

2. 試說明智慧型監控與調度系統架構？

3. 具有監控調功能之混合發電系統架構介紹？

4. 並聯式混合發電系統架構之優點為何？

5. 太陽能電池充電方法說明？

12 智慧型電網技術

12-1 簡介

　　98 年全國能源會議決議，於永續發展與能源安全議題上，我國 2020 年之前，每年須節約能源 20%，再生能源發電量達 18%總發電量比率，持續推動電力供應區域化、提升需量反應誘因，以抑制尖峰負載減緩耗能電源開發、持續提升輸配電效率、推動設置智慧型電網及電表、落實能源使用資訊監測、提高能源使用效率與檢討修正時間電價制度等。以先進國家為例，美國於 2003 年開始進行智慧型電網試驗，歐洲於 2005 年成立智慧型電網技術平台，智慧型電網因之問世，並催促傳統產業技術升級及大幅提供相關產業就業機會等，此為傳統電力傳輸模式與運作之一大變革，我國於再生能源推動之際有必要就相關議題進行研究。

　　基於各國智慧型電網推動方案，我國行政院於 97 年所頒布「永續能源政策綱領」，其永續能源發展應兼顧「能源安全」、「經濟發展」與「環境保護」，以滿足未來世代發展的需要。永續能源政策綱領之目的乃為提高能源效率、發展潔淨能源及確保能源供應穩定。在提高能源效率方面，未來 8 年每年提高能源效率 2%以上，使能源密集度於 2015 年較 2005 年下降 20%以上；並藉由技術突破及配套措施，2025 年下降 50%以上。在發展潔淨能源方面，全國二氧化碳排放減量，於 2016 年至 2020 年間回到 2008

年排放量，於 2025 年回到 2000 年排放量，並將發電系統中低碳能源占比由 40%增加至 2025 年的 55%以上。在確保能源供應穩定方面，建立滿足未來 4 年經濟成長 6%及 2015 年每人年均所得達 3 萬美元經濟發展目標的能源安全供應系統。

我國為擴大再生能源應用與節能減碳之目標，予以推動智慧型電網架構，行政院於 101 年核定了「智慧型電網總體規劃方案」。其目標為確保穩定供電、促進節能減碳、提高綠能使用、引領低碳產業，並規劃智慧發電與調度、智慧輸電、智慧配電、智慧用戶、智慧型電網產業發展、智慧型電網環境建構等六大面向，依序分成前期佈建(2011～2015 年)、推廣擴散(2016～2020 年)及廣泛應用(2021～2030 年)三階段進行推動，予以達到建立高品質、高效率和環境友善的智慧化電力網，促進低碳社會及永續發展的實現之願景。

電力的需求日益加深，然而由於發電過程所帶來的環境污染問題，加上土地資源有限，難以取得發電廠址用地，導致近幾年來整體供電系統的備載容量受限。面對電力能源開源不易的不利條件下，唯有尋求節約能源等相關措施，或可在現有電力之供給上維持經濟的成長並保護部分地球的有限資源。配電系統的未來必須包含許多革命性的能力與功能，因此有必要將系統升級，以符合未來用戶與法規的要求。此部分的研究應考量系統的效能與可靠度，長期將可節省運轉成本。這方面的成果將提供改善配電系統電網架構的構想，提供電力公司改革其配電系統的機會，使其轉換成更具彈性的架構，以便獲得先進配電自動化的效益；為提升電力系統運轉效率，有效降低發電成本，國內外電業正積極推動智慧型電網，其中以加州能源區與加州電力公司，針對智慧型電網各種應用功能進行成本效益分析，擬定逐年推動策略，其中配電系統之應用則以配電自動化系統(Distribution Automation System, DAS)與自動讀表架構(Automatic Meter Reading, AMI)則列為優先推動項目，利用先進之控制系統與資訊技術，整合地理圖資系統，達成配電系統規畫、運轉與用戶端自動化。藉由雙向通訊技術與數位電表系統，完成用戶需量反應(Demand Response)，可有效降低尖峰負載量及負載轉移之目標。未來 AMI 涵蓋智慧電表(Smart Meter)及智慧型電網(Smart Grid)的概念，它具有間提供雙向通信能力。

配電系統與用電戶的生活最為息息相關，供電品質的好壞，可靠度的高低等等，均直接反映在用電戶的日常生活中，配電管理系統被當作一個監視配電系統饋線負載及控制部分配電變電所的工具，監視與控制可以擴充到所有的饋線，重複關閉的設備、區域斷路器及開關自動化，使一個配電系統調度員能即時的得知系統的各種事件及其位置，如圖 12-1 所示。

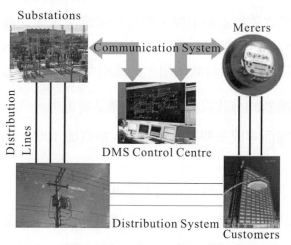

圖 12-1 配電自動化藍圖

12-2 直流微電網應用

　　微電網以及智慧型電網是具有成本效益、帶動相關產業發展的重要因素。對微電網技術規範充份掌握，是未來台灣重電產業跨入全球分散式電力設備市場與產業持續擴張之關鍵。微電網主要由靜態切換開關、微電源、電力設備及自動監控系統所組成，是將一系列的負載與微電源整合成為單一可控制的系統，提供電力與熱能，並可與大電網併聯運轉，由大電網平衡微電網內之電力供需，在大電網故障時亦可獨立運轉。微電網的電力來源通常採用再生能源，如太陽光電、風力發電、燃料電池及水力發電等，而電池、超級電容器(Super Capacitors)及飛輪(Flywheels)一般作為儲能設備。這些型式的電力來源及儲能設備將產生直流電壓或是與市電不同振幅及頻率的交流電壓，因此需要電能轉換器(Power Converter)作為與市電併聯的介面。當微電網與市電併聯時，再生能源將產生實功及虛功；然而，微電網運作於孤島模式(Island Mode)時，電力來源必須能進行電壓及頻率之調節，各種不同的再生能源操作模式亦陸續被提出，再生能源之電力調度也可採「直流微電網」架構，此新穎的電力系統架構可平穩的引進分散式發電(DG)，且有高品質的電力供應，此電力傳輸透過三線式直流分散式配電線路，電壓必須穩定以維持高品質電力供應；結合高可靠度及降低損失的資料中心，可運用在直流微電網上。應用於商業性電力系統的敏感性電子負載，採用低壓直流要優於交流電壓，因此，直流微電網架構除了節省能源及降低損失外，尚可節省傳統前端交直流轉換的成本，且同電壓等級的儲能設備可直接連接至系統上，增加其擴充容量。

　　圖 12-2 為低壓型直流微電網架構，將分散式電源產生之能量匯集到直流匯流排 (DC bus)，並於直流側加入儲能裝置，利用電能轉換器產生直流 100V、單相交流 100V 及三相交流 100V 等電源以供給負載使用。此低壓型直流微電網的特性如下：

(1) 負載側電能轉換器的分散式架構提供一高品質電力。

(2) 不必利用變壓器而達成多型式的電源，包括直流 100V、單相交流 100V 及三相交流 100V。

(3) 當電源與負載供需不平衡時，可切離某些負載，以供給重要負載使用。

(4) 當負載發生暫時性過載時，可藉由其他電力線來支援所需之電能。

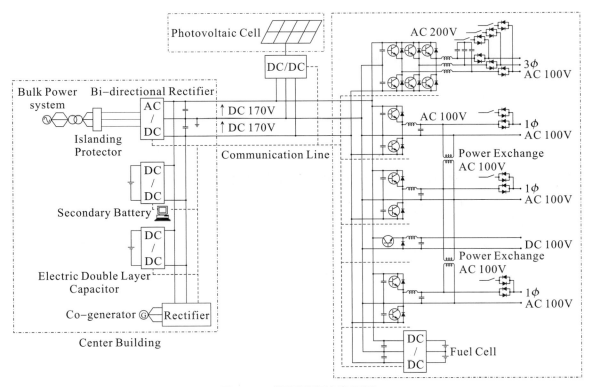

圖 12-2　低壓型直流微電網

註：太陽能電池(Photovoltaic Cell)、燃料電池(Fuel Cell)、雙向整流器(Bi-directional Rectifier)、通訊線 (Communication Line)、孤島保護器(Islanding Protector)、發電機(generator)、中心大樓(Center Building)

　　美國維吉尼亞大學實驗室-電力電子系統中心(Center of Power Electronics Systems, CPES)大致分成電力電子組件、系統、半導體、馬達等研究方向，可應用在未來住宅(Future Home)、再生能源、電能管理……等，其目標在發展整合性電力電子模組(Integrated Power Electronics Modules, IPEM)以改善電能處理系統的成本、可靠度及成果。

　　CPES 的 Future home 概念圖如圖 12-3，分散式電源(如：太陽能、風力)及負載(如：燈具)皆整合電能處理器(Power Processor)，也包含了儲能系統及市電併聯功能，還可對混合動力車(Hybrid Electric Vehicle)作充電。

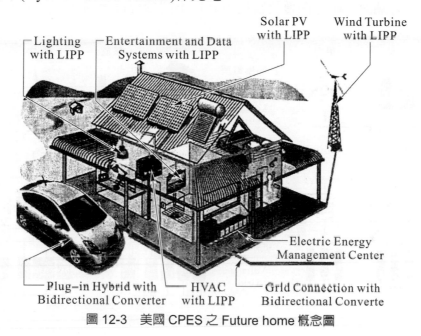

圖 12-3　美國 CPES 之 Future home 概念圖

註：供暖，通風和空調(Heating, Ventilation, and Air Conditioning, HVAC)、太陽能(Solar PV)、風力(Wind Turbine)、照明(Lighting)、雙向轉換器(Bidirectional Converter)、能源管理中心(Electric Energy Management Center)

12-3　分散式電力系統與微電網

　　面對以上挑戰，世界各國之電源供應系統，逐漸由集中式電源朝向分散式電源發展，推廣靠近用戶端且容量小之分散式電源並引進新能源，作為傳統大型集中式供電系統之輔助性及替代性電力。分散式電力泛指 50MW 以下發電設備，例如微型燃氣渦輪機、燃料電池、太陽光電、中小型風機。相較於集中式發電設備，分散式發電的優勢在於易尋覓設置地點、可於短期內快速導入、設備投資靈活度高、易對應峰載之時空間、可作為孤島運轉或緊急發電電源、較高的綜合能源利用效率與較低的故障率、管理容易、可利用低碳能源抑制二氧化碳排放量等,而分散式電源的設置,亦可減少輸變電與配電線路設備的投資。傳統大型電廠的電力潮流係固定從特高壓電網、高壓電網後至低壓系統,因此高壓和低壓電網都屬於被動式網路,如圖 12-4 所示。未來的電網在配電網先進行區域內的電力交換,若有剩餘或不足電力則在區域間進行交換,電力潮流方向不再固定,由特高壓流向高、低壓,因此智慧型電網的分散式控制流程,係由下而上的調度和控制,有別於傳統電力網的集中式控制流程。換言之,加入分散式電源後,電力潮流、饋線保護及監控方式均不同於現行架構。

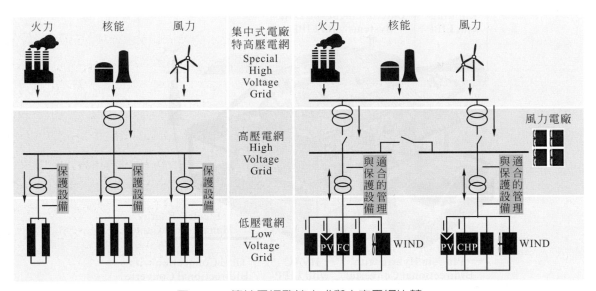

圖 12-4　傳統電網監控方式與未來電網比較

　　微電網的主要概念為:將分散式電源以電力電子與資通訊技術(Information and Communication Technology, ICT)為核心進行系統整合,以取代傳統電源的個別併網方式。微電網應用範圍與分類依其電力等級、系統形式與使用者類型,可分為村莊微電網(Village Micro Grid)、柴油發電微電網(Diesel Mini Grid)及城市(鎮)微電網(Urban Mini Grid)三種。村莊微電網為非併網系統,多用於電力基礎建設落後地區,提供基礎電力改善生活品質。柴油發電微電網亦為非併網系統,利用於島嶼、村落等不易併聯大電網區域,降低柴油發電成本和化石能源利用、提升電力普及率。城市(鎮)微電網則用於已具備電力基礎地區,建立次世代配電系統,使配電網可孤島運轉,以提高電力供應安全與再生能源使用。

12-4 微電網運作技術

　　微電網的概念是將一系列的負載與微電源整合成為單一可控制的系統，向用戶提供電力與熱能。依據 CERTS 所定義之微電網，主要由靜態切換開關與微電源所組成，可與大電網併聯運轉，在大電網故障時亦可獨立運轉。國內目前多投入分散式發電或儲能設備，但是微電網的研究則尚在起步階段。微電網的構成需包含以下特點：

(1)　對等環境

(2)　沒有顯性的通訊系統

(3)　隨插即用

(4)　為規模可變系統

(5)　運用熱與電力結合系統改善效率

(6)　可在孤島運轉及併聯運轉間平穩的轉換

　　在微電網監控方面，有別於以往由配電調度中心監控整個系統並進行控制，微電網控制應該做到微電源自身根據本地資訊(Local Information)，因應電網擾動而自主反應，例如：電壓驟降、故障或停電時，微電源發電機應利用本地資訊自動轉變為獨立運轉模式，迅速根據負載要求而控制發電機出力，在配電模式與發電模式之間平穩的轉換。CERTS 提出微電網監控應當保證：

(1)　新的微電源併入不對現行系統造成影響

(2)　自主的選擇運行點

(3)　平穩的與大電網併網或切離

(4)　對實功、虛功可以根據動態負載的要求進行獨立監控

　　針對微電網的特點目前已研究出：

(1)　隨插即用與對等

(2)　功率管理及控制

(3)　多代理技術(Multi Agent)控制

　　微電網的經濟性是其吸引用戶並得到推廣的關鍵之一，而微電網的經濟效益是多方面的，對用戶而言，經濟效益在於能源高效利用、環保以及安全可靠的客製化電能服務，而最佳化資源配置和提供高效率能源，則是微電網具有經濟效益的主因，如圖12-5所示。

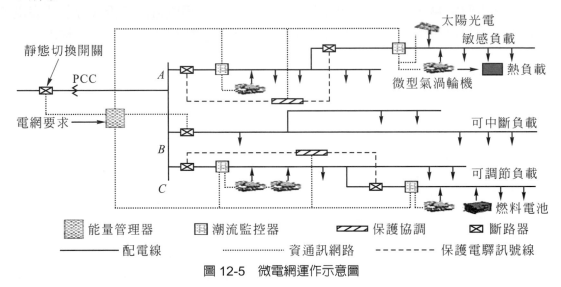

圖 12-5　微電網運作示意圖

　　微電網的監控方式與一般電力公司使用的監控系統(SCADA)有很大的不同。為提高微電網的可靠度，微電網應提供設備隨插即用的功能，亦即負載與搭配的電源(或稱供需模組)能夠整組從微電網移除或併入，甚至兩個不同模組能予以對調而不需調整任何監控參數及保護設定。因此，必須考慮軟硬體的相容性以及設備間的協調性。此外，微電網中的設備必須具有對等的地位，不同於一般電力公司輸配電系統的集中監控方式。在此情況下，既無主控設備，就不存在整個微電網停電的狀況，任何電源、監控、保護等設備，皆可在電網的任選匯流排隨插即用，而不必調整任何參數。

12-5　微電網設計與架構

12-5-1　微電網設計

　　典型微電網之概念為只要有供電端、用電需求及負載端，即為一個微電網系統；而本章所設計為典型微電網的延伸應用：綜合型微電網(Integrated Microgrid, IMG)，由分散式電源(DG)、電池儲能裝置(Battery Storage System, BSS)、能量轉換裝置(Energy Exchange Device, EED)、負載、調度監控及保護裝置彙整而成的微型發、輸、配電系統；綜合型微電網是一個能夠實現自我控制、保護和管理的自治系統，既能與外部電網併網(同為微電網或是市電電網)運轉，也可以孤島運轉，圖 12-6 為一綜合型微電網之概念架構圖，以上所提到之各裝置皆散佈於其中。

　　從微觀角度來看，微電網可以看做是進階版的小型電力系統，它具備完整的發、輸、配電功能，可以實現部分的功率平衡和能量優化，它與單純只有分散式發電系統和負載的典型微電網區別在於綜合型微電網除了有供電端及負載端外，並結合即時監控系統及電池儲能系統使能源更有效的利用，不僅能降低電力成本，更能增進系統之用電穩定性及可靠度。從巨觀來看，綜合型微電網時而需要市電供給電力，時而能作為輔助電源反供市電，可等效為整體電網中的一個電源供給或負載。

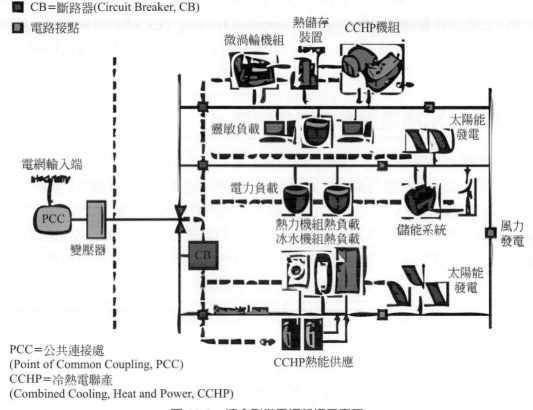

圖 12-6　綜合型微電網架構示意圖

12-5-2　微電網架構

　　為了滿足不同的系統需求，微電網可以有多種結構；典型微電網中一般僅含有一種分散式電源，其功能和設計也相對簡單，僅為了實現區域負載穩定性或保障特定重要負載的供電；綜合型微電網內含有不止一種分散式電源，它可以由多個不同的典型微電網組成，或者由多種性質可協調互補運轉的分散式電源構成。綜合型微電網相對於典型微電網，擁有多種類設備之綜合型微電網的設計和運行則更加複雜；舉例來說，於綜合型微電網路中設置一定數量的可停供之負載，如此在緊急情況下的孤島運轉仍可維持微電網的功需平衡，藉此方式可提升電網之安全性。

微電網的進階形式是公用微電網，在公用微電網中，凡是滿足一定技術條件的分散式電源和微電網都可併入，其根據用戶對用電可靠性的要求進行用電分級，緊急情況下將首先保證高優先權的負載之供電。微電網的分層結構可對緊急情形時各微電網的管理、歸屬有明確劃分。舉例來說，典型微電網可由用戶所有並自行管理；公用微電網則由供電公司運作；而多種類設備的綜合型微電網可於整體調度管理部分由供電公司管理，電網中的各負載需求等由用戶自行確認並提出要求。對屬於用戶端的典型微電網，只需要達到公共連接(Point of Common Coupling, PCC)處的併網要求即能併網運行，供電公司(如：台灣電力公司……)負責監測 PCC 的監測信息並提供相關輔助服務。

12-6 冷熱電聯產應用於微電網

冷熱電聯產(Combined Cooling, Heat and Power, CCHP)為基於能量使用效率的考量之應用；大致上為利用發電或工業製造後的廢熱，直接供給現在眾多的熱能量使用機器利用，相較於較為早期之汽電共生將廢熱再利用於熱發電機發電(汽電共生能提升整體能量使用率至 50～60%)，現在的 CCHP 目的是直接使用熱能，不論是以高壓熱氣、蒸氣、熱水作為媒介傳輸，皆能直接供給以熱力運作之裝置，而不再進行熱電轉換。

以近年來，歐洲國家的家用電熱器與企業所使用的大型中央空調系統為例，前者可直接以熱交換驅動，後者大多為吸收式製冷機，原先可能以燃氣或燃油方式製造熱能以供運作，但以 CCHP 的概念則可直接以廢熱能驅動。由於加入了熱負載概念，於CCHP 系統中亦可加入熱儲存裝置，以增加熱能利用性。圖 12-7 為冷熱電聯產示意圖，其系統包含電力負載、熱力機組熱負載、冰水機組熱負載、冷熱電聯產機組、緩衝儲存槽以及尖峰負載時啟用之尖峰負載鍋爐。

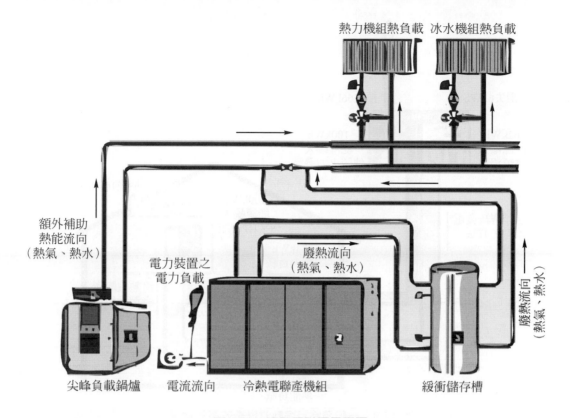

熱力機組熱負載　冰水機組熱負載

額外補助
熱能流向
（熱氣、熱水）

電力裝置之
電力負載

廢熱流向
（熱氣、熱水）

廢熱流向
（熱氣、熱水）

尖峰負載鍋爐　　電流流向　　冷熱電聯產機組　　　緩衝儲存槽

圖 12-7　冷熱電聯產示意圖

　　由國內用電資料顯示，於夏季高溫時空調設備使用之電力將佔超過整體電力系統電量的三分之一，其耗電佔比量甚至逐年攀升；若能將目前大部分使用的電力驅動型壓縮機空調系統，換成熱力驅動的吸收式製冷系統，除了能大大降低電力使用需求，在能量使用效率方面也將因不需進行二次能量轉換的損失，而使效率大幅提升，甚至能突破 80%的能量使用效率，因此，不僅僅可以降低用戶對能源需求的大量金額支出，對於目前能源匱乏、電力傳輸消耗惡劣的電力系統將是極為重要的貢獻。如圖 12-8 所示，傳統發電和冷熱電聯產的能量使用效率來比較，傳統發電由於大量廢熱逸散，導致能量效率低落；反觀冷熱電聯產系統，能有效利用發電時產生之廢熱並再次使用，所以能大幅提升使用的效率，因此在建構綜合型微電網時，加入冷熱電聯產的應用可大幅降低運轉成本，且能達成節能減碳的目的。

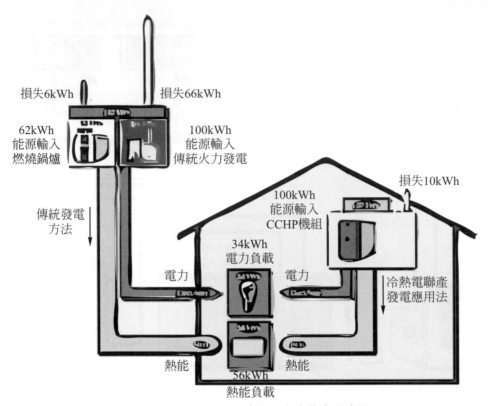

圖 12-8　一般發電及冷熱電聯產效率示意圖

　　在電力負載需求為 34kWh 及熱能負載為 56kWh 時，以傳統發電方式，需先使用 100kWh 的能源輸入以產生 34kWh 的電力(火力機組發電效率約為 34%)，而為了供給熱能負載，需另使用燃燒鍋爐產生熱能供給，需要 62kWh 的能源輸入以產生 56kWh 的熱能輸出(燃燒鍋爐能量轉換效率設為 90%)，總計傳統發電方式需要 162kWh 的能源輸入以供給 34kWh 的電力及 56kWh 的熱能需求；若以冷熱電聯產方式，為了產生 34kWh 的電力，同樣需要 100kWh 的能源輸入，但是在產生電力時所製造的廢熱可直接使用，因此所需的 56kWh 的熱能需求可直接以回收的廢熱供給，總計冷熱電聯產應用在此負載需求下僅需 100kWh 的能源輸入，可大幅提升能源使用效率。

 ## 12-7 智慧型電網介紹

　　為了發展永續能源以及在節能減碳的趨勢下，故政府推動智慧型電網(Smart Grid)為重要策略，行政院於 2010 年 6 月 23 日已正式核定「智慧型電表基礎建設推動方案」，即推動智慧型電網政策之重要里程碑。

　　基於上述，智慧型電網以先進讀表基礎建設(Advanced Metering Infrastructure, AMI)為立基，智慧型電網從發電、輸配電及用戶端整合雙向網路通訊，惟因具資訊化之優勢，因此有助於提高輸電效率、高可靠度與高供電品質之優點，係以提升再生能源滲透率及強化分散式電源(太陽能發電、風力發電)整合。智慧電表具有量測、通訊及控制等功能，除了記錄用戶端用電資訊外，茲由網路通訊傳送至電力公司，即可瞭解用戶端用電之情形，裨以改善電力公司人員抄表問題、監控負載與實現遠端斷電及復電等功能。透過智慧型電網管理系統可監控用戶用電情形，電力調度中心適時調整各發電廠之發電量，致使發電端與用戶端達到供需平衡，藉此降低成本、提升電廠發電效率及用戶用電效率，期許發揮智慧型電網之最大效益，如圖 12-9 所示。

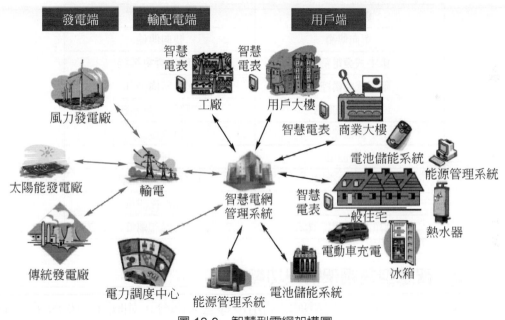

圖 12-9　智慧型電網架構圖

12-7-1　智慧型電網定義

　　智慧型電網在各個國家和地區的定義各不相同，一般是指運用資訊通訊技術來實現包含接入可再生能源的電力網全體供需高效率化和最優化的新一代網路系統。簡單的說，智慧型電網是以雙向數位科技建立的輸電網路。根據電機電子工程師學會(Institute of Electrical and Electronics Engineers, IEEE)的定義：智慧型電網係指利用數位化技術，將輸電與配電網升級，以達到最適化運行，並提高能源市場彈性，以誘發許多智慧型電網相關的新市場。目前智慧型電網仍是一個概念性的想法，由於各國面臨課題與目標不同，故在不同的國家、不同的電力系統，即會有不同的智慧型電網功能需求及定義，並隨著研究與實證而逐步明確。

　　由於智慧型電網之功能，可將過去的電力系統，結合現今的通訊網路架構、新興能源、電力電子技術，並利用測量、分析、管理等軟體應用程式，改善電力品質，使其能夠更加穩定、安全及有效率，並提供客戶更多的附加服務，同時可讓再生能源替代石化能源，故應用資訊通訊技術(ICT)改造現有的能源體系，提供電網能源效率，在低碳經濟時代，建設智慧型電網成為國際發展趨勢。傳統電網與智慧型電網特性比較如表 12-1 所示。

表 12-1　傳統電網與智慧型電網特性比較表

傳統電網	智慧型電網
機電設備	數位設備
單向傳輸	雙向傳輸
集中式發電系統	分散式發電系統
階層式結構控制	網路結構控制
少數的感測器	完整的感測系統
無監控	自我監控
手動回復	半自動回復
較易發生跳電	具有保護與隔離
人工檢視設備	遠端監控設備
有限的電力價格資訊	完整及時的尖峰和離峰價格資訊

12-7-2　智慧型電網架構與功能

　　電力系統可分成發電、輸配電與終端用戶等三大部分，如圖 12-10 所示。輸配電部分是電力系統之高速公路，將電力透過由龐大基礎建設如電桿、纜線、開關、設備與軟體等由發電端送至終端用戶。智慧型電網技術是將數位技術應用電力之輸配電，也就是利用資通訊，電力電子與先進材料等進行電力基礎建設的現代化與最佳化。電網包含輸配電在台灣可分成特高壓電網，高壓電網、低壓電網。全球電網基礎建設市場可分成電力線路(例如：桿、電纜、裝配、感測器)、變電所與控制設施(例如：變電站、變壓器、開關、軟體)、終端設備(例如：連結設備、電表等操作軟硬體)等三個大分類，而在各種類別中均有傳統、智慧型或次世代之設備與產品。在運作方面，傳統電網屬集中式發電，單方向電力潮流，並以歷史經驗來運轉，未來的電網在配電網先進行區域內的電力交換，若有剩餘或不足電力則在區域間進行交換，電力潮流方向不再固定，由特高壓流向高、低壓，因此智慧型電網的分散式控制流程係由下而上的調度和控制，有別於傳統電力網的集中式控制流程。

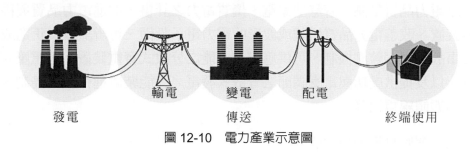

圖 12-10　電力產業示意圖

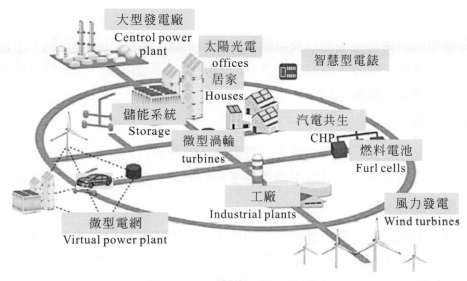

圖 12-11　智慧型電網的示意圖

　　智慧型電網的概念正是可以節能與系統穩定度爲目標，提供解決之道的具體方案。所謂的智慧型電網便是藉由通訊、資訊技術與傳統的電力系統之整合，可將蒐集到的電氣資料轉變爲有用的智能，其示意圖如圖 12-11 所示。根據美國能源局的智慧型電網介紹，有五項關鍵技術推動了智慧型電網的進展，分別爲：

(1)　整合的通訊能力

(2)　感測與量測技術

(3)　先進的元件技術

(4)　先進的控制方法

(5)　改良的介面與決策支援

而達到智慧型電網所需的技術與方法，主要包括具電力品質分析功能之智慧電表、廣域之電力品質量測、智慧型家電、優質電力之計畫、增進電力品質與穩定度的不同儲能裝置、改善電力品質信號或波形的電力電子設備、可辨識並矯正造成電力品質問題之事故的電網監測機制、可供應潔淨電能之分散式發電裝置，對電壓調整器、電容器排、以及提供虛功與電壓調節之分散式發電／儲能裝置進行主動控制、遙控隔離故障、動態饋線重組等。

智慧型電網應具備幾項功能：

1. 自我恢復

    智慧型電網透過感測器以及自動化的控制系統，傳送即時的資訊，用以快速的感測、分析、對發生的問題提供立即的處理，透過這樣的機制避免或減輕電力品質不佳以及斷電等問題。

2. 客戶授權

    智慧型電網在設計時將消費者的設備以及消費者行為納入考量，不像過去電力系統單向的資訊，智慧型電網透過雙向的溝通，將電力做最佳的配置。

3. 對損害的容忍度

    智慧型電網面對實體以及資訊上的損害能夠傷害減到最低並立即恢復，在遭遇人為或自然破壞所造成的電力影響時，能即時隔離受影響的區域，並重新規劃電力配置，使其他區域不致於受到影響。

4. 提供最佳電力品質

    智慧型電網能夠提供持續與高品質的電力供應，以符合今日消費者以及工業上的需求。

5. 整合更多電力選項

    對於各種形式的再生能源以及區域發電所產生的電力能夠安全相容，並透過電力管理系統將納入的電力做最佳的配置，提供消費者更多的電力選擇並減少費用支出。

6. 資產最佳化

    智慧型電網透過資訊科技以及即時監控，將發電系統做最有效的利用，並藉以減少營運以及維護的費用支出。

12-8　先進智慧型電表應用

12-8-1　簡介

　　節能減碳的訴求不斷提高，而提供日常能源的電力供應單位之發電效益、供電可靠度與供電品質也被更加嚴格的加以檢視。由於輸配電網路的基礎建設持續老化而威脅到供電的效益、安全、可靠度、與品質，因此唯有透過改善監控、自動化、資訊管理以及電業單位營運效率的改善，才能達成供電可靠度的明顯改善，並藉以降低電力的無端損耗以達成節約能源的目標。智慧型電網(Smart-Grid)因應上述需求，由底層的需求端自動化能力與分散式發電技術構成；需求端自動化包括可控制家用電器的家庭區域網路與室內能源管理系統，分散式發電技術包括太陽能光電及其他儲能裝置。支撐此底層的技術為智慧型裝置(Intelligent Devices)：包括智慧型電表、智慧型監測、智慧型開關、保護設備、控制設備、用戶端管理設備以及智慧型用電設備(Intelligent Appliances)。上述智慧型設備則需要資料通訊及電網設計與電網架構；透過資料通訊網路將智慧型電表與各種智慧型設備互相連結，以蒐集並提供應用所需資料。透過資料通訊網路所得之資料則進入資料處理及資料分析與智慧型軟體應用層，以構成自動化電網。藉由資料處理分析與軟體應用提供必要的智慧，以支援電業與用戶面對智慧型電網可能發生的各種不同營運項目。智慧型電網的關鍵為資訊及系統整合與互通協定；藉由資訊及不同系統的整合技術協調決策與運轉間的不同意見，以加強整體的運轉效率與系統可靠度。

12-8-2　先進讀表基礎建設

　　先進讀表基礎建設(AMI)是一個可以提供至少以小時(Hourly)為單位的用電量資訊，並且至少以每日(Daily)為單位進行用電量統整的智慧型讀表設備所構成的通訊網路。雖然先進讀表基礎建設的定義將會隨情況持續演進，但是先進讀表基礎建設的系統已經可以確定與自動讀表系統(AMR)有根本上的差異。其中最重要的差異為：先進讀表基礎建設的技術隨著目前電腦網路技術的精進，包含了與每個電表的雙向溝通；並且也需要延伸定義出一些開放性的規範或標準來與日新月異的資訊技術相結合，例如：家庭自動化、整合式的需量反應與負載控制能力，以及企業等級的電表資料管理系統(Meter Data Management System, MDMS)等。

先進讀表基礎建設是未來電力事業發展中重要的基礎建設，但先進讀表基礎建設並非是智慧型電網的同義詞。先進讀表基礎建設僅可以提供智慧型電網所能帶來的整體效益的一小部分。精確地來說，先進讀表基礎建設可以視作建構智慧型電網的先期作業。二十一世紀的電力事業將面對許多新的企業需求，電業的未來展望將可以預見一個複雜多變的前景。一般來說，未來的電業：

(1) 在供輸操作上，保障高品質穩定能源的可靠有效益輸送，碳足跡(carbon footprint)除須符合規範要求外盡可能降到最低。

(2) 在資產管理上，將各項能源相關資材設備做最佳的運用以及管理維護。

(3) 在客戶服務上，有效率的提供核心服務，並提供多樣化的能源服務以供客戶選擇。

先進讀表基礎建設包含智慧型電表(Smart Meter)、通訊系統及電表資料管理與相關應用程式等軟硬體之建置與開發，由國外建置經驗，先進讀表基礎建設可提供諸多優點，例如：量測及蒐集能源使用資訊，並支援緊急尖峰電價計畫之用戶計費；提供用戶瞭解能源使用狀態並進行節能；支援傳送信號進行用戶負載控制，以因應電價改變之自動響應；支援故障偵測、故障圖資及復電等停電管理；進行變壓器及饋線等配電設備資產管理；改善負載預測；用戶用電品質管理；提升線路損失計算精確度；減少區域線路壅塞；降低不平衡率…等。

12-8-3 智慧型電表應用之通訊架構

智慧型電表應用和用戶端之關係密切，在國外家庭之應用可包含電表、水表及瓦斯表之自動讀表及相關之應用，電業透過先進讀表設施主機(Advanced Metering Infrastructure Host, AMIH)為中心，將表計之讀取資料存放在資料庫，由電表資料管理為中心(MDMS)系統作資料的綜合加值應用。用戶資料的收集及負載控制則透過有線、無線或有線無線混合通訊網路為通路由電業控制中心進行資料雙向的存取及控制應用，其 AMI 基本之架構如圖 12-12 所示。

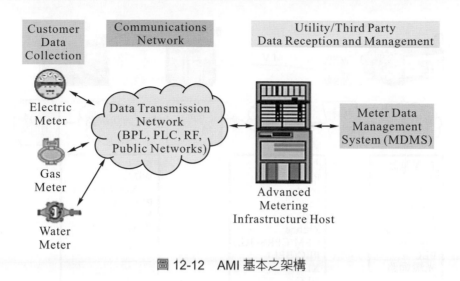

圖 12-12　AMI 基本之架構

註：電表(Electric Meter)、水表(Water Meter)、瓦斯表(Gas Meter)、用戶端資料蒐集(Customer Data Collection)、通訊網路(Communication Network)、資料接收和管理(Data Reception and Management)、先進讀表設施主機(Advanced Metering Infrastructure Host)

　　智慧型電表應用，其主要的基礎建設骨幹為通訊設施，電業和用戶間之通訊設施管道由電業企業資訊服務匯流排為源頭，透過寬頻網路 WAN(Wide Area Network)及區域網路 LAN(Local Area Network)和住家用戶作雙向通訊，亦可透過企業防火牆出口埠透過網際網路和用戶設備作雙向通訊；家中設備之控制通訊協定則由居家區域網路 HAN(Home Area Network)作為智慧型電表和用戶設備之雙向通訊溝通。

12-8-4　低壓用戶智慧型電表之應用

　　低壓用戶之智慧型電表因數量龐大，建置數量大，故費用預算亦多，技術上更需通訊系統作為骨幹，一般在變電所設置控制中心，並在配電電桿裝設資料集中器，中間的通訊可採用專線、WiMax(Worldwide Interoperability for Microwave Access)、GSM/3G、PLC(Power Line Communication)、XDSL 及光纖網路等。資料集中器與 AMI 電表間可採用有線電話、RF、Ethernet、WiFi、Buletooth、Zigbee、PLC 及光纖網路等作為通訊媒介，圖 12-13 為低壓用戶自動讀表通訊媒介架構圖。

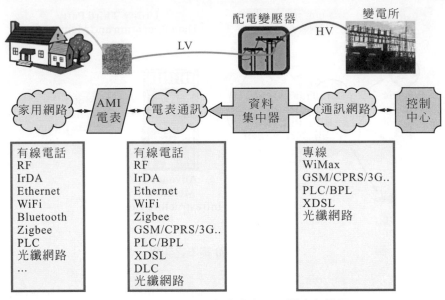

圖 12-13　低壓用戶自動讀表通訊媒介架構圖

　　目前國內低壓用戶之智慧型電表應用，以大同公司發展較為積極，該公司與 Elster 公司合作，亦向台電公司提出低壓用戶之智慧型電表應用之架構如圖 12-14 所示。其低壓用戶之智慧型電表應用主要之構想係利用私有寬頻網路 VPN(Virtual Private Network)、ADSL(Asymmetry Digital Subscriber Line)或 IEEE 802.16 WiMax 等無線通訊與智慧型電表資料收集器藉由 RF、Zigbee、RS485 或 PLC 和家用智慧型電表網路作雙向資料傳輸及負載控制。

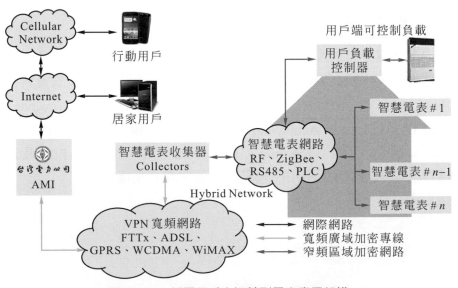

圖 12-14　低壓用戶之智慧型電表應用架構

▶ 習 題

1. 試描述低壓型直流微電網的特性？

2. 試說明微電網構成的特點為何？

3. 微電網的主要概念為何？

4. 試說明建置智慧型電網五項關鍵技術為何？

5. 試描述先進讀表基礎建設之組成？

6. 試說明 AMI 基本之架構？

7. 試描述冷熱電聯產之優點為何？

13 人工智慧太陽能追日系統

13-1 減速機

　　減速機的角色與馬達的發展有著相當大的關係，但一開始只有運轉用的 AC 馬達時，減速機主要的功能是作為改變馬達轉速的變速機使用，另外就是增大轉矩的功能用。但是隨著馬達增加了可調速的功能後，其使用的目的則主要是為了增加馬達的轉矩。並且隨著可進行定位控制、速度控制的步進馬達的普及，減速機除了增加轉矩外，同時對慣性力也可相對提高，另外還有一個用途就是降低步進馬達振動。

　　本章所使用減速機是齒輪式，其原理是蝸桿與蝸輪，如圖 13-1 所示，蝸桿事實上仍為螺旋齒輪，其齒數至少有一齒沿其圓柱迴繞而呈螺旋之形狀，常用於減速機之傳動機構中，能傳達一組不相交而互成直角且有高轉速比之兩軸的動力(兩軸在空間成正交)。

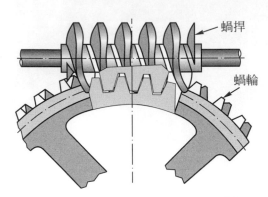

圖 13-1 蝸桿與蝸輪

　　蝸輪與普通正齒輪不同之點，為其輪面呈向內彎曲之弧形，使與蝸桿嚙合時，有更大之接觸表面，此外，蝸桿與蝸輪之速比，與節圓直徑無關，僅與蝸輪之齒數與蝸桿上的螺線數有關：若係單線蝸桿，則每轉一周，僅使蝸輪轉動一齒；若係雙線蝸桿，則可使蝸輪轉動兩齒，其餘依此類推。

　　蝸桿與蝸輪傳動時恆以蝸桿為主動件，蝸輪為從動件，因此為一很好之防止倒轉裝置，此項特有的自鎖特性，為其他齒輪所未有，常用於電梯、吊車、起重機械減速機及汽車轉向機構中。同時蝸桿與蝸輪是靠螺旋作用而轉動，故運轉時平穩安靜；又因為螺紋線數之有限，所以蝸桿與蝸輪之組合可得很大之減速比，約 10：1 至 500：1。其缺點是輪齒之嚙合部分，因摩擦作用而產生極大摩擦損失，故其效率甚低。

　　本章所製作的傳動裝置即是利用蝸桿蝸輪原理而製作的蝸桿蝸輪減速器以及蝸桿蝸輪升降機。

一、蝸桿蝸輪減速器

　　蝸桿蝸輪減速器，如圖 13-2 所示，為工業傳動之樞紐，因為在馬達和機器的中間必須有蝸桿蝸輪減速器來調節速度，它可以減速增扭及改變扭矩旋轉方向，尤其在需要速差很大的調節時，蝸桿蝸輪減速器更可以發揮效用，因為它有很大的減速比：

$$減速比 = \frac{變速箱輸入軸轉速（引擎轉速）}{變速箱輸出軸轉速}$$

另外可以改變扭矩旋轉方向的特性也使得它方便機件組合架設，減小機器體積，缺點則是它的工作效率較低，最高僅約 85%，浪費較多能量，其中：

$$效率 = \frac{出力輪馬力}{入力輪馬力} \times 100\%$$

圖 13-2　蝸桿蝸輪減速機

二、蝸桿蝸輪升降機

蝸桿蝸輪原理簡單，由外觀看去很容易聯想到升降方面的功用，但是其實蝸桿蝸輪寓於升降機的原因不只如此，它有個很大的特色就是可以將力放大，意即減速增扭，所以在升降機上可以只用較小型的電機即可產生很大的力矩運送物品，另外蝸桿上之蝸輪間隔也很方便用來做高度定位，而且很重要的一點就是蝸桿不能反向驅動，所以當緊急狀況發生如停電時，蝸桿會產生自鎖，可作為一安全裝置，常應用於各工業領域之升降機台用。

13-2 步進馬達

馬達在工廠自動化中扮演著十分重要的角色，馬達的種類由結構上與控制方法上可分成直流馬達、交流馬達、伺服馬達以及步進馬達。其中若以動力輸出的觀點而言，直流馬達、交流馬達有較佳的動力輸出；但若以控制精度的方向來看，則伺服馬達及步進馬達應該是較佳的選擇。步進馬達與一般馬達的比較，具有下列的特點：

(1) 可利用數位信號直接以開迴路(Open Loop)方式控制,而不必以複雜的回授方式控制,所以系統簡單。

(2) 其旋轉速度的大小隨輸入脈波的頻率成比例變化,使馬達的加減速控制方便。

(3) 馬達起動容易,對停止、正逆轉、變速的反應良好。

(4) 馬達的旋轉角度與輸入脈波數成比例,角度誤差小,其誤差亦不累積。

(5) 低轉速、高扭力的轉動及無電刷結構,其適用範圍廣,信賴度高。

本章考慮角度精密定位及間歇性的轉動控制,所以選擇步進馬達。故就其種類、構造、特性、激磁方式、控制技巧及驅動電路加以說明。

一、步進馬達種類

步進馬達(Stepping Motor)又稱步級馬達(Step Motor)或脈波馬達(Pulse Motor)。它和一般的交、直流馬達最大的不同就是加上電源後仍不會運轉,而是必須輪流去驅動其激磁線圈才能使其運轉。步進馬達的種類依照結構可分成三種:永久磁鐵 PM 式(Permanent Magnet Type)、可變磁阻 VR 式(Variable reluctance Type)以及複合式(Hybrid Type)。

PM 式步進馬達之結構如圖 13-3(a)所示,PM 式步進馬達的轉子是以永久磁鐵製成,其特性為線圈無激磁時,由於轉子本身具磁性故仍能產生保持轉矩。PM 式步進馬達的步進角依照轉子材質不同而有所改變,例如鋁鎳鈷系(Alnico)磁鐵轉子之步進角較大,為 45°或 90°,而陶鐵系(Ferrite)磁鐵因可多極磁化故步進角較小,為 7.5°及 15°。

圖 13-3(b)為 VR 式步進馬達之結構,VR 式步進馬達的轉子是以高導磁材料加工製成,由於是利用定子線圈產生吸引力使轉子轉動,因此當線圈未激磁時無法保持轉矩,此外,由於轉子可以經由設計提高效率,故 VR 式步進馬達可以提供較大之轉矩,通常運用於需要較大轉矩與精確定位之工具機上,VR 式的步進角一般均為 15°。

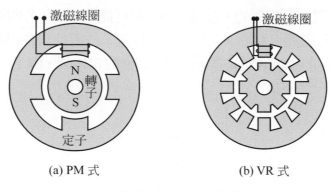

(a) PM 式　　　　　　　　(b) VR 式

圖 13-3　PM 式與 VR 式步進馬達之結構

　　複合式步進馬達在結構上，是在轉子外圍設置許多齒輪狀之突出電極，同時在其軸向亦裝置永久磁鐵，可視為 PM 式與 VR 式之合體，故稱之為複合式步進馬達，複合式步進馬達具備了 PM 式與 VR 式兩者的優點，因此具備高精確度與高轉矩的特性，複合式步進馬達的步進角較小，一般介於 1.8°～3.6°之間，最常運用於 OA 器材如影印機、印表機或攝影器材上。

二、步進馬達動作原理

　　電動機動作原理是當轉子通上電流時由於切割定子所產生的磁力線而生成旋轉扭矩造成電動機轉子的轉動；步進馬達的驅動原理也是如此，不過若以驅動訊號的觀點來看，一般直流馬達與交流馬達所使用的驅動電壓訊號為連續的直流訊號與交流訊號，而步進馬達則是使用不連續的脈波訊號，三種電壓訊號的電壓時間圖如圖 13-4 所示。

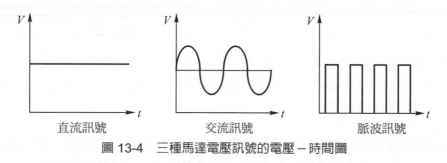

直流訊號　　　　　　　交流訊號　　　　　　　脈波訊號

圖 13-4　三種馬達電壓訊號的電壓－時間圖

　　前面介紹過步進馬達的結構，不論是 PM 式、VR 式或複合式步進馬達，其定子均設計為齒輪狀，這是因為步進馬達是以脈波訊號依照順序使定子激磁。圖 13-5 所示為步進馬達的激磁原理，若脈波激磁訊號依序傳送至 A 相、B 相、A⁺相、B⁺相則轉子向右移動(正轉)，相反的若將順序顛倒則轉子向左移動(反轉)。在實際狀況下，定子 A

相與定子 B 相在位置上是相對的，若同時激磁則可提升轉矩，若四個相都同時激磁則轉子完全靜止處於電磁煞車狀態。此外，更可以電子技術控制各相的脈波電壓值、導通時間，使步進馬達的步進角更細微，做到更精密的定控制，圖 13-6 為步進馬達之控制驅動流程圖。

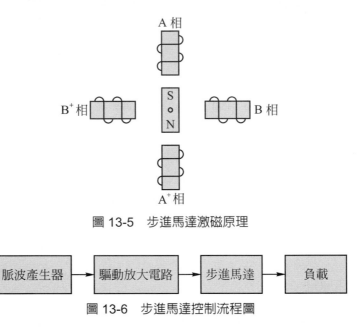

圖 13-5　步進馬達激磁原理

圖 13-6　步進馬達控制流程圖

三、步進馬達運轉特性

圖 13-6 之步進馬達控制流程圖中，步進馬達係由微電腦控制器所控制，當控制訊號自微電腦輸出後，隨即藉由驅動器將訊號放大，達到控制馬達運轉的目的，整個控制流程中並無利用到任何回饋訊號，因此步進馬達的控制模式為典型的開迴路控制 (Open Loop Control)。開迴路控制的優點為控制系統簡潔，無回饋訊號因此不需感測器，成本較低，不過正由於步進馬達的控制為開路控制，因此若馬達發生失步或失速的情況時，無法立即利用感測器將位置誤差傳回以修正補償，要解決類似的問題只能從了解步進馬達運轉特性著手。

所謂失速是指當馬達轉子的旋轉速度無法跟上定子激磁速度時，造成馬達轉子停止轉動。馬達失速的現象各種馬達都有發生的可能，在一般的馬達應用上，發生失速時往往會造成繞組線圈燒毀的後果，不過步進馬達發生失速時只會造成馬達靜止，線圈雖然仍在激磁中，但由於是脈波訊號，因此不會燒毀線圈。

　　失速是指轉子完全跟不上激磁速度而完全靜止，失步的成因則是由於馬達運轉中瞬間提高轉速時，因輸出轉矩與轉速成反比，故轉矩下降無法負荷外界負載，而造成小幅度的滑脫。失步的情況則只有步進馬達會發生，要防止失步可以依照步進馬達的轉速－轉矩曲線圖調配馬達的加速度控制程式。圖 13-7 為步進馬達之特性曲線，圖中橫座標的速度是指每

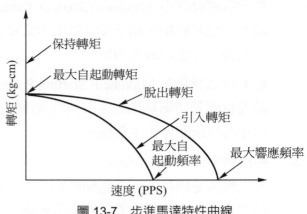

圖 13-7　步進馬達特性曲線

秒的脈波數目(Pulses Per Second)。與一般馬達特性曲線最大的不同點是步進馬達有兩條特性曲線，同時步進馬達可以正常操作的範圍僅限於引入轉矩之間。

　　步進馬達之各個重要動態特性將分別敘述如下：

1.　步進角(Step Angle)和每轉步進數(Steps Per Revolution)
　　輸入一個脈波，步進馬達轉動的角度稱為步進角。步進馬達有全步進(Full Stepping)和半步進(Half Stepping)兩種運轉，半步進運轉的步進角是全步進的一半。本章所使用的步進馬達，全步進運轉的步進角為 1.8°，而半步進運轉時為 0.9°。每轉的步進數為

$$每轉步進數 = \frac{360°}{\theta_S} \tag{13-1}$$

　　其中，θ_S：步進角

　　故本章是設計以半步運轉，所以每轉步數是 400 步。

2.　脈波率(Pulses Per Second)和步進率(Steps Per Second)
　　脈波率是每秒輸入的脈波數，其單位為 PPS；而步進率是每秒的步進數，其單位為 SPS。以全步運轉的脈波率和步進率相同，但半步運轉時步進率為脈波率之一半。

3.　引入轉矩(Pull-in Torque)
　　引入轉矩是指步進馬達能夠與輸入訊號同步起動、停止時的最大力矩，因此在引入轉矩以下的區域中馬達可以隨著輸入訊號做同步起動、停止以及正反轉，而此區域就稱作自起動區(Start-stop Region)。

4. 最大自起動轉矩(Maximum Starting Torque)

   最大自起動轉矩是指當起動脈波率低於 10PPS 時,步進馬達能夠與輸入訊號同步起動、停止的最大力矩。

5. 最大自起動頻率(Maximum Starting Pulse Rate)

   最大自起動頻率是指馬達在無負載(輸出轉矩為零)時最大的輸入脈波率,此時馬達可以瞬間停止、起動。

6. 脫出轉矩(Pull-out Torque)

   脫出轉矩是指步進馬達能夠與輸入訊號同步運轉,但無法瞬間起動、停止時的最大力矩,因此超過脫出轉矩則馬達無法運轉,同時介於脫出轉矩以下與引入轉矩以上的區域則馬達無法瞬間起動、停止,此區域稱作扭轉區域(Slew Region),若欲在扭轉區域中起動、停止則必須先將馬達回復到自起動區,否則會有失步現象的發生。

7. 最大響應頻率(Maximum Slewing Pulse Rate)

   最大響應頻率是指馬達在無負載(輸出轉矩為零)時最大的輸入脈波率,此時馬達無法瞬間停止、起動。

8. 保持轉矩(Holding Torque)

   保持轉矩是指當線圈激磁的情況下,轉子保持不動時,外界負載改變轉子位置時所需施加的最大轉矩。步進馬達轉矩與轉速之關係為指數式反比,也就是當轉速愈大時轉矩愈小,相反的轉速愈小則轉矩愈大,這種現象是因為激磁線圈可以視為電感與電阻的串聯電路,當激磁時線圈的電流與電阻、電感的關係如下式所示:

$$i = \frac{V}{R}(1 - e^{-\frac{t}{\tau}}) \tag{13-2}$$

其中,時間常數 $\tau = \frac{L}{R}$。由式(13-2)可知線圈之激磁電流是隨時間而變,而輸出轉矩則與電流大小成正比,因此當轉速慢時線圈電流有足夠的時間達到最大值,因此輸出轉矩較大;相同的,當轉速提高時激磁訊號變換快速,使得線圈電流減弱造成輸出轉矩下降。

四、步進馬達的激磁方式

　　由於步進馬達所使用的驅動訊號為脈波訊號，因此以普通直流電源加在馬達繞組時，馬達是不會連續轉動的，也就是說控制步進馬達運轉主要決定於激磁方式，二相步進馬達常用的激磁方式有下列三種：

1. 一相激磁：每次只令一個線圈通過電流。
   特點：步進角等於基本步進角，消耗電流小，但轉矩小、振動大，其激磁時序如表 13-1 所示。

表 13-1　一相激磁順序表

STEP	ABA$^+$B$^+$	正轉	反轉
1	1000		
2	0100		
3	0010		
4	0001		
5	1000		
6	0100		
7	0010		
8	0001		

2. 二相激磁：每次只令二個線圈通過電流。
   特點：步進角等於基本步進角，消耗電流大，但轉矩大，其激磁時序如表 13-2 所示。

表 13-2　二相激磁順序表

STEP	ABA$^+$B$^+$	正轉	反轉
1	1100		
2	0110		
3	0011		
4	1001		
5	1100		
6	0110		
7	0011		
8	1001		

3.　一、二相激磁：又稱半步激磁，採用一、二相輪流激磁。

特點：每一步進角等於基本步進角的一半，解析度提高一倍，且運轉平滑，其激磁時序如表 13-3 所示。

表 13-3　一、二相激磁順序表

STEP	ABA⁺B⁺	正轉	反轉
1	1000		
2	1100		
3	0100		
4	0110		
5	0010		
6	0011		
7	0001		
8	1001		

五、步進馬達的驅動電路

以微電腦系統作為脈波訊號產生的平台所產生的脈波訊號為小電壓(0～5V)、小電流(0.5mA)之訊號，根本無法產生足夠的電磁場推動轉子，因此還需要一個能夠將訊號放大的驅動電路，也就是俗稱的功率放大器(Amplifier)。如圖 13-8 所示即為利用四組達靈頓對電晶體(Darlington Configuration)所構成的驅動電路，放大倍率為兩顆電晶體射極電流增益 β 之乘積($I_C = I_E = \beta I_B$)。

此外，在圖 13-8 中之外部電源與微電腦之間並無隔離保護，倘若外部電源突然升高時，極有可能將微電腦界面甚至是 PC 燒毀，因此在一般工業級的驅動器中，多半會利用光耦合器(Optical Coupler)作為隔離保護的設計。

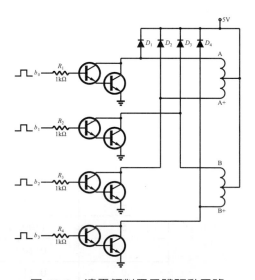

圖 13-8　達靈頓對電晶體驅動電路

13-3　光偵測電路

　　光感測器有各種的種類，其代表為光二極體(Photo Diode)，又此種的發展型有光電晶體、光 IC 等，不論何者皆以光二極體作為其基本。光二極體在光感測器中有極優秀的響應特性，其測光範圍廣，為利用價值高的感測器之一。但如此優秀的光二極體有唯一最大的缺點：輸出電壓非常小，因此，光二極體幾乎無元件單體使用，一般需併用放大手段，故本章考慮光電晶體(Photo Transistor)，其特質為光二極體的輸出特性加上電晶體的放大特性。

　　光電晶體為電晶體的基極連接光二極體，光電晶體的光電流大，如圖 13-9 光電晶體等效電路圖所示。

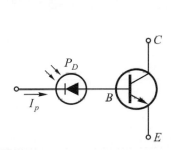

圖 13-9　光電晶體等效電路

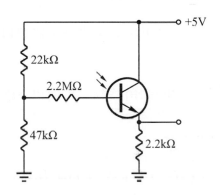

圖 13-10　光偵測電路

　　光電晶體其性質上能取出 h_{fe} 倍的光電流，暗電流亦比例於光電流。也就是暗電流會隨溫度上升，以指數函數特性增加，低照度時也達光電流的幾倍，故使用光電晶體於類比光檢出時需要特定的補償電路。

　　本章設計光感測電路之目的為檢測太陽光照度之強弱，故使用分壓器法的偏壓電路，如圖 13-10 所示，其又稱暗電流補償電路，此為使用附基極光電晶體的溫度補償電路，分壓器方式的偏壓電路，有直流動作的溫度補償效果，直流動作點的熱穩定性良好。又依其基極電流，也包含暗電流的減低作用，因此適合類比光的測光使用。

13-4 太陽能板雙軸角度控制

一、太陽能板仰角控制設計

利用直角三角形畢氏定理，$\tan\Phi = \dfrac{y}{x}$，如圖 13-11 所示。

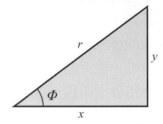

圖 13-11　仰角控制示意圖

利用垂直升降的減速機(5：1)將步進馬達旋轉的方向改變成上下的方向，進而改變了 y 軸的高度，而改變仰角 Φ，因其 y 軸的上升會造成機構之圓周運動，故本章利用一水平滑軌改善此現象，也就是在上升底座的底部加裝一移動滑軌，改變其造成圓周的力量，而使底座穩定上升產生太陽能板所必須的仰角 Φ。

因上升需較大扭力，步進馬達難以克服，故又加裝一 9：1 的齒輪，以解決，扭力不足的問題。

整個機構的仰角控制，可用以下數學式表示

$$\tan\Phi = \frac{H}{30} \tag{13-3}$$

其中，H：上升高度，每上升 0.5 公分則步進馬達需 18000(45×400)的脈波數

　　　Φ：太陽能板仰角

二、太陽能板水平角控制設計

本章太陽能板水平角度控制，則是將太陽能板接上一減速機出力端(30：1)，再直接以步進馬達驅動減速機入力端，因減速機有不可逆的特性，故可精準的控制太陽能板而不至於因其餘外力因素(如：風力，振動)而改變原有精準的角度，如圖 13-12 所示。

本章使一、二相激磁控制步進馬達的角度，故每一步是 0.9°，再加上減速機(30：1)，所以步進馬達每走一步，實際控制太陽能板 0.03°。

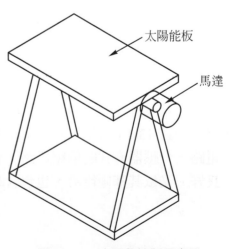

太陽能板

馬達

圖 13-12　水平角控制示意圖

整個機構的水平角控制，可用以下數學式表示

$$\theta = \frac{P \times 0.9}{30}$$

(13-4)

其中，θ：太陽能板水平控制角度

P：輸入步進馬達脈波數

 ## 13-5　系統軟體規劃

本章所提之系統軟體是使用 LABVIEW 圖控軟體及 MATLAB 程式所設計完成，整個程式的流程如圖 13-13 所示。

使用 LABVIEW 撰寫一即時偵測軟體，配合 A/D 轉換儀器將太陽的日照強度及太陽能板輸出電流，透過電腦中之串列埠，傳入 PC 中，再將其兩個變數值，透過 MATLAB 中的 FUZZY 程式運算，判斷是否需要，轉動太陽能板進行追日，如不需要追日，則回 LABVIEW 繼續偵測。若需要轉動追日，則呼叫 MATLAB 中的 Grey 程式，進行太陽軌跡資料庫的關聯，找出目前的太陽所在之仰角及水平角，即 X 與 Y 的角度值，再將其角度值送回 LABVIEW 主程式，計算出驅動步進馬達所需的脈波數，經由 Print Port 之資料線送出，驅動步進馬達的達靈頓驅動電路，轉動步進馬達，再經由傳動機構蝸桿蝸輪減速機轉動太陽能板，追蹤太陽軌跡，使太陽光可直射太陽能電池，增加發電量。

接著以一個實際的數值為例，說明系統軟體的流程，假設系統時間為 5 月 9 日上午 9 點 30 分，光感測電路所測得的日照強度為 3.5V，太陽能板輸出電流為 0.377A。此時以 LABVIEW 所撰寫的偵測軟體會利用 RS-232 串列埠將日照強度 3.5V、輸出電流 0.377A，傳入 PC，並呼叫 MATLAB 中的 FUZZY 程式運算，得出輸出值為 0.586，因大於 0.5 所以代表此時太陽日照強度夠但太陽能板未能對準太陽，所以發電電流較小，因此必須轉動太陽能板，但應轉動至何角度呢？則是由 MATLAB 中的 Grey 程式，對本章建立太陽軌跡資料庫關聯所得，因時間為 5 月 9 日上午 9 點 30 分，故由 Grey 程式可得出，太陽仰角 5.1°，太陽水平角 56.81°，再將這兩個角度值傳回 LABVIEW 程式中，進行步進馬達所需脈波數之計算。

仰角 $5.1°$可由 $\tan 5.1 = \dfrac{H}{30}$，求出 H 等於 2.678 公分，因本章機構設計每上升 0.5 公分需 18000 個脈波，故要上升 2.678 公分需 96120 個脈波。

水平角 $56.81°$(假設太陽能板前一次停留的角度為 $0°$，否則所要轉動的角度為現在水平角與前一次水平角之差)可由 $56.81 = \dfrac{P \times 0.9}{30}$，求出脈波數 P，故要轉動 $56.81°$ 則需 1894 個脈波數。

最後將其所需脈波數，由 PC 之並列埠送出，經由緩衝器驅動達靈頓電路放大電流，推動步進馬達轉動。

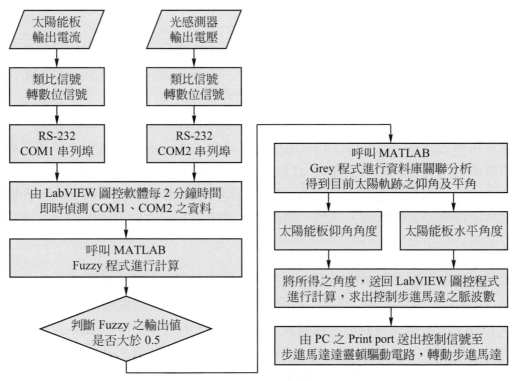

圖 13-13　系統軟體規劃流程圖

13-6 太陽能板不同水平角發電量分析

因為太陽每天會從地球的東邊升起，於西邊降落，當太陽移動時，太陽能電池所接收的日照強度就會不一樣，本章是將一天分成五個時段，改變太陽能板水平角度，分析其發電量，探討水平角改變與發電量關係。太陽能板規格為 42×32 公分單晶矽、

P_{max}：18W、V_{pm}：18V、I_{pm}：1A，接上 12V 蓄電池為負載，量測數據記錄於表 13-4。
圖 13-14 為不同水平角與太陽能板輸出電流關係曲線圖。

表 13-4　水平角發電量分析

4 月 30 日量測不同水平角發電量分析					
水平角度	上午 8：30 太陽能板 輸出電流(A)	上午 10：00 太陽能板 輸出電流(A)	中午 12：00 太陽能板 輸出電流(A)	下午 02：00 太陽能板 輸出電流(A)	下午 03：30 太陽能板 輸出電流(A)
0	0.72	0.59	0.13	0.09	0.10
15	0.82	0.76	0.28	0.10	0.10
30	0.86	0.89	0.53	0.11	0.11
45	0.87	0.99	0.74	0.23	0.11
60	0.83	1.01	0.90	0.45	0.15
75	0.72	0.98	1.01	0.67	0.32
90	0.58	0.88	1.06	0.83	0.53
105	0.39	0.74	1.05	0.97	0.74
120	0.19	0.54	0.96	1.02	0.87
135	0.09	0.32	0.82	1.02	0.94
150	0.09	0.13	0.63	0.95	0.95
165	0.08	0.11	0.40	0.84	0.91
180	0.08	0.10	0.16	0.67	0.81

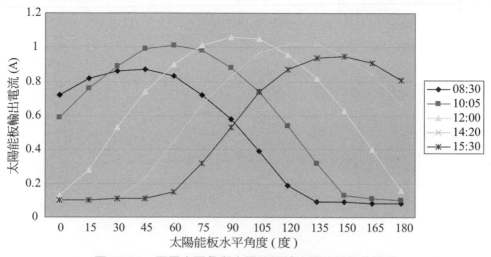

圖 13-14　不同水平角與太陽能板輸出電流關係曲線圖

13-7 人工智慧追日系統發電量分析

一、人工智慧單軸追日發電量分析

　　為了使在相同太陽光下進行發電量的比較分析，同時架設兩套太陽能系統，一組為固定角度，另一組為本章所提出之人工智慧單軸追日系統，經過八個小時的日照測試，其固定角度太陽能系統輸出之平均電流為 0.93A，因固定角度太陽能系統之能板規格較大，由校正實驗中得出其相差 1.7 倍，故將其除 1.7 則為 0.55A，人工智慧單軸追日系統輸出之平均電流為 0.78A，兩者相差了 0.23A，因其最大輸出電流為 1A，故可得知人工智慧單軸追日系統增加了 23% 發電量，增加的功率為 $2.76W(12V \times 0.78A - 12V \times 0.55A)$，增加總能量為 22.08 瓦－小時(Wh)，資料記錄於表 13-5。圖 13-15 為 2008 年 4 月 10 日量測固定角度太陽能系統輸出電流曲線圖，圖 13-16 為 2008 年 4 月 10 日人工智慧單軸追日太陽能系統輸出電流曲線圖。

表 13-5　人工智慧單軸追日系統發電量分析

2008 年 4 月 10 日	固定角度太陽能板 仰角：23.5°	單軸追日系統太陽能板 仰角：23.5°
平均日照	8 小時	8 小時
平均發電電流(A)	校正前 0.93A 校正後 0.55A	0.78A
發電電壓(V)	12V	12V
發電功率(W)	6.6W	9.36W
發電電能(Wh)	52.8Wh	74.88Wh

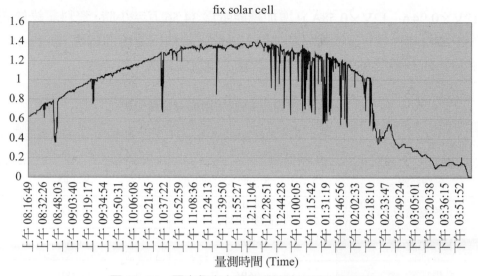

圖 13-15　固定角度太陽能系統輸出電流曲線圖

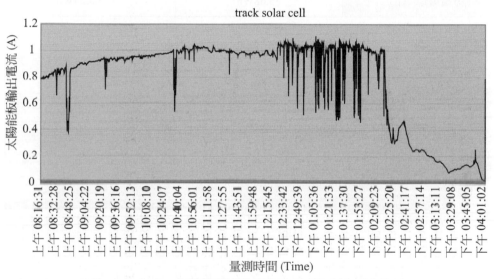

圖 13-16　人工智慧單軸追日太陽能系統輸出電流曲線圖

二、人工智慧雙軸追日系統發電量分析

　　為了使在相同太陽光下進行發電量的比較分析，同時架設兩套太陽能系統，一組為固定角度(仰角 23.5°)，另一組為本章所提出之人工智慧雙軸追日系統(5 月 9 日仰角 5.1°)，經過八個小時的日照測試，其固定角度太陽能系統輸出之平均電流為 0.99A，因固定角度太陽能系統之能板規格較大，由校正實驗中得出其相差 1.7 倍，故將其除 1.7 則為 0.58A，人工智慧雙軸追日系統輸出之平均電流為 0.94A，兩者相差了 0.36A，故可得知人工智慧雙軸追日系統增加了 36% 發電量，增加的功率為

4.32W(12V×0.94A–12V×0.58A)，增加總能量為 34.56 瓦－小時，資料記錄於表 13-6。
圖 13-17 為 2008 年 5 月 9 日量測固定角度太陽能系統輸出電流曲線圖，圖 13-18 為 2008
年 5 月 9 日人工智慧雙軸追日太陽能系統輸出電流曲線圖。

表 13-6　人工智慧雙軸追日系統發電量分析

2008 年 5 月 9 日	固定角度太陽能板 仰角：23.5°	雙軸追日系統太陽能板 仰角：5.1°
平均日照	8 小時	8 小時
平均發電電流(A)	校正前 0.99A 校正後 0.58A	0.94A
發電電壓(V)	12V	12V
發電功率(W)	6.96W	11.28W
發電電能(Wh)	55.68Wh	90.24Wh

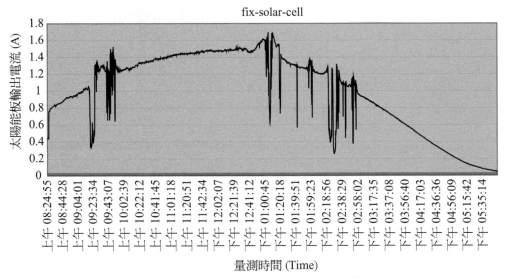

圖 13-17　固定角度太陽能系統輸出電流曲線圖

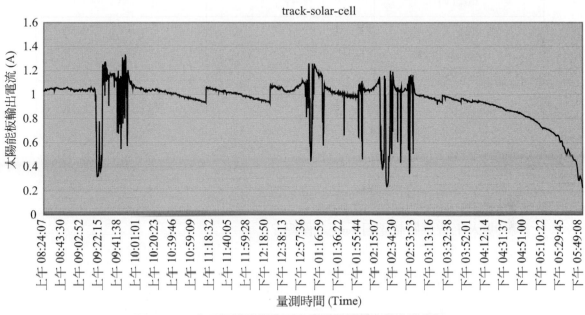

track-solar-cell

圖 13-18　人工智慧雙軸追日太陽能系統輸出電流曲線圖

13-8　步進馬達耗能分析

　　本系統使用的步進馬達規格為 4V、1.1A，固其消耗功率為 4.4W，因設計上使用了蝸桿蝸輪減速機，故步進馬達不需要保持轉矩的耗能，在此方面即節省了相當大的電能，約 35.2 瓦－小時。

　　而其轉動太陽能板追日角度由 0° 至 180°，所耗時間為 30 秒，來回一次為 1 分鐘，故其每天追日之傳動的步進馬達一天總耗能量為 0.073 瓦－小時。

　　控制追日系統仰角之步進馬達由 0° 至 46°，所耗時間為 1 小時 35 分 31 秒，故其一年 365 天傳動的步進馬達需來回一次，所以其總耗能量為 14.08 瓦　小時，平均一天耗能量為 0.038 瓦－小時。以上步進馬達耗能分析，如表 13-7 所示。

　　使用模糊邏輯控制，以 2 分鐘偵測一次日照及太陽能板電流，一天八小時的測試中，步進馬達啟動 33 次，若以定時追日，相同的 2 分鐘，則必須啟動 240 次，故使用模糊邏輯控制可有效降低馬達啟動次數。

表 13-7　人工智慧追日系統馬達耗能分析

馬達規格	仰角步進馬達	水平角步進馬達
電壓(V)	4V	4V
電流(A)	1.1A	1.1A
一天轉動來回時間 追日與返回	0.52 分鐘	1 分鐘
消耗電能(Wh)	0.038Wh	0.073Wh

▶ 習 題

1. 試描述人工智慧追日系統之組成單元為何？

2. 試說明人工智慧雙軸追日系統之優點？

14 太陽能儲能充電系統

14-1 簡介

石化能源有限環境下，電力需求與日俱增，開發低污染的新能源是當務之急，太陽能由於具有不污染環境、生態的特性，應用太陽能作為替代能源已愈來愈受重視。本章提出應用模糊控制理論於太陽能儲能系統之研製，此一系統係由太陽能電池、充電器、蓄電池組、降壓型轉換器及數位信號處理器所組成。充電器製作是以降壓式電力轉換電路架構為主，控制蓄電池週期性脈衝充電電流，並結合模糊控制理論於充電策略，以提升充電效率，抑制電池不正常溫升，延長蓄電池壽命，減少二次電池廢棄物。

14-2 系統架構介紹

本章以數位微處理機為基礎，設計一智慧型太陽能儲能系統，架構如圖 14-1 所示，系統電源為太陽能電池，透過降壓型電力電子轉換器，實現脈衝電流對鉛酸電池充電，其中周邊架構包括電流偵測電路、電壓偵測電路、溫度偵測電路、功率開關驅動電路，由數位訊號處理器(Digital Signal Processor, DSP)為控制核心，偵測電路訊號，監視電池端之情形，控制充電電流大小，最後本章亦應用一專家系統模糊控制理論，迴授電池端電壓及電流、溫度,運算下一 PWM 的責任週期,以達到抑制鉛酸電池過度浮充,導致電池溫度上升損害電池壽命,管控充電時溫度上升及電池電壓的情況,以達到保護電池延長電池壽命之功能。

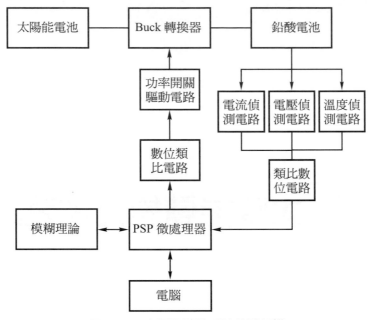

圖 14-1　太陽能儲能系統整體架構

14-3 降壓型轉換器架構

　　電源轉換器主要功能是透過能量轉移來達到電壓隔離與電壓調節的功能,因此在電源轉換器當中,將會牽涉到複雜的能量傳送與能量儲存的問題。圖 14-2 為一降壓型轉換器基本架構,V_I 為輸入端、V_O 為輸出端,在每一個交換週期內有兩個操作狀態:

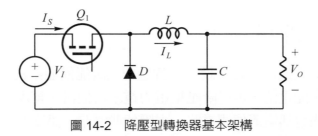

圖 14-2　降壓型轉換器基本架構

1.　當功率開關 Q_1 在導通期間，此時流經電感器之電流會從初始值增加至最高值，使得在 Q_1 截止期間提供至負載之能量得以補充。所以在導通時由圖 14-3 可得知電感上兩端的電壓為

$$V_L(t) = V_{L(ON)} = V_I - V_O$$

而流經電感器之電流則為($0 \le t \le DT_S$)

$$
\begin{aligned}
i_L(t) &= i_L(0) + \frac{1}{L}\int_0^t V_L(t)dt \\
&= i_L(0) + \frac{1}{L}\int_0^t V_{L(ON)}dt \\
&= i_L(0) + \frac{1}{L}V_{L(ON)}t \\
&= i_L(0) + \frac{1}{L}(V_I - V_O)t
\end{aligned}
\tag{14-1}
$$

在 $t = t_{ON} = DT_S$，由上式可得式(14-2)

$$i_L(DT_S) = i_L(0) + \frac{1}{L}(V_I - V_O)DT_S \tag{14-2}$$

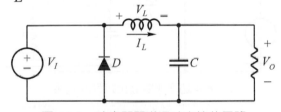

圖 14-3　功率開關導通時之等效電路

2.　當功率開關 Q_1 在截止期間，此時電感上的電壓極性反轉，二極體導通，電感上之能量則提供至負載端，而其電流則慢慢衰減至初始值，由圖 14-4 截止等效電路可得知，電感上之電壓為

$$V_L(t) = -V_{L(OFF)} = -V_O$$

此時流經過電感器之電流則為$\left(DT_S \le t \le T_S\right)$

$$i_L(t) = i_L(DT_S) + \frac{1}{L}\int_{DT_S}^{t} V_L(t)dt$$

$$= i_L(DT_S) + \frac{1}{L}\int_{DT_S}^{t} (-V_{L(\text{OFF})})dt$$

$$= i_L(DT_S) + \frac{1}{L}(-V_{L(\text{OFF})})(t - DT_S)$$

$$= i_L(DT_S) + \frac{1}{L}(-V_O)(t - DT_S) \tag{14-3}$$

所以在 $t = T_S$ 時，代入式(14-3)可得式(14-4)

$$i_L(T_S) = i_L(-V_O)(1-D)T_S \tag{14-4}$$

事實上在導通與截止期間，電感器達到伏特-秒之平衡，所以可得出輸入與輸出之間的關係爲式(14-5)

$$\frac{V_O}{V_I} = D = \frac{t_{\text{ON}}}{T_S} \tag{14-5}$$

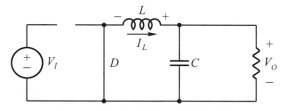

圖 14-4 功率開關截止時等效電路

　　所謂的連續導通模式(C.C.M)，就是輸出端的能量，在下一次輸入端導通時，還有能量儲存在變壓器內部，造成輸出電流沒有降爲零，而形成能量不完全轉移的模式。若是不連續導通模式(D.C.M)，則是在下一次輸入端導通前，輸出端的電流便會降爲零時，我們的電源轉換器就是操作在完全能量轉移的模式。一般來說，當輸出連接負載爲重載時，電源轉換器就需要操作在連續導通模式(C.C.M)之下，以提供較大的電流輸出。

14-4　連續導通模式(C.C.M)之穩態分析

　　開關每一週期有不同的狀態，即為導通與不導通兩個模式，而連續導通模式(C.C.M)是指當開關 OFF 時，流經電感器的電流連續不為零，至於在 D.C.M 與 C.C.M 之邊界情況，則其電感器平均電流可以表示為：

$$I_{LB} = I_{OB} = \frac{1}{2}\Delta I \tag{14-6}$$

由於

$$\Delta I = \frac{(V_I - V_O)}{L}t_{ON} = \frac{V_O}{L}t_{OFF} \tag{14-7}$$

將式(14-7)代入式(14-6)可得到

$$I_{LB} = I_{OB} = \frac{V_O}{2L}t_{OFF} = \frac{V_O}{2L}(1-D)T_S$$
$$= \frac{V_I D}{2L}(1-D)T_S \tag{14-8}$$

若要維持在 C.C.M 情況下操作，使得電感器之電流不會降為零，則條件就是

$$I_O > I_{LB} = I_{OB} = \frac{V_I D}{2L}(1-D)T_S \tag{14-9}$$

或是其電感量必須大於臨界電感值 L_B

$$L > L_B = \frac{V_O}{2I_{OB}}(1-D)T_S \tag{14-10}$$

假設電壓漣波為

$$\Delta V = \frac{\Delta I_L T_S}{8C} \tag{14-11}$$

將式(14-11)代入式(14-7)可得

$$\Delta V_O = \frac{T_S^2 V_O}{8CL}(1-D) \tag{14-12}$$

也就是說

$$C \geq \frac{T_S^2 V_O}{8L\Delta V_O}(1-D) \tag{14-13}$$

 ## 14-5 電流型迴授控制模式

本章所採取的電流型迴授控制，經由數位信號處理器運算，修正出新的責任週期，連續的更新 PWM 值，穩定電流值輸出，本章所輸出的 PWM 模式，跟過去文獻資料裡以類比的 Buck 充電的模式不盡相同，以往製作脈衝充電電流皆是以一電流源為輸入，利用類比開關切換達到功能，採用數位訊號處理器全數位電流迴授控制，即時迴授電流值做修正，以達到相同脈衝充電的功能，如圖 14-5 所示。本章提出以電感電流直接對鉛酸電池充電，利用電感器儲存、釋放能量的功能，以連續導通模式釋放能量給電池，達成脈衝充電電流，避免電感飽和所以必需挑選較大電感值，並由 DSP 設計責任週期中計數 PWM 訊號，如圖 14-6 所示，迴授時取峰值點以達到設定值，加快迴授的響應速度，快速達到平穩電流的功能。

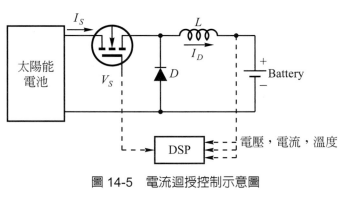

圖 14-5　電流迴授控制示意圖

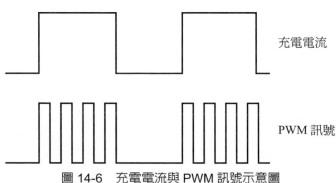

圖 14-6　充電電流與 PWM 訊號示意圖

14-6 定電流充電法

　　使用定電流對蓄電池充電為一最簡單之充電方式，通常使用在多組電池串聯時，使每個電池之充電電流相等，此方法的充電曲線圖如圖 14-7 所示，需考慮過度充電的結果可能會降低電池壽命，此充電模式因充電電流過低，將會導致很長的充電時間，此外因為充電週期沒有休息的時間，所以效率普遍不高。

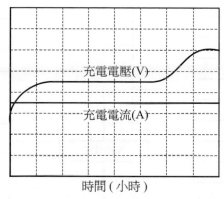

圖 14-7　定電流充電法之電池充電曲線

　　本章實驗以太陽能板為系統電源，以 DSP 為核心控制，搭配周邊硬體電路，鉛酸電池規格 CSB 牌 4AH，DSK 實習板內部時脈為 20M，執行一個指令為 50ns，搭配計數器計數，設定週期中斷，以連續上下數模式，輸出模式為比較輸出，故其輸出週期為 100ms，設定穩流 2.5A 充電，充電初始電壓為 10.8 伏特，充電截止電壓為 14.2 伏特，以驗證本電路之可行性，定電流充電軟體規劃流程圖如圖 14-8 所示。充電時間－電池電壓曲線圖如圖 14-9 所示，充電時間－電池溫度的曲線圖如圖 14-10 所示，時間的單位為秒，充電時間為 0.78 小時，平均電流為 2.5A，充入約 1.95AH。

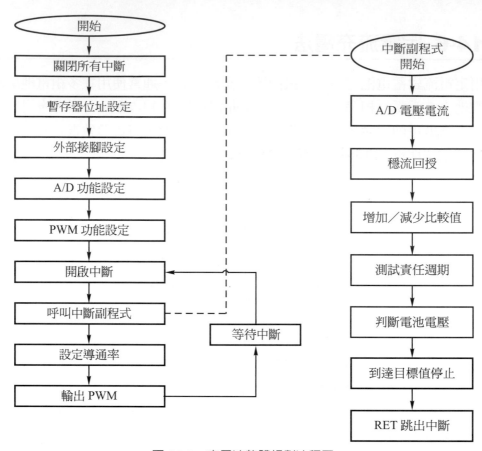

圖 14-8　定電流軟體規劃流程圖

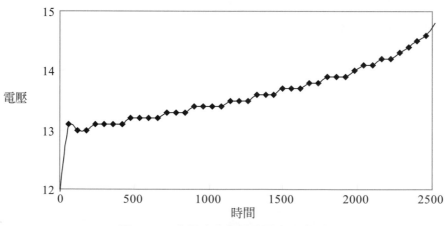

圖 14-9　定電流充電電池電壓上升圖

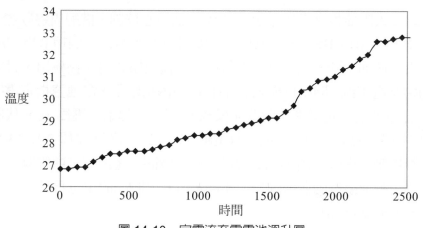

圖 14-10　定電流充電電池溫升圖

 ## 14-7　三段式充電法

結合不同狀態的充電電流。一般以實驗數據為經驗基礎去設定各段充電規則與策略，在電池充電初期，以某狀態電流方式對電池充電，等到電池電壓到達設定電壓之後，再以不同的充電狀態接續，在此充電過程中，充電電流會隨時間增加而遞減，可能必須消耗很長的時間對電池充電。二段式充電法即是其中一種，其電池特性曲線如14-11 所示。

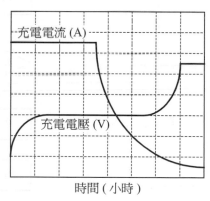

圖 14-11　二段式充電法之電池充電曲線

本章實驗以太陽能板為系統電源，以 DSP 為核心控制，搭配周邊硬體電路，鉛酸電池規格 CSB 牌 4AH，DSK 實習板內部時脈為 20M，執行一個指令為 50ns，搭配計數器計數，設定週期中斷，以連續上下數模式，輸出模式為比較輸出，設計一輸出為10 赫茲(Hz)的充電電流，開始以模式 A 活化電池內部離子，電池達指定電壓 1 改為模式 B 充電，當電池達指定電壓 2 時改完模式 C 充電，起始電壓為 10.8 伏特，截止電壓為 14.2 伏特，以驗證本電路之可行性(電壓 1 為 12.5 伏特，電壓 2 為 13.2 伏特)，三段式充電軟體規劃流程圖如圖 14-12 所示。充電時間－電池電壓曲線圖如圖 14-13 所示，充電時間－電池溫度的曲線圖如圖 14-14 所示，時間的單位為秒，全程約為 2.83小時，平均充入約 2.45AH。

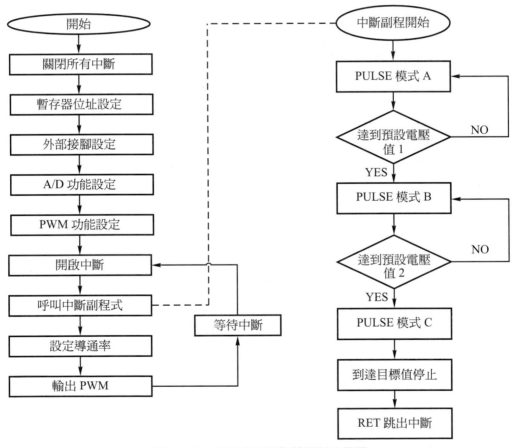

圖 14-12　三段式充電軟體規劃流程圖

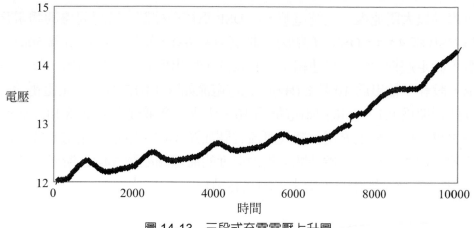

圖 14-13　三段式充電電壓上升圖

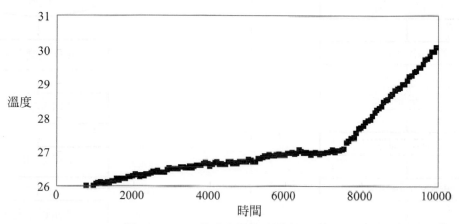

圖 14-14　三段式充電電池溫度溫升圖

 ## 14-8 脈衝充電法

　　將脈衝電流以週期性方式對電池充電，在充電的過程中有提供充電休息時間，讓電池內部的電解液在電化學反應上獲得中和緩衝時間，能有效減低充電期間的極化現象，其充電波形如圖 14-15 所示，進而延長電池使用壽命，若採用較大之脈衝電流，將可降低充電時間。

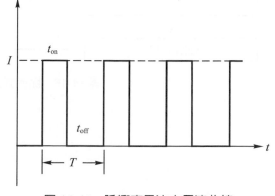

圖 14-15　脈衝充電法之電流曲線

本章實驗以太陽能板為系統電源，以 DSP 為核心控制，搭配周邊硬體電路，鉛酸電池規格 CSB 牌 4AH，DSK 實習板內部時脈為 20M，執行一個指令為 50ns，搭配計數器計數，設定週期中斷，以連續上下數模式，輸出模式為比較輸出，故其輸出週期為 100ms，設計一輸出為 10 赫茲(Hz)的充電電流如圖 14-15 所示，充電電流峰值為 3 安培，責任週期為 0.7，充電初始電壓為 10.8 伏特，充電截止電壓為 14.2 伏特，以驗證本電路之可行性，脈衝充電軟體規劃流程圖如圖 14-16 所示。充電時間 – 電池電壓曲線圖如圖 14-17 所示，充電時間 – 電池溫度的曲線圖如圖 14-18 所示，時間的單位為秒，全程約為 2.83 小時，平均充入約 2.45AH。

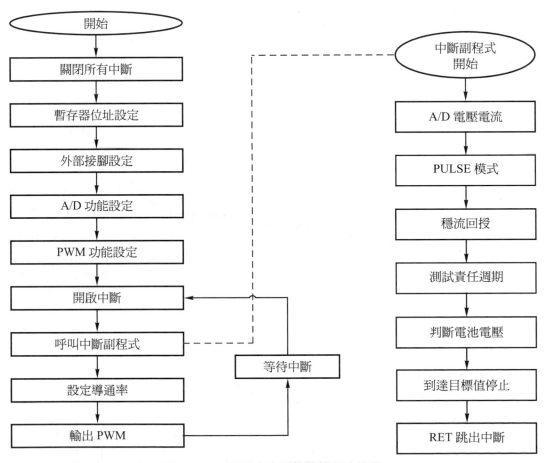

圖 14-16　脈衝式充電軟體規劃流程圖

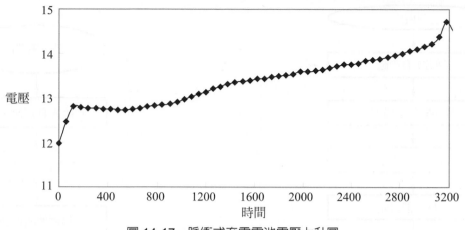

圖 14-17　脈衝式充電電池電壓上升圖

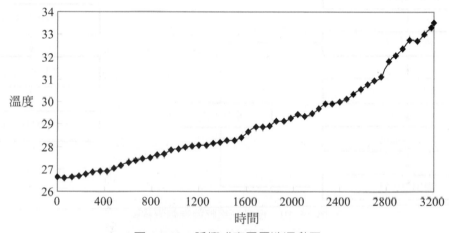

圖 14-18　脈衝式充電電池溫升圖

14-9　模糊控制充電法

　　本章實驗以太陽能板為系統電源，以 DSP 為核心控制，搭配周邊硬體電路，設計一輸出為 10 赫茲的充電電流，鉛酸電池規格 CSB 牌 4AH，DSK 實習板內部時脈為 20M，執行一個指令為 50ns，搭配計數器計數，設定週期中斷，以連續上下數模式，輸出模式為比較輸出，故其輸出頻率為 10 赫茲(Hz)，每次中斷迴授電壓、電流、溫度訊號，由 DSP 比對資料庫，輸出下一責任週期，充電初始電壓為 10.8 伏特，充電截止電壓為 14.2 伏特，以驗證本電路之可行性。本章迴授電池電壓、溫度，輸入模擬控制理論，即時運算出新的責任週期，控制充電電流大小，模糊充電軟體規劃流程圖如圖 14-19 所示。充電時間－電池電壓曲線圖如圖 14-20 所示，充電時間－電池溫度的曲線圖如圖 14-21 所示，時間的單位為秒，全程約為 3 小時，平均充入約 2.95AH。

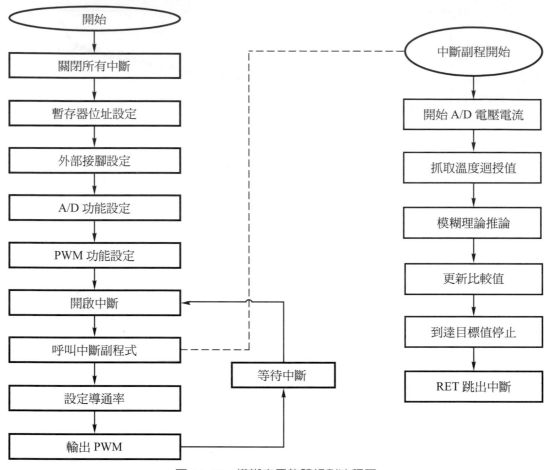

圖 14-19　模糊充電軟體規劃流程圖

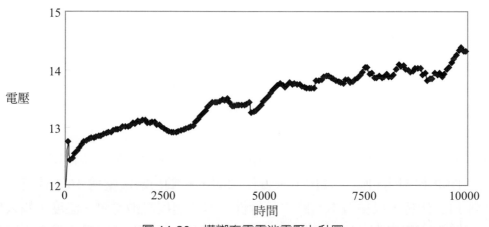

圖 14-20　模糊充電電池電壓上升圖

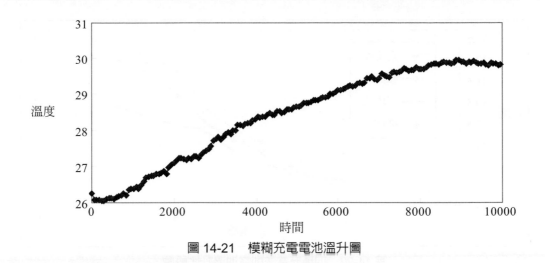

圖 14-21　模糊充電電池溫升圖

 14-10　四種充電比較

　　我們將各種充電方法的電壓、溫度、充入容量及效率一一比較之後，以充電時間的觀點是定電流充電時間最短，如圖 14-25 所示，但不難發現定電流充電的溫升相當高，可見電池本身並無完全吸收蓄電而是逸散為熱量，充入容量也較其他方式少，如圖 14-23 所示，雖然充電速度快，但是其效率並不佳僅有 76%；以電池溫升觀點來看是三段式與模糊控制充電均能有效控制，如圖 14-22 所示，雖有優良之效率，但是兩者充電時間較長；以效率觀點來看，如圖 14-24 所示，模糊理論控制充電最具優勢。

　　以這四種充電方式分析我們可發現模擬控制充電法有其優點，除了效率高及充入容量多之外，有效抑制溫度上升，溫控的範圍約有 4 度，這結果相當令人滿意，顯示電池內部化學反應速度較為平緩，降低內部化學反應所產生的極化效應，避免電解液無法中和產生過熱的情況，但其充電時間比較長是缺點，若是以太陽能儲能觀點來探討，顯然時間並不是最主要的問題，因為長時間充電最主要是以充電效率及保護電池設備為主要，否則設備所造成的損害，將會加重維護成本。

　　本章以 DSP 微處理器為基礎之智慧型太陽能儲能系統，以降壓型轉換器實現目前效率最佳之脈衝充電法則，並應用模糊控制理論於充電策略之設計，比起一般傳統式定電壓充電法、定電壓－定電流充電法，更能有效提升充電效率，抑制電池不正常溫升，由表 14-1 可看出本方法優異之處。

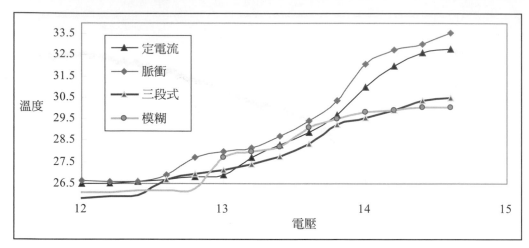

圖 14-22　四種充電法則電池溫升比較圖

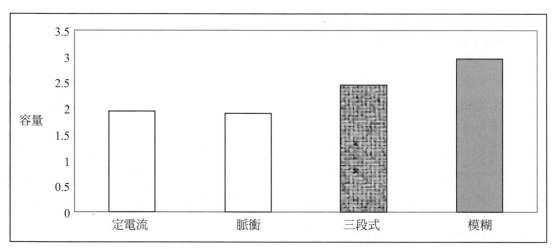

圖 14-23　四種充電法則充入容量比較圖

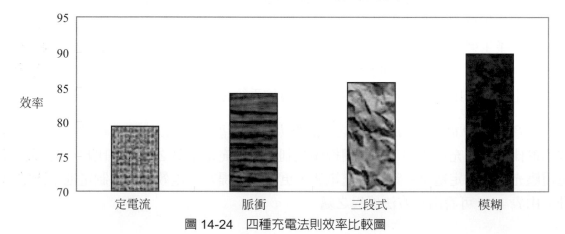

圖 14-24　四種充電法則效率比較圖

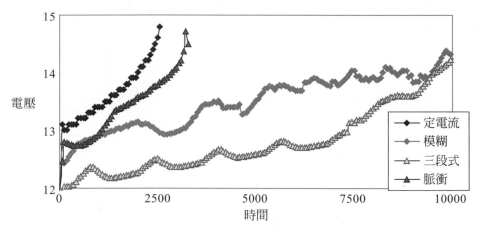

圖 14-25　四種充電法則充電時間電壓比較圖

表 14-1　四種充電方法比較圖

方法 比較	定電流	脈衝充電	三段式	模糊充電
效率	差	普通	次高	最高
充電電流	隨時間固定	固定調變	依電壓變換調變	依電壓、溫度變換調變
溫升	7 度	6.5 度	4 度	3.5 度
優點	控制簡單 充電時間短	充電時間 次短	改善溫升	改善溫升 效率最高
缺點	效率差 溫升高	效率普通 溫升次高	充電時間長	充電時間長

▶ 習題

1. 試說明太陽能儲能充電系統之組成架構？

2. 試比較四種太陽能儲能充電方法之優缺點？

15 結合複合式通訊模組與 MDMS 的智慧型電能管理系統

近年來，由於全球氣候變遷議題，使各國無不致力於潔淨能源的開發，以期減少溫室氣體的排放。由於工業革命以來，人類的經濟活動常大量使用化石燃料，產生大量的二氧化碳與甲烷等溫室氣體，進而導致全球環境嚴重增溫，造成海平面上升及全球氣候變遷加劇的現象。聯合國氣候變遷政府間專家委員會(IPCC)在 2018 年發出警報：12 年後全球暖化預估超過 1.5°C(2016 年全球平均溫度比工業革命前高出 1.3°C，每 10 年增加 0.17°C)。

由於我國能源供應 99.3%來自進口能源，隨著時代及科技的進步，能源快速的消耗以及能源進口成本不斷的提升，如何有效的進行能源管理已經是我國必須要面臨的重要課題。再者，由於 2011 年 3 月 11 日於日本福島的第一核電廠因地震引起海嘯等複合型災害，造成福島核電廠的一系列設備損毀、爐心熔毀、輻射釋放等災害事件的效應，致使國內的能源政策已朝向逐步減核與全力發展再生能源的方向邁進。基於國內能源資源缺乏，新能源開發不易，再加上國內電力 CO_2 排放係數高，為配合國家節能減碳總目標之挑戰下，國內產業必須更加注重能源使用效率，以期達到節約能源、降低生產成本、提高國際競爭力。同時為達成我國於民國 97 年政府頒布之「永續能源政策綱領」，每年提高能源效率 2%以上的目標，因此開發智慧型的電能管理系統(Energy Management Systems, EMS)與佈建先進讀表基礎建設(AMI)已成為未來發展的關鍵趨勢，其中 AMI 主要是由智慧型電表、集中器、通訊系統與電表資料管理系統(MDMS)等設備與系統所組成，透過整合 AMI 系統來建置一智慧型電能管理系統平台，來監控其再生能源發電與用電特性，同時應用有線與無線通訊模組來進行 EMS整合 MDMS 平台的智慧型監控與動態保護設定，以作為智慧型電能管理系統整合智慧家電之研發成果與開發技術的實際驗證。

鑑於未來智慧電網與智慧型微電網的發展將有助於全球節能及改善電力品質，我國在能源國家型科技計畫下透過智慧電網與先進讀表主軸計畫將微電網、AMI、智慧家庭(建築)電能管理、先進配電自動化、輸電系統電力品質監控技術、廣域量測系統、電動車電能補充管理等技術以先導型計畫方式進行整合，其中又以微電網、AMI、電動車、智慧家庭與再生能源發電之間的研發技術關係最為密切，皆可藉由電能管理系統進行監控，使電力業者可以降低發電成本，同時讓用戶端降低電力費用支出，以達到二氧化碳減排的目標。

以往的智慧家庭系統，大多採用電力線通訊(Power Line Communication, PLC)的方式來傳遞用電資訊。最近幾年，由於無線通訊技術開發能力的大幅成長如 ZigBee、Wi-Fi 等，使智慧家庭系統也進一步採用 ZigBee 或與紅外線遙控器結合的方式進行電源插座、照明及空調的控制。由於傳統的電力線傳輸會受限於電力線網路的佈置，而一般的 ZigBee 與紅外線遙控器結合的方式，使用者只要找到紅外線遙控器的位置或移動至 ZigBee 節點的範圍就能控制家電。為此本章節改用 ZigBee 無線感測網路整合自行設計之電源開關模組，進而實現家電的遠端監控與保護功能設定的整合介面，包括再生能源發電及設備用電資訊、電燈開關及消耗電量過大的警報等功能；同時配合智慧型手機來控制家電、插座開關與照明，本章節之智慧型手機採用 Android 系統做為手機的開發平台，同時所開發的硬體應用層(Hardware Application Layer, HAL)技術可讓開發者自行保留，由於 Android 的開發環境容易取得且該開發環境是免費且自行開發的程式庫不需要公開，因此可減低本系統開發過程與成本。

　　無線感測網路(Wireless Sensor Network, WSN)的發展，最早源於美國加州柏克萊大學的一項研究計劃，研究人員開發出一種體積相當小的感測器，稱為智慧灰塵(Smart Dust)。本章節主要採用 ZigBee WSN 做為硬體的監控核心，ZigBee WSN 是一種家庭無線區域網路，能取代多樣設備的單一遙控器，且具有低功耗、低成本與安全等特性，因此本章節利用 ZigBee 來滿足絕大多數遠端監控和感測器網路應用的技術，同時透過智慧型手機強大的運算能力結合 ZigBee WSN 來實現電能管理的需求。由於 ZigBee 的低成本與智慧型手機的高可攜性不易受到跨區域的限制，因此利用 ZigBee 結合 Android 系統的智慧型手機來控制任何房間的照明與家用電器相當合適。本章節之智慧型系統係透過自行開發之 ZB 整合型模組(ZigBee + Bluetooth Module)結合自行設計之電源開關模組以及 WiFi 模組實現無線開關遠端控制、電表度數讀取、智慧型插座、照明智慧控制及負載電流動態保護設定等功能，以達到智慧型監控與節約能源之目的。

　　本章節開發複合式通訊(PLC、WiFi、ZigBee 及 Ethernet)之智慧型電能管理系統，目前該平台已可透過電表資料管理系統系統經乙太網路下達命令至集中器，再藉由 Zigbee/PLC 通訊模組傳回智慧型電表內部負載之資料，並可將智慧型電表之主要資訊如電能消耗值與負載電流大小顯示於所開發的智慧型 EMS 平台，同時透過 ZigBee 進行無線遠端照明智慧控制的開發應用，亦可整合藍芽與 5G 通訊進行照明與家電設備無線遠端的及時觸控，並整合通訊模組將監控與運轉狀態顯示於圖控介面。本章所開發的智慧型 EMS 平台(intelligent EMS, *i*EMS)，隨著未來電能管理系統與智慧電表的普及應用，用戶可掌握自家用電情況，進而選擇適合自家用電習慣的電價方案，不但可達到時段電價的節約能源目的，更能促進未來在智慧型 EMS 產業的永續發展。

15-2 控制系統架構與方法

15-2-1 系統架構

　　本章節採用 ZigBee 作為無線網路系統的控制核心，ZigBee 主要係由 ZigBee 聯盟依據 IEEE 802.15.4 標準規範所制定的無線網路協定，為一種低傳輸速率、低消耗功率及短距離之無線網路技術，故在理想無干擾狀態下，其傳輸距離約可達數十公尺至數百公尺以上，且 ZigBee 無線網路具備雙向訊息傳送之功能，在 IEEE802.15.4 標準中，ZigBee 所定義之頻段為 900MHz 與 2.4GHz，其傳輸速率每秒可傳送 20k～250k 位元。同時可將網路中的設備依據其功能分為全功能設備與精簡功能設備：全功能設備可以完全執行其標準規範的協定，而精簡功能設備則是根據特定的應用需求，只執行部分的協定。

依據 ZigBee 的無線傳輸標準，其網路堆疊架構可分為四層，由下往上分別為實體層(Physical (PHY) Layer)、媒體存取控制層(Medium Access Control (MAC) Layer)、網路層(Network (NWK) Layer)及應用層(Application (API) Layer)，其中應用層是由應用支援子層(Application Support Sublayer, APS)、ZigBee 裝置物件(ZigBee Device Object, ZDO)和應用框架(Application Framework, AF)所組成，而網路協定的層與層之間通過服務接點進行通訊。ZigBee 聯盟亦根據無線網路設備所負責的任務分別定義為 ZigBee 集中器(Coordinator)、ZigBee 路由器(Router)與 ZigBee 終端設備(End Device)，其中 Coordinator 與 Router 為全功能設備，End Device 可為精簡功能設備或全功能設備，在網路通訊上，精簡功能設備只能與全功能設備做傳輸，無法與其他精簡功能設備通訊，全功能設備節點則可與精簡功能設備或其他全功能設備做相互的資料傳遞。

對一個 ZigBee 的網路而言，網路層負責網路機制的建立與管理，並具有自我組態與自我修復能力。前述網路層中 ZigBee 所定義的三個裝置，第一個 Coordinator 是整個網路的核心且為全功能裝置，負責網路的建立及網路位置的分配，同時協助建立網路中的安全層以及處理應用層的綁定(binding)，當整個網路啟動和配置完成後，集中器的功能就會退化成為一個普通的路由器。第二個 Router 亦為全功能裝置，主要負責尋找、建立及修復資料封包，並負責轉送資料封包，同時也可配置網路位置給子節點，一般情況下，路由器應該一直處於活動狀態，不應該休眠，主要用來連結其它路由裝置或終端設備已擴展信號的傳輸範圍。最後一個 End Device 一般為精簡功能設備，由於沒有維護網路的基礎結構，因此可以選擇休眠或喚醒，且只能選擇加入別人已經形成的網路，可傳送資料，但不能幫忙轉送封包。

ZigBee 無線網路主要可支援主從式或點對點方式運作，同時最多可有 256 個裝置連結，若透過集中器(Coordinator)則整體網路最多還可以擴充到 65536 個 ZigBee 網路節點，具有相當高的擴充性，因此應用在短距離無線通訊技術的範圍相當廣闊，目前主要應用的方向仍在於家庭設備自動化、智慧型大樓、環境安全與控制，以及居家醫療照護等功能。

一般而言 ZigBee 的網路拓樸可分為三種：星狀拓樸(Star Topology)、網狀拓樸(Mesh Topology)及樹狀拓樸(Cluster Tree Topology)。本章智慧型電能管理系統之無線感測網路系統採用網狀拓樸的架構整合 AMI；其實體架構如圖 15-1 所示，使用者可以透過智慧型手機經由藍芽傳輸模組將指令傳送至自行開發之 ZB 整合型模組，該整合型模組透過 Tx 及 Rx 的指令藉由無線傳輸的方式傳送至 ZigBee 集中器，透過 ZigBee 集中器再將指令傳送至相對應的 ZigBee Switch Module。使用者也可以透過伺服端藉由 RS-232 的傳輸方式對 ZigBee 集中器下達該指令，此時的 ZigBee 集中器亦會將指令傳送至相對應的 ZigBee Switch Module。

本應用例之結合複合式通訊模組與 MDMS 的智慧型電能管理系統平台(*i*EMS)為整合 AMI 之無線感測網路系統架構，因此亦同時建置智慧型電表通訊與電表資訊管理系統(MDMS)平台，如圖 15-1 所示，*i*EMS 系統主要由 Zigbee/PLC 電表、集中器、EMS 電腦、42 吋顯示裝置以及 MDMS 頭端系統構成，用來測試智慧型電表的整體通訊功能及進行用電資訊之分析，集中器內部包含了一個系統通訊程式(System Communication Program, SCP)以及一個電表通訊程式(Meter Communication Program, MCP)，該集中器本身的功能主要為收集智慧型電表所擷取的資料，並透過 PLC 或 Zigbee 二種通訊方式跟電表通訊，智慧型電表本身並不會傳送資料至集中器，必須由集中器下達命令，電表收到命令後，再將某段時間的資料傳送給集中器；其中電表資訊管理系統 MDMS 可設定每 15 分鐘抓取每個電表的用電資訊，並透過乙太網路傳送至伺服端的資料庫儲存。

開發 MDMS 通訊伺服器中主要是透過兩個應用程式介面來進行相關操作，分別為感測器規劃服務(Sensor Planning Service, SPS)及感測器監視服務(Sensor Observation Service, SOS)。在 SPS 介面部分，主要針對電表相關設定功能操作，包括更新時間電價、更新電表設定值、電表時間同步及需量重置等；而 SOS 介面部分，主要針對電表資料讀取及電表參數設定功能操作，包括負載紀錄、事件紀錄、即時資料顯示、即時開蓋警示以及零時零分資料顯示等功能。透過該平台，所有智慧電表的用電資訊會傳至集中器，而後集中器再將所搜集的資訊傳至後端伺服器電腦的 MDMS，再經 MDMS 軟體透過簡易的人機操作畫面供使用者查詢及分析各智慧電表的用電資訊。

本章開發之智慧型電能管理系統平台還包含規劃一再生能源系統，利用風力或太陽能結合儲能進行混合發電，可透過雙向 Inverter 將再生能源電力輸出，換言之即該智慧型電表為雙向計量之電表，可於再生能源能量充沛時，讓使用者能就地使用風力或太陽能的電力。

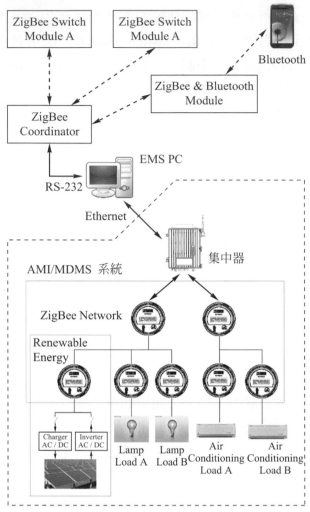

圖 15-1　*i* EMS 系統之無線感測網路架構圖

15-2-2　硬體架構

1. 智慧型電表通訊測試平台

   本章研究開發設計 ZigBee 智慧型電能管理系統應用，因此建置智慧型電表通訊測試與電表資訊管理系統(MDMS)平台，如圖 15-2 所示，主要由電表、集中器、工業級電腦、42 吋顯示裝置以及 MDMS 構成，該測試平台可用來測試智慧型電表的通訊功能及相當用電資訊之分析。圖中右上方為集中器，集中器內部包含了系統通訊程式及電表通訊程式，集中器本身的功能主要為收集電表所擷取的資料，透過電力線通訊或 Zigbee 通訊方式跟電表通訊，電表本身並不傳送資料至集中器，而是必須由集中器下達命令，電表於收到此命令後，將某期間段的資料傳送給集中器；圖 15-2 左側智慧電表群為電力線通訊模組電表；右側智慧電表群為 Zigbee 模組電表，該平台建置主要目的為測試各種智慧電表在不同通訊模組下的通訊品質，也可比較各智慧電表在透過 Zigbee 通訊方式與其他通訊方式所搜集用電資料傳至集中器的準確性與差異性。透過該平台，所有智慧電表的用電資訊會傳至集中器，集中器再將所搜集的資訊傳至後端伺服器電腦的 MDMS，再經 MDMS 軟體透過簡易的人機操作畫面供使用者查詢及分析各智慧電表的用電資訊。目前已完成 MDMS 相關操作介面與分析功能的開發，包括新增電表工作、各智慧電表的即時顯示功能(負載資料、電表事件以及零時零分資料)及各智慧電表的負載預測與用電資料分析等功能。

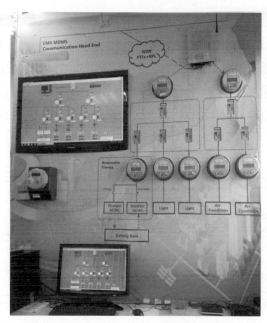

圖 15-2　*i* EMS 系統之智慧型電表通訊測試平台

智慧型電表之通訊架構如圖 15-3，分成電表晶片端以及通訊板端，在電表晶片端採用 8051 進行相關程式的開發，而通訊板端的部分採用進階精簡指令集機器(Advanced RISC Machine, ARM) 作為通訊閘道。目前通訊系統架構，8051 端與 ARM 端之間的通訊採用一種 4 線同步序列資料協定的序列周邊介面(Serial Peripheral Interface, SPI)介面，8051 端與外部 EEPROM 之間通訊採用一種串列通訊匯流排，使用多主從架構的內部整合電路(Inter-Integrated Circuit, I²C)，用以連接低速周邊裝置。因此若集中器需經由電表讀取相關用電歷史資訊(Load

Profile)時，本章目前的作法是先透過 ARM 端，然後在經由 8051 端向 EEPROM 讀取資料，資料流過程如下：

(1) 8051 單晶片將用電歷史資料轉為 MCI 格式存放於 XRAM。

(2) ARM 解析集中器藉由 PLC or Zigbee 模組所發送的封包。

(3) 將封包命令映射至 XRAM 資料位址，由 SPI 介面讀取資料。

(4) 將用電歷史資料組成 MCI 封包格式送出。

(5) 如用電歷史資料(Load Profile/Event log)存放在 EEPROM 中，則透過 SPI 送命令要求 8051 讀取 EEPROM 再放置於 XARM。

考量目前的通訊架構，當傳輸資訊過於龐大或電表數量過多時，可能導致通訊傳輸時間變得較長，因此配合集中器端及 MDMS 平台的開發管理，可將目前的通訊系統架構的 8051 端與 ARM 端之間通訊採用 SPI 介面，8051 端與外部 EEPROM 之間通訊採用 I²C，改由集中器直接透過 ARM 端外部備用的 EEPROM 讀取所需歷史資訊，而不再經由 8051 端外部的 EEPROM，俾利減少通訊傳輸的反應時間。

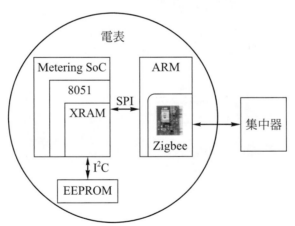

圖 15-3　智慧型電表 Zigbee 通訊架構圖

2.　自行開發之 ZigBee 模組(ZBee)

(1) ZigBee 晶片的選擇

本章節採用 CC2530F256 作為系統的控制核心主要基於下述之特點

a.　8051 微控制器核心為高性能及低消耗功耗。

b.　相容 IEEE 802.15.4 的 2.4GHz RF 收發器。

c. 較高的收發靈敏度和抗干擾性能。

d. 支援多種串列通信協定,如:通用非同步收發傳輸器(Universal Synchronous Asynchronous Receiver Transmitter, USART)。

e. 提供強大、靈活的開發工具。

本章自行設計一個 ZigBee 模組,並將該模組稱為 ZBee。該 ZBee 模組由 6 個元件所構成,分別為 CC2530F256 晶片、SMD 電容、SMD 電感、SMD 電阻與 32MHz 以及 32.768MHz 振盪器。ZBee 模組核心是採用 CC2530F256 晶片,該晶片是採用 System-on-Chip(SOC)技術,是目前 ZigBee 和 RF4C 標準的晶片,晶片內分為兩大部分:微控制器和 RF 收發器,此晶片的 RF 收發器採用 IEEE 802.15.4 的通訊標準。考慮 ZigBee Node 成本低且體積小,所以將天線設計在 PCB 板上,省去外接天線的負擔。

由於全向性天線可以涵蓋所有水平方向,因此該天線類型較適合運用 ZigBee 無線感測網路的收發天線,以便與其他 ZigBee 無線感測裝置通訊,並構成單點對多點網路拓樸。本章節使用 TI 全向性的 Inverse F 天線,一般天線的諧振頻率為 $\frac{\lambda}{2}$,但 Inverse F 天線的諧振頻率為 $\frac{\lambda}{4}$,因此具備減少天線面積的優點。ZBee 模組的 Inverse F 天線在 PCB 上的長度為 3.125 公分。Inverse F 天線模擬結構是利用 Ansoft HFSS 軟體模擬 Inverse F 天線的特性;其中心頻率大約在 2.4GHz 到 2.5GHz 間,且 Inverse F 天線的反射損耗(Return Loss, RL)都在 10dB Spec.以上。

(2) ZigBee 誤碼率分析

IEEE 802.15.4 在 2.4GHz 的實體層採用位移四相移鍵(Offest Quadrature Phase Shift Keying, OQPSK)調變,對於附加的高斯白雜訊(Additive White Gaussian Noise, AWGN)通道,其誤碼率(Bit Error Rate, BER)可以經由下面式 (15-1)來計算:

$$BER = Q(\sqrt{\frac{2E_b}{N_o}}) \tag{15-1}$$

$\frac{E_b}{N_o}$ 是一個正規化的訊雜比(single-to-noise ratio, SNR)且 Q(x)是一個高斯分布的函數 Q。

$$Q(x) = \frac{1}{\sqrt{2\pi}} \int_x^\infty \exp(-\frac{u^2}{2}) du \tag{15-2}$$

ZigBee 的通訊標準把 2.4GHz 的頻段分成 16 個通道，每個通道寬度爲 2MHz。Wi-Fi 的通訊標準將 2.4GHz 的頻段分成 11 個通道，每個通道寬度爲 22MHz。所以 ZigBee 與 Wi-Fi 將有 11 個通道會重疊，當 ZigBee 與 Wi-Fi 使用同一個通道時將會有干擾的問題產生。當 ZigBee 通道與 Wi-Fi 通道重疊時，我們可以考慮部分 Wi-Fi 訊號干擾的雜訊。被 Wi-Fi 干擾的 ZigBee 訊號稱爲干擾雜訊比(single-to-interference-plus-noise ratio, SINR)，可以被定義爲：

$$\text{SINR} = \frac{P_{signal}}{P_{noise} + P_{interference}} \tag{15-3}$$

其中，P_{signal} 爲 ZigBee 接收訊號時所需的功率；P_{noise} 爲雜訊功率；$P_{interference}$ 爲 ZigBee 接收訊號時接收到 Wi-Fi 訊號的干擾功率。而 ZigBee 在 Wi-Fi(IEEE 802.11b)訊號的干擾下，其接收訊號時的分組差錯率(Packet Error Rate, PER)可表示爲：

$$\text{PER} = 1 - [(1 - P_b)^{N_z - \left|\frac{T_c}{b}\right|} \times (1 - P_b^I)^{\left|\frac{T_c}{b}\right|}] \tag{15-4}$$

其中 P_b 是 ZigBee 不受 IEEE 802.11b(Wi-Fi)訊號干擾下的誤碼率，而 P_b^1 係 ZigBee 在 IEEE 802.11b 訊號干擾下的誤碼率，N_z 是 ZigBee 傳輸資料封包的位元數，b 是 ZigBee 位元傳輸的期間，T_C 爲資料傳輸的碰撞時間。

幾乎所有的 ZigBee 通道與無線區域網路(Wireless Local Area Network, WLAN)在通道重疊的狀況而偶有干擾的現象，導致 ZigBee 的通訊性能下降。本章節評估 ZigBee 通訊模組(ZBee)應用在智慧電網其他通訊如 WiFi 的無線干擾下相關測試，同時參考文獻的技術利用「安全距離」和「安全偏移頻率」進行測試並提出干擾抑制的方案及提供有效及可靠的數據服務。

利用「安全距離」和「安全偏移頻率」的方法，進行理論分析軟體模擬和測量，並利用該方法可以檢測到干擾和自適應節點以切換到「安全」的通道，動態地避免掉 WiFi 的干擾及能量耗損。本系統藉由透過 ZigBee 和 Wi-Fi 的共存測試與量測。測量結果可驗證本章節所提出基於 ZigBee 的智慧型電能管理系統的設計，可以有效地減輕無線干擾的影響，並提高 ZigBee 網路的性能。

3. 整合 ZigBee 和 Bluetooth 模組(ZB Module)

(1) Bluetooth

Bluetooth 是由瑞典 Ericsson 公司創造並於 1999 年與其他業界通訊開發商一同制定了該技術標準，最終將此種無線通信技術命名爲 Bluetooth。該技術可使電子設備在 10～100m 的空間範圍內建立網路連接並進行數據傳輸或者語音通話的無線通信技術，傳輸速率可達到 1Mbps，且建立連接只需要短短的 3ms，同時只要數 ms 的傳輸速度即可完成經認可的數據傳遞，因此短數據封包及低負載循環特性是 Bluetooth 的主要技術特徵。目前 Bluetooth4.0 的網絡拓撲與 ZigBee 的星形拓撲相比來得較爲簡單且傳輸速率是 ZigBee 的 4 倍，再者以目前 Bluetooth 技術在手機與音頻領域的廣泛應用，未來其發展趨勢將不可限量。下表 15-1 爲整理出 Bluetooth 與 ZigBee 的技術特性分析。

表 15-1　Bluetooth 與 ZigBee 的技術特性分析

	Bluetooth	ZigBee
IEEE 通訊協定	IEEE 802.15.1	IEEE 802.15.4
無線網路類型	PAN	PAN
頻率	2.4GHZ	2.4GHZ/915MHZ/868MHZ
傳輸距離	<100 公尺	<100 公尺
傳輸速率	1Mbps	250kbps
適用傳輸資料類型	資料，影音	文字，圖片
安全性	AES-128 完全加密技術	佳，採 128bit AES 完全加密技術
省電性	佳	極佳
設備連接節點數量	8	256(若採用分散式位址配發則可以配置超過 65000 個節點)
穩定性	使用 24bit CRC 循環重複檢查機制	ZigBee 具備避免碰撞機制及可自組連網功能提高傳輸可靠性
用途	PDA，手機，無線滑鼠／鍵盤，智慧式穿戴產品等	家電遙控，門禁，感應式網路，無線定位系統智慧家居系統等

(2) ZigBee 和 Bluetooth 的共存性

本章節之通訊模組係開發一整合 ZigBee 與 Bluetooth 技術特徵的複合式通訊模組，將 ZBee 模組與 Bluetooth 模組結合，並命名為 ZB Node，如圖 15-4 所示。在智慧型手機傳送控制指令給 Bluetooth 模組後，控制指令將透過 Bluetooth 模組的 Tx 與 Rx 傳送至 CC2530F256 晶片，這方法可使智慧型手機間接的控制其他 ZigBee 節點。透過電路整合設計將電源開關模組整合至 ZBee 模組，並將該節點命名為 ZBee 照明節點，如圖 15-5 所示。它可使 ZB Node 藉由 ZigBee 集中器或 ZigBee Router 連接實體應用層，且 ZBee 照明節點可藉由 ZB Node 傳送控制訊號或資訊給智慧型手機及 iEMS 伺服器。

另外目前智慧型手機的無線通訊雖然提供 WiFi 模塊的電子設備，但本自主開發的複合式通訊模組考慮到 Bluetooh 2.1+EDR 的成本低、開發時間短及功耗低的節能特性，且本章節的應用為一般社區智慧住宅，因此系統採用的手機溝通介面為 Bluetooth HL-MD08A-C2，該 Bluetooth Module 的工作電壓為 3V，傳輸距離達 10 米，該傳輸距離正好可涵蓋一般性住宅內的照明與電器設備，所以使用者無論在家庭的哪一個角落，都可以用手機來連接本章自主開發的複合式通訊模組裝置。

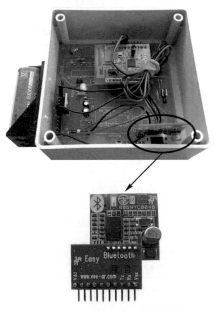

圖 15-4　ZB Node 實體圖

圖 15-5　Zbee 照明節點

4.　ZBee 電源開關節點

本章節將系統模組的電源供電方式設計為兩種供電模式，分別是電池與市電電源模式。因為 ZigBee 裝置中的終端節點能夠使用休眠模式，所以採用電池供應的方式，如本系統的 ZBee 模組照明節點即為 ZigBee 裝置類型中的終端節點；惟系統的集中器及路由器並不屬於終端節點，無法使用休眠模式，必須採用市電電源供應。

圖 15-6 為本章節開發的 ZBee 電源開關控制照明節點電路架構示意圖，主要由 ACS758 晶片、雙模切換開關及繼電器所組成。該 ZBee 電源開關控制節點主要運用德州儀器(TI)公司的 CC2530F256 晶片作為系統的控制主軸，再搭配自主開發的電源開關模組，在此稱為 ZBee 照明節點。如圖所示 ZBee 照明節點採用 ACS758 晶片檢測流過節點的電流量，ACS758 晶片如圖 15-7 所示，係由精確、低偏移線性霍爾電路及銅製的傳導路徑所組成，可提供電流經由銅製的傳導路徑產生磁場，再透過霍爾晶片將磁場轉換成等比例的電壓訊號。ACS758 晶片將電流量的訊號傳送至 CC2530F256 晶片進行 A/D 轉換，然後再將數位資訊傳送至伺服器。

本章節開發的控制照明節點在電路中加入雙模切換的功能，使用者不但可以運用自身的智慧型手機來進行開關電燈，也考慮到當複合式通訊模組系統故障或 ZBee 照明節點損壞時，使用者可以隨時切換至手動模式，以手動方式進行電燈的開關切換。這使得照明設備完全不會因為通訊模組故障而使電燈無法開啟。因此使用者只需將 ZBee 照明節點與家中電燈相連接，即可進行電燈的控制，亦可透過 Bluetooth 連線智慧型手機來控制家中電燈的開關狀態，並且能夠偵測負載迴路消耗的電量，透過 ZigBee 無線感測網路回傳至智慧型手機或 iEMS 伺服器供使用者查詢，也能夠經由伺服端設定電燈迴路開啟或關閉之排程，透過 ZBee 照明節點的無線感測網路進行電燈的自動開啟或關閉，圖 15-8 為 ZBee 照明節點安裝完成圖。

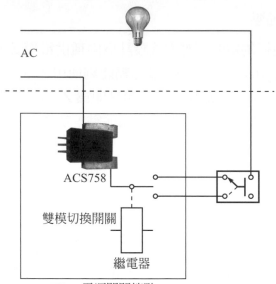

AC

ACS758

雙模切換開關

繼電器

ZBee 電源開關節點

圖 15-6　ZBee 電源開關控制照明節點架構示意圖

圖 15-7　ACS758 晶片實體圖

圖 15-8　ZBee 照明節點安裝完成圖

15-2-3　軟體架構

1. 伺服器端人機介面

本系統的軟體人機介面架構採用智慧型手機及伺服器端兩種控制方式，圖 15-9 為 *i*EMS 伺服器端所使用的 LabVIEW 人機介面，使用者可以在此人機介面上控制電燈的開關，也可以設定什麼時間需要將電燈打開或將電燈關閉的定時開關功能，以及設定流過負載的最大電流量。在此人機介面上也能透過 MDMS 觀察目前流過智慧電表的電流大小、消耗電量、電燈目前 ON/OFF 的狀態以及電流保護的設定值。

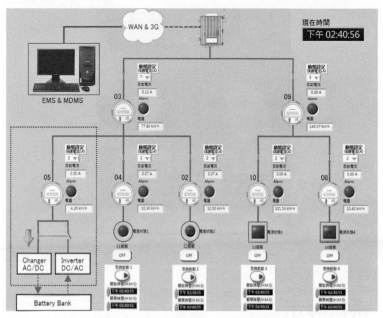

圖 15-9　LabVIEW 人機介面顯示

2.　智慧型手機 APP

智慧型手機 APP 軟體架構為 Android 作業系統，Android 是基於 Linux 內核的軟體平台和操作系統採用了軟體堆層(Software Stack)的架構，主要分為三的部分：作業系統(Operation System)、中介軟體(Middleware)、應用程式(Application)，以 Java 為編譯程式語言，及 Android 介面功能。Android 架構細分為 5 層應用程式(Application)、應用程式框架(Application Framework)、函式庫(Librairics)、Android 執行層(Runtime)、Linux 核心(Kernel)。

智慧型手機 APP 人機介面採用 Android 系統自行開發，透過淺顯易懂的圖形化介面可讓使用者迅速上手，並與本章所使用之 Bluetooth 模組進行配對，與 ZB Node 成功連結之後，使用者即可透過智慧型手機控制家中電燈及家電產品。如圖 15-10 所示，當使用者按下手機畫面上的按鈕(SW1、SW2、SW3 或 SW4)時，智慧型手機會將該按鈕對應的指令傳送至 Bluetooth 模組，該模組會將指令透過 Tx 及 Rx 的傳輸方式送至 ZBee 模組以無線方式傳送至 ZigBee 無線感測網路內相對應的節點進行電燈 ON/OFF 的控制。

圖 15-10　人性化的手機介面

 ## 15-3 系統展示

　　本章提出了一套智慧型電能管理系統 *i*EMS 應用平台，利用智慧型手機整合 ZigBee 無線感測網路模組(ZBee)與 MDMS 系統，讓使用者可以很方便的遠端控制家庭中的電燈，並且透過 MDMS 系統整合 AMI，讓使用者可以及時瞭解每顆智慧電表中負載的耗電狀況，同時設計 LabVIEW 的人機監控介面，讓使用者可以在此人機介面上直接以觸控方式進行電燈的開關並顯示每顆智慧電表的流經電流及用電，也可以設定將電燈打開或將電燈關閉的定時開關功能以及設定流過智慧電表的最大電流量作為系統的過電流保護。

　　圖 15-11 即為本章節 ZBee 系統開關控制之實體圖。主要由電表、集中器、工業級電腦、42 吋顯示裝置以及 MDMS 構成，該展示系統平台可用來測試智慧型電表的整體通訊功能及相當用電資訊之分析，圖中左側智慧電表群為 PLC 模組電表，共四顆；右側智慧電表群為 Zigbee 模組電表，共三顆，該展示平台主要目的為測試各智慧電表在不同通訊模組下的通訊品質，智慧電表的用電資訊會透過 Zigbee 通訊方式傳至集中器，而後集中器再將所搜集的資訊傳至後端伺服器電腦的 MDMS，再透過簡易的人機介面供使用者查詢及分析各智慧電表的用電資訊，本章也比較智慧電表透過 Zigbee 通訊方式在 WiFi 無線通訊環境下，所搜集用電資料傳至集中器時的準確性與誤碼率影響。展示系統亦包括戶內電能顯示器(In Home Display, IHD)與智慧型插座整合應用裝置，可連結 WiFi 無線通訊模組，讓使用者能透過智慧型手機來控制家中的電器用品，該插座結合了平行控制與量測，屬於互動式智慧型插座，可同時指定每個電源插座一

個專屬 IP 位置以直接連結插座上的家電,並兼具電力量測功能,可顯示出目前負載的電壓、電流及功率等數據,透過 WiFi 與手機連接監控,藉此達到節電目的。

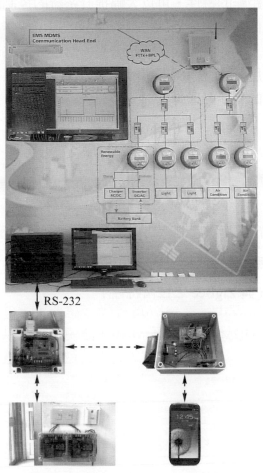

圖 15-11 ZBee 系統開關控制實體圖

15-4 結論

　　本章整合 ZBee 模組與 MDMS 平台開發智慧型電能管理系統 *i*EMS 平台,並使用 Android 系統作為手機介面的開發,能有效減少系統的開發成本。隨著再生能源建置成本的降低及能源進口成本的提高,電能管理已成先進國家之發展趨勢,透過本系統之人性化介面,使用者只需透過自身的智慧型手機並透過手機介面上的開關,即可控制房間內的電燈及電源插座的狀態,並且透過 MDMS 系統讓使用者能夠了解家中電器耗電的狀況,讓使用者能夠更有效的進行能源的智慧管理。

隨著 Wi-Fi 普遍的應用，以及目前許多 IP 分享器已經內建將有線網路轉換成 Wi-Fi 的功能，未來本系統會將原先使用之 Bluetooth 模組改為 WiFi 模組，透過 WiFi 傳輸距離的特性，可以大幅提升系統的控制距離，且使用者可用自身上網的手機設備即可隨時控制燈具或開關，這可使本 *i*EMS 系統更廣泛應用於一般的樓梯燈，例如：大樓、傳統公寓、學校等公共區域。未來的大樓或學校管理員只需運用智慧型手機即可關閉無人使用的燈具與負載，藉以達到智慧節能與更有效率的電能管理。

▶ 習題

1. 試簡述 *i*EMS 系統之無線感測網路架構為何？

2. 試說明 ZigBee 無線傳輸技術之網路架構為何？

3. 試比較 Bluetooth 與 ZigBee 之技術特性？

16 智慧型 ZigBee 無線空調節能系統

16-1 Zigbee 介紹

    ZigBee 是一種基於 IEEE 802.15.4 標準規範的無線感測網路技術，主要的特色有低傳輸率、低功耗、支援大量網路節點及低複雜度等。本章以 ZigBee 無線架構為基礎之空調節能，利用異質感測器收集空調系統運轉參數及環境參數，藉由兩階段啟動方法，提出應用於空調節能之無線系統架構，使空調機達到智慧節能及舒適度控制。在空調的節能控制上，兩階段啟動之快速決策反應可以及時控制風扇及壓縮機運轉模式，以反應空調系統能量的需求，達到即時的節能控制。藉由兩階段空調運轉的控制策略，以達到舒適及節能之智能控制，使空調運轉達到節能及舒適的目標。

16-2 ZigBee 網路拓樸

    ZigBee 裝置類型與角色由 IEEE 與 ZigBee 聯盟制定。裝置類型是為了降低成本並依據硬體規劃分為全功能裝置(Full Function Device, FFD)和精簡功能裝置(Reduced Functionality Device, RFD)，ZigBee 網路中存在三種邏輯設備類型如圖 16-1 分別為集中器、路由器及終端設備。

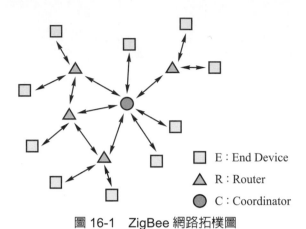

圖 16-1　ZigBee 網路拓樸圖

　　ZigBee 網路可以透過集中器組成三種網路拓樸分別爲星狀拓樸、樹狀型拓樸及網狀拓樸。本章的 ZigBee 無線感測網路採用網狀拓樸的架構。

16-3　ZigBee 無線網路協定

　　圖 16-2 中 ZigBee 聯盟制定的堆疊協定是基於 IEEE 802.15.4 協定標準。ZigBee 的應用層是由應用支援子層(APS)、ZigBee 裝置物件(ZDO)和應用框架(AF)組成。

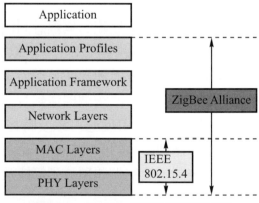

圖 16-2　ZigBee 架構所對應的協定

16-4 無線空調節能系統的方法與設計

一、先前技術

　　一般針對冷氣設備之壓縮機的控制，通常是設定一基準溫度，並設計使該壓縮機在室溫高於該基準溫度時啓動，利用該壓縮機的運作而降低室溫，使室溫得以降低而接近一設定溫度；而當室溫低於該設定溫度時，則控制關閉該壓縮機，避免該壓縮機持續運作而耗能。一般 One Postion 控制邏輯如圖 16-3(a)所示。

　　目前的冷氣設備可能具有多台壓縮機，當藉由上述的控制方法進行控制時，多台壓縮機會同時啓動並同時關閉。由於壓縮機最耗能的時間點是在啓動而降低溫度的時間，故當多台壓縮機一同啓動並且共同運作時，勢必因而消耗大量能源，特別是非變頻式的冷氣設備運作時，溫度變化率更大，更會造成壓縮機開啓和關閉過於頻繁的情況。

二、控制技術方法

　　本章之目的即在提供一種能達成節能效果的冷氣壓縮機控制方法。本章冷氣壓縮機控制方法，是針對一冷氣進行控制，冷氣包含第一壓縮機、第二壓縮機，以及與第一壓縮機及第二壓縮機資訊連接的控制單元。冷氣壓縮機控制方法包含第一設定步驟及第二設定步驟。

　　第一設定步驟是設定第一壓縮機在室溫低於第一溫度時關閉，並在室溫高於第二溫度時開啓，室溫在該第一溫度與第二溫度之間時則維持原來的啓閉狀態。第二設定步驟是設定第二壓縮機在室溫低於第三溫度時關閉，並在室溫高於第四溫度時開啓，室溫在第三溫度與第四溫度之間時則維持原來的啓閉狀態。

　　第一壓縮機與第二壓縮機共同配合運作而對一空間進行冷房時，第一壓縮機與第二壓縮機會視需求而先後各自啓動，並在溫度下降而低於第三溫度時即先行關閉該第二壓縮機。而若是僅讓第一壓縮機運作即可維持溫度在第二溫度以下，則僅開啓第一壓縮機即可維持足夠的冷房效果。依據冷氣壓縮機控制方法來進行控制，就算溫度又再次高於第四溫度而必須重新啓動第二壓縮機，相較於設定第一壓縮機及第二壓縮機同時開啓或關閉的情況而言，無論是在相同的運作時間內，或者是維持足夠的冷房程度下，皆能減少第一壓縮機及第二壓縮機關閉又啓動的次數，並且能減少總和的運作時間，藉此達到相對節能的效果。所提之 Two Position 控制策略，如圖 16-3(b)所示，並說明如下：

1. 環境如下 ＜2：對冷氣發出壓縮機停機命令。

2. 1＜ 環境溫度 ＜2：維持前一個命令動作

3. 環境溫度 ＞1：對冷氣發出壓縮機啟動命令

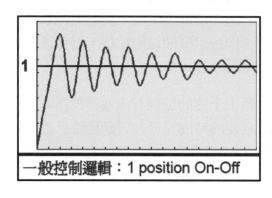

(a)

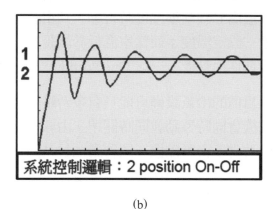

(b)

圖 16-3　冷氣壓縮機控制策略

三、控制技術功效及特徵

本技術之功效在於：藉由冷氣壓縮機控制方法，能在相同的運作時間內或者是維持足夠的冷房程度下，減少第一壓縮機及第二壓縮機關閉又啟動的次數，並且能減少第一壓縮機及第二壓縮機總和的運作時間，相較於第一壓縮機及第二壓縮機同時開啟並同時關閉的情況而言，能相對達成節能的效果。所提冷氣壓縮機控制方法之 Two-Position 控制策略可有效控制壓縮機啟動停止動作，並延伸至多台壓縮機的運轉可成階梯狀控制策略，比傳統 One-Position 控制方式更穩定、節能。

參閱圖 16-5 並配合圖 16-4，如圖 16-5 所示為控制兩台壓縮機在室溫高於一開啟溫度 T_{up} 時則同時開啟，並在室溫低於一關閉溫度 T_{down} 則同時關閉的情況，藉此與如圖 16-4 所示的曲線進行比較，以說明本技術所能達成的功效。

其中，假設開啟溫度 T_{up} 為 29°C、關閉溫度 T_{down} 為 26°C，而設定的冷房溫度與圖 16-4 所示之情況同樣為 27.5°C。當室溫漸漸上升至該開啟溫度 T_{up} 時，兩台壓縮機會同時開啟，藉由兩台壓縮機同時運作而降低室溫；當室溫降低至低於該關閉溫度 T_{down} 時，則兩台壓縮機又同時關閉；當室溫因兩台壓縮機皆關閉而上升時，兩台壓縮機又會在室溫高於該開啟溫度 T_{up} 時開啟，如此反覆藉由兩台壓縮機同時開啟並同時關閉地運作來達成冷房效果。

比較兩者，明顯可知對冷氣進行控制時，第一壓縮機與第二壓縮機總共僅開啓了三次，並且後續只要維持第一壓縮機的運作即可維持冷房效果。反觀如圖 16-5 所示的情況，兩台壓縮機總共至少開啓了四次，且必須維持兩台壓縮機同時運作才得以維持冷房效果，其控制流程圖如 16-6 所示。

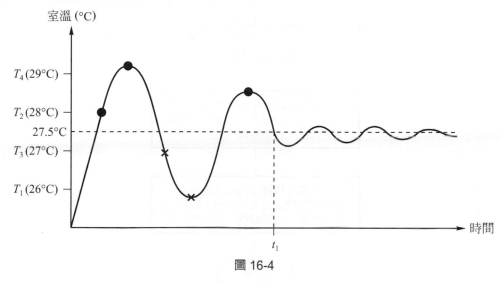

圖 16-4

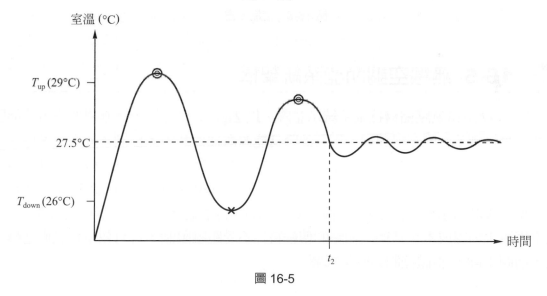

圖 16-5

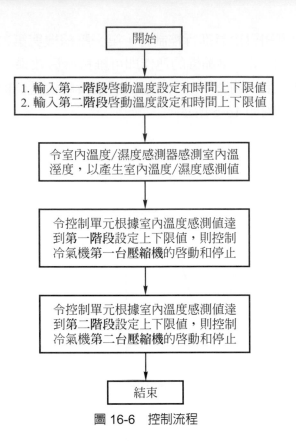

圖 16-6　控制流程

 16-5 無線空調節能系統架構

　　圖 16-7 為冷氣壓縮機控制系統示意圖,以 ZigBee 無線技術為基礎的空調節能監控系統來控制多台壓縮機運轉,可有效降低能源消耗。其中,控制單元與溫度感測器是藉由 ZigBee 無線網路協定來達成資訊連接。控制單元包括觸控人機介面控制器、ZigBee 轉換模組與數位輸出模組以及繼電器單元。ZigBee 具有無線、低耗電、低功率、微小型的設計、設置容易與網狀網路傳輸等特性,特別適合區域型、無線的傳輸系統,且不僅減少佈線成本,其網狀網路的傳輸特性不受距離限制,可有效掌握設備運轉狀況,而圖 16-8 為整體控制系統架構圖。

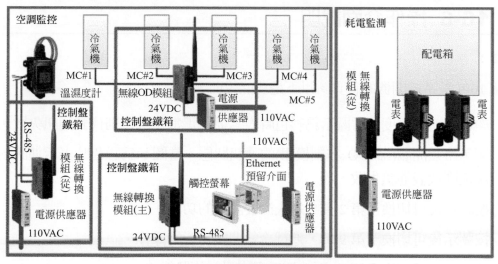

圖 16-7　冷氣壓縮機控制系統示意圖

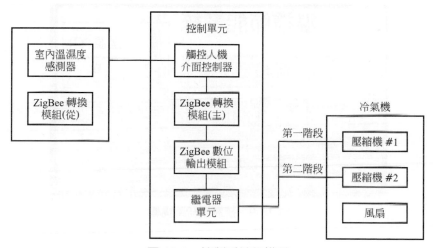

圖 16-8　控制系統架構圖

16-6 操作介面說明

第一頁：

圖 16-9 是系統開機的首頁。以下是功能說明：

*1 顯示目前的溫度。當圖示為彩色時表示通訊正常，灰色則代表通訊失敗。

*2 顯示冷氣開關(即 DO 控制模組)的通訊狀態。當圖示為彩色時表示通訊正常，灰色則代表通訊失敗。

*3 按圖示後可切換至第 2 頁，進入溫度設定的功能。

*4 按圖示後可切換至第 9 頁，進行冷氣開關功能的操作。

*5 按圖示後可切換至第 11 頁，觀看電表目前的狀態。

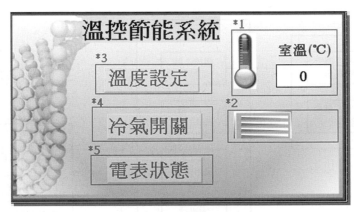

圖 16-9 控制系統架構圖

第 2 頁：

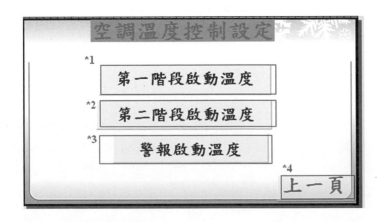

此頁面可選擇各種溫度的設定。

*1　按下圖示後可切換至第 3 頁，進入第一階段溫度設定的功能。

*2　按下圖示後可切換至第 5 頁，進入第二階段溫度設定的功能。

*3　按下圖示後可切換至第 7 頁，進入警報啟動溫度設定的功能。

*4　按下圖示後可回到第 1 頁。

第 3 頁：

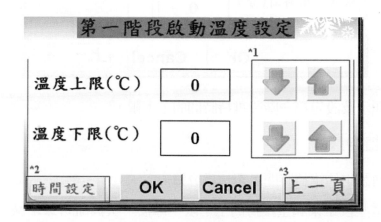

　　此頁面可顯示及設定第一階段啟動溫度的上下限。當溫度超過上限值達預設的時間時，系統會打開預設的冷氣開關。當溫度低於下限值超過預設的時間時，系統就會關閉預設的冷氣開關。

　　以下是功能說明：

*1　可使用這些按鈕來調整溫度的上下限，每按一次按鈕可以增減 0.1 度的溫度設定值。最後再按下「OK」即可完成設定。按下「Cancel」則是可取消目前的輸入，回復到上一個設定值。

*2　按下圖示後可切換至第 4 頁，進行上下限維持時間的設定。

*3　按下圖示後可跳回至第 2 頁。

第 4 頁：

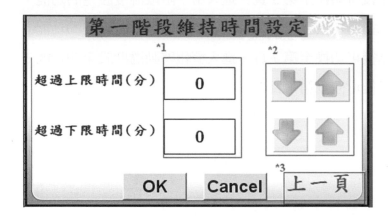

此頁面可顯示及設定第一階段維持時間的上下限。

以下是功能說明：

*1　顯示目前設定的維持時間，單位為分鐘。

*2　可使用這些按鈕來調整維持的上下限，每按一次按鈕可以增減 1 分鐘的設定值。最後再按下「OK」即可完成設定。按下「Cancel」則是可取消目前的輸入，回復到上一個設定值。

*3　按下圖示後可跳回第 3 頁。

第 5 頁：

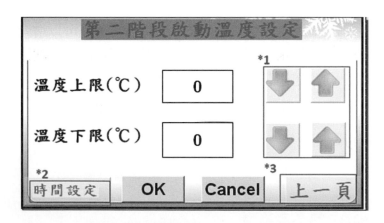

此頁面可顯示及設定第二階段啟動溫度的上下限。當溫度超過上限值達預設的時間時，系統會打開預設的冷氣開關。當溫度低於下限值超過預設的時間時，系統就會關閉預設的冷氣開關。

以下是功能說明：

*1　可使用這些按鈕來調整溫度的上下限，每按一次按鈕可以增減 0.1 度的溫度設定值。最後再按下「OK」即可完成設定。按下「Cancel」則是可取消目前的輸入，回復到上一個設定值。

*2　按下圖示後可切換至第 6 頁，進行上下限維持時間的設定。

*3　按下圖示後可跳回至第 2 頁。

第 6 頁：

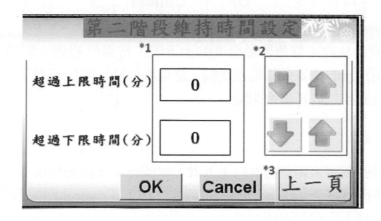

此頁面可顯示及設定第二階段維持時間的上下限。

以下是功能說明：

*1　顯示目前設定的維持時間，單位為分鐘。

*2　可使用這些按鈕來調整維持的上下限，每按一次按鈕可以增減 1 分鐘的設定值。最後再按下「OK」即可完成設定。按下「Cancel」則是可取消目前的輸入，回復到上一個設定值。

*3　按下圖示後可跳回第 5 頁。

第 7 頁：

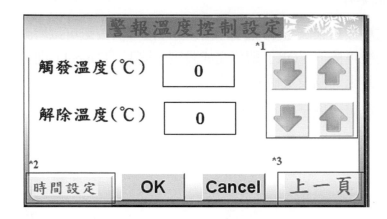

　　此頁面可顯示及設定警報啟動溫度的上下限。當溫度超過上限值達預設的時間時，系統會打開預設的冷氣或蜂鳴器開關。當溫度低於下限值超過預設的時間時，系統就會關閉預設的冷氣或蜂鳴器開關。

　　以下是功能說明：

*1　可使用這些按鈕來調整溫度的上下限，每按一次按鈕可以增減 0.1 度的溫度設定值。最後再按下「OK」即可完成設定。按下「Cancel」則是可取消目前的輸入，回復到上一個設定值。

*2　按下圖示後可切換至第 8 頁，進行上下限維持時間的設定。

*3　按下圖示後可跳回至第 2 頁。

第 8 頁：

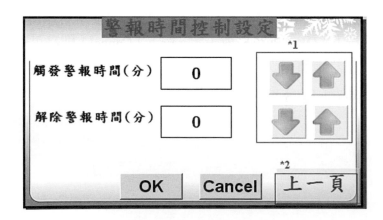

　　此頁面可顯示及設定警報觸發時間的上下限。

以下是功能說明：

*1　顯示目前設定的維持時間，單位為分鐘。

*2　可使用這些按鈕來調整維持的上下限，每按一次按鈕可以增減 1 分鐘的設定值。最後再按下「OK」即可完成設定。按下「Cancel」則是可取消目前的輸入，回復到上一個設定值。

*3　按下圖示後可跳回第 7 頁。

第 9 頁：

此頁面可顯示目前冷氣的開關狀態。系統可依設定讓冷氣的開關設定為自動或手動的狀態。以下是功能說明：

*1　當圖示為彩色時表示開關為打開，灰色則代表開關關閉。開關可以設定為自動或手動控制。當設定為自動控制時，按下圖示的按鈕不會有作用。設定為手動控制時，則可以直接按下圖示來進行開關。

*2　按下圖示後可跳回第 10 頁，進行開關自動控制設定。

*3　按下圖示後可跳回首頁。

第 10 頁：

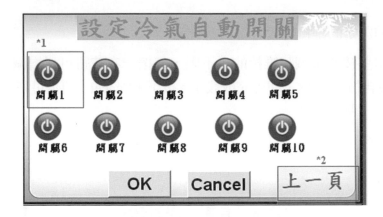

此頁面可設定目前冷氣的開關狀態。系統依設定讓開關可以分為以下五種狀態。以下是功能說明：

*1　當圖示為灰色代表開關設定為手動。其他狀態請參照說明。

● ⏻：表示開關為手動。

● ⏻：表示開關為第一階段啟動。

● ⏻：表示開關為第二階段啟動。

● ⏻：表示開關為警報啟動且會由警報關閉。

● ⏻：表示開關為警報啟動但不由警報關閉。

*2　按下圖示後可跳回第 9 頁。

第 11 頁：

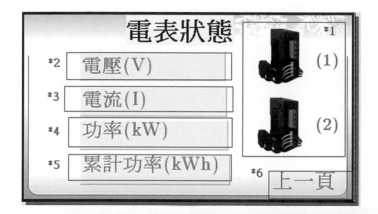

此頁面顯示目前電表的狀態以及電表提供的資訊項目。以下是功能說明：

*1　當圖示為彩色時表示電表通訊為正常，灰色則代表通訊失敗。

*2　按下圖示後觀看目前電壓值。

*3　按下圖示後觀看目前電流值。

*4　按下圖示後觀看目前功率值。

*5　按下圖示後觀看累計的功率值。

*6　按下圖示後可跳回首頁。

16-7 結論

　　在實施例中，是以兩台壓縮機的情況進行說明，使得讀者理解本章所能達成的功效。依據本章之技術特徵推廣，亦能針對包含三台以上壓縮機的冷氣設備進行控制，藉由使多台壓縮機各自在必要時機才開啟的設定，以減少壓縮機關閉又開啟之次數，並減少壓縮機之運作時間，藉此達成節能的效果。

習題

　1. 試說明無線空調節能系統的控制技術方法與功效？

　2. 試述無線空調節能控制系統之架構？

17 雙迴路需量控制系統及需量預測方法

 ## 17-1 簡介

　　雙迴路需量控制系統用以解決習知需量控制系統導致用電過量或卸載頻繁的問題，係包含：主要預測模組，產生主要預測值；輔助預測模組，產生輔助預測值；至少一個測量單元，產生參考資料，並傳送至主要預測模組及輔助預測模組；控制模組，由控制單元耦合連接主要預測模組、輔助預測模組及數個用電負載，控制單元接收主要預測值及輔助預測值，控制單元藉由比較一警戒值與主要預測值及輔助預測值，控制數個用電負載之用電量。

 ## 17-2 先前技術

　　需量控制係有效的節能方法，當用電量即將超出設定的電量上限時，以手動或自動卸載方式暫停或減少用電裝置，可確保耗費的總電量維持在預設的範圍內。用電規模愈大的設施，如：工廠、商場、學校等，需要更精確的需量預測方法搭配複雜的卸載控制機制。

電力用戶依照自身的用電需求，與電力供應商簽訂契約並訂定一契約容量，由電力供應商連續記錄電力用戶在一計算週期內的平均用電功率係一需量，在電費結算區間的任一計算週期內的需量大於契約容量，則電力供應商可依契約向電力用戶加倍計收超約罰款。

台灣電力公司的計算週期為 15 分鐘，電力用戶為避免支付高額的電價，可通過一需量控制系統切換用電設備的運作狀態，以控制每間隔 15 分鐘的總用電量，達到避免需量超出契約容量的目的。

習知的需量控制方法係決定一低於契約容量的上限值，並通過需量控制系統測量每一分鐘的平均用電功率，一旦超過上限值立即減少用電量，如此，若上限值設定偏低會導致用電設備卸載頻繁，反之，若上限值設定偏高會導致在 15 分鐘內需量超約的風險增加。

 ## 17-3 技術內容

為解決上述問題，本章提供一種雙迴路需量控制系統，依據需量預測結果啟動警報或進行卸載。本章之目的提供一種需量預測方法，可精確預測需量。

據此，本章的雙迴路需量控制系統，係依據主要預測值及輔助預測值，以交叉比對選擇適當的需量預測值，可發出需量超約的預先警告，還可以自動完成用電卸載，具有避免單一需量控制系統因預測誤判導致需量超約或無故卸載的功效。

(1) 至少有一個測量單元取樣用電量、溫度、相對濕度及日期等資訊，並轉換為參考資料。如此，可提供需量預測所需的資訊，係具有提升需量預測精確性的功效。

(2) 控制模組具有一警報單元，當主要預測值或輔助預測值大於警戒值時，啟動警報單元。如此，可警示用電量偏高，係具有提醒用電裝置即將卸載及改善用電計劃的功效。

　　a. 當主要預測值或輔助預測值大於警戒值時，控制單元卸載數個用電負載。如此，可即時自動降低用電量，係具有避免超約罰款的功效。

　　b. 其中，設定一限定差值於控制單元，當主要預測值及輔助預測值之差值大於限定差值，則取主要預測值及輔助預測值之平均值為一預測需量。如此，可平衡兩預測結果之差距，係具有降低預測誤差的功效。

c. 當預測需量大於警戒值時，控制單元卸載數個用電負載。如此，可即時自動降低用電量，係具有避免超約罰款的功效。

(3)　包含一計時單元耦合連接主要預測模組及輔助預測模組。如此，可提供時間資訊，係具有使二預測模組計時同步的功效。

其中，計時單元係具有全球定位系統之計時器。如此，可透過衛星進行時間校正且精確度達一毫秒，係具有以正確計算週期預測需量的功效。

一種需量預測方法用以預測數個用電負載之用電量，包含：每 1 秒鐘取樣一次數個用電負載之用電量；以 15 分鐘為一計算週期，第 n 分鐘之一計算點可得一平均功率 P_n ；計算點於計算週期之用電需量累加預測演算法為：

$$\frac{[(P_1 + P_2 + ... + P_{n-1}) + P_n \times (15 - n + 1)]}{15}$$ ；及第 1 分鐘至第 n 分鐘之平均用電需量算法為：

$$\frac{P_1 + P_2 + ... + P_n}{n}$$ 。

一種需量預測方法，用以預測數個用電負載之用電量，包含：將一過往資料庫資料及一參考資料做正規化、排序及選取出一建模資料；及使用一最小平方支撐向量機，通過建模資料做訓練建模，實現需量預測。

17-4 實施方式

參照圖 17-1 所示，其係本發明雙迴路需量控制系統之一較佳實施例，係包含主要預測模組 1、輔助預測模組 2、測量單元 3、計時單元 4 及控制模組 5，主要預測模組 1 及輔助預測模組 2 分別耦合連接測量單元 3、計時單元 4 及控制模組 5，測量單元 3 及控制模組 5 分別耦合連接數個用電負載 L。

主要預測模組 1 接收至少一參考資料 D，依據參考資料 D 進行演算或分析，產生一主要預測值 V_M，主要預測模組 1 還可輸出一第一變量訊號 $S1$，第一變量訊號 $S1$ 包含主要預測值 V_M。

輔助預測模組 2 接收至少一參考資料 D，依據參考資料 D 進行演算或分析，產生一輔助預測值 V_S，輔助預測模組 2 還可輸出一第二變量訊號 $S2$，第二變量訊號 $S2$ 包含輔助預測值 V_S。

測量單元 3 可取樣環境資訊並轉換為參考資料 D，在本實施例中，測量單元 3 係數位電表，可以取樣數個用電負載 L 之用電量，惟不以此為限，本章還可具有其它測量單元 3 以擷取如：溫度、相對濕度及日期等環境資訊。

計時單元 4 提供時間資訊，較佳為具有全球定位系統(Global Positioning System, GPS)之計時器，可自動進行時間校正且精確度係 1 毫秒，具有精確計算出電力供應商設定之一計算週期。

控制模組 5 由一控制單元 51 接收第一變量訊號 $S1$ 及第二變量訊號 $S2$，再由控制單元 51 依據主要預測值 V_M 及輔助預測值 V_S 啟動控制程序，使一警報單元 52 發出一提醒訊號，或由控制單元 51 控制各用電負載 L 暫停運轉或降低用電量。控制單元 51 為可程式控制器(Programmable Logic Controller, PLC)。

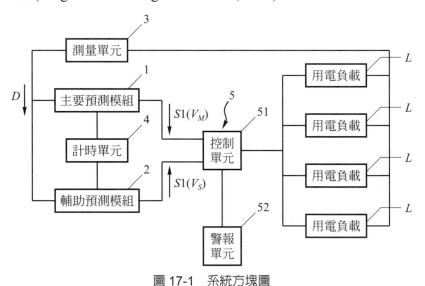

圖 17-1　系統方塊圖

請參照圖 17-2 所示，其係本章雙迴路需量控制系統的工作流程圖，首先設定第一警戒值 $A1$ 及第二警戒值 $A2$ 於控制單元 51，第一警戒值 $A1$ 及第二警戒值 $A2$ 小於一契約容量，契約容量係由電力用戶與電力供應商訂定，且第一警戒值 $A1$ 小於第二警戒值 $A2$。

當數個用電負載 L 運轉時，控制單元 51 同步並持續接收主要預測值 V_M 及輔助預測值 V_S，當主要預測值 V_M 或輔助預測值 V_S 大於第一警戒值 A1 時，續比較主要預測值 V_M 或輔助預測值 V_S 是否大於第二警戒值 A2，若否，則啟動警報單元 52，若是，則判斷主要預測值 V_M 是否大於第二警戒值 A2，若是，則依據主要預測值 V_M 對數個用電負載 L 進行卸載並警報單元 52，若否，則 3 秒後再次判斷主要預測值 V_M 是否大於第二警戒值 A2，若是，則依據主要預測值 V_M 對數個用電負載 L 進行卸載並警報單元 52，若否，則依據輔助預測值 V_S 對數個用電負載 L 進行卸載並警報單元 52。

另外，還可設定一限定差值 W，若主要預測值 V_M 及輔助預測值 V_S 之差值大於限定差值 W，則取主要預測值 V_M 及輔助預測值 V_S 之平均值為一預測需量 V_A，當預測需量 V_A 大於第一警戒值 A1 時，續比較預測需量 V_A 是否大於第二警戒值 A2，若否，則啟動警報單元 52，若是，則依據預測需量 V_A 對數個用電負載 L 進行卸載並警報單元 52。

本章的需量預測方法，係每 1 秒鐘取樣一次數個用電負載 L 之用電量，以 15 分鐘為一計算週期，其中第 n 分鐘之一計算點的前 1 分鐘共 60 個取樣實際值，可得一平均功率 P_n，同理第 n−1 分鐘可得一平均功率 P_{n-1}，則計算點於計算週期 15 分鐘之用電需量累加預測演算法為：

$$\frac{[(P_1 + P_2 + ... + P_{n-1}) + P_n \times (15 - n + 1)]}{15}$$

且第 1 分鐘至第 n 分鐘之平均用電需量算法為：

$$\frac{P_1 + P_2 + ... + P_n}{n}$$

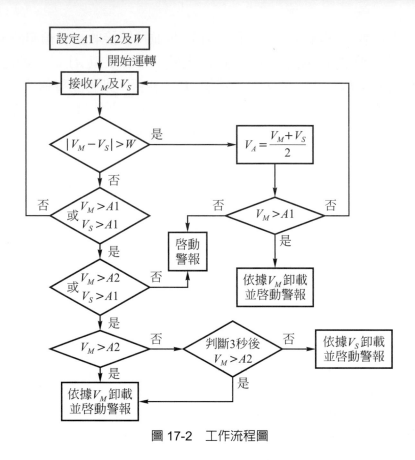

圖 17-2　工作流程圖

　　請參照圖 17-3 和 17-4 所示，其係本章的另一種需量預測方法，將一過往資料庫資料及一參考資料做正規化(Normalization)、排序及選取一建模資料，使用一最小平方支撐向量機(Least Squares Support Vector Machines, LSSVM)的分類及回歸分析能力，通過建模資料做訓練建模，可實現預測負載的功用，過往資料庫資料及參考資料可包含時間、負載、溫度、相對濕度等。其中，資料探勘流程如圖 17-3 所示。

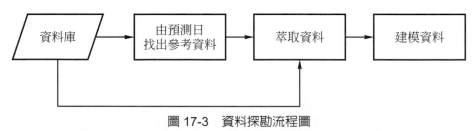

圖 17-3　資料探勘流程圖

萃取資料主要分為三步驟：

步驟一、從過往資料擷取資料庫筆數。(例如：一個月、兩個月……等)

步驟二、將參考資料與資料庫資料做變數值域正規化。

步驟三、由正規化後資料做排序並選取出建模資料。

經資料探勘選取出建模資料後，再由改良型支撐向量機做訓練建模實現預測負載，建模的狀態結構如圖 17-4 所示。輸入層包含時間、負載、溫度、相對濕度，經過隱藏層改良型支撐向量機，至輸出層預測負載。

支撐向量機的主要應用在分類與回歸分析，本章則是應用其支撐向量回歸的能力去模擬出最接近實際的負載曲線。支撐向量機具有非常快速與準確的特性，因此非常適合應用於短期負載預測。本章使用的支撐向量機為近年來所改良的最小平方支撐向量機(LSSVM)，其參數設定比傳統的支撐向量機還少，不需要設定 ε 遲鈍(Insensitivity) 參數，只需要設定調整參數 γ 與 RBF 核心參數 σ。由於支撐向量機在求解二次規劃問題中，變數維度等於訓練資料的筆數，使其中矩陣元素的個數是訓練資料個數的平方。當資料規模達到一定程度時，會使得傳統數學法則難以處理，而最小平方支撐向量機方法通過求解線性方程組實現最終的回歸曲線，在一定程度上降低求解難度，提高了求解速度。

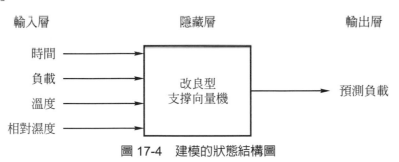

圖 17-4　建模的狀態結構圖

綜上所述，本章的雙迴路需量控制系統係依據主要預測值及輔助預測值，以交叉比對選擇適當的需量預測值，可發出需量超約的預先警告，還可以自動完成用電卸載，具有避免單一需量控制系統因預測誤判導致需量超約或無故卸載的功效。

17-5 結論

　　本章的一種需量預測方法係通過即時用電量的變化趨勢，累加演算預測需量，而另一種需量預測方法係憑藉過往資料庫的資訊量大小，分析求解預測需量，故將即時預測及歷史經驗分析並用，可提升需量預測的精確度。

▶ 習題

　　1. 試描述雙迴路需量控制系統之組成？

　　2. 試說明主要需量預測之方法？

　　3. 試說明輔助需量預測之方法？

參考文獻

[1]   N0.28 產經資訊-再生能源，2005。

[2]   http://e-info.org.tw/2005/03/0315/050315.htm

[3]   洪德深、陳斌魁、楊豐碩等，台灣地區應用分散型電力可行性研究，台灣經濟研究院，第四章第二節，pp. 8-12，2003 年 1 月。

[4]   洪德深、陳斌魁、楊豐碩等，台灣地區應用分散型電力可行性研究，台灣經濟研究院，第三章第四節，pp. 31-33，2003 年 1 月。

[5]   謝智宏，再生能源發電規劃 (一) 風力發電工程規劃，台電工程月刊第 632 期，pp. 25-38，2001 年 4 月。

[6]   朱記民、黃裕煒，太陽能發電技術探討，台電工程月刊第 601 期，pp. 26-34，1998 年 9 月。

[7]   徐谷，台灣地區小水力發電潛能及開發情形探討，台電工程月刊 第 639 期，pp. 1-11，2001 年 11 月。

[8]   鄭耀宗、萬瑞霙，各種燃料電池技術的進展分析，台電工程月刊 第 614 期，pp. 81-90，1998 年 9 月。

[9]   謝智宏，再生能源發電規劃 (四) 地熱資源開發利用，台電工程月刊第 632 期，pp. 67-99，2001 年 4 月。

[10]   http://web.ee.yuntech.edu.tw/energy

[11]   盧展南、劉承宗、王醴、鄧人豪、陳野正仁，國立中山大學電機 工程研究所，風力發電對系統衝擊影響之研究，pp. 30-37，2003 年台灣電力公司研究計畫。

[12]   P. Barker, W. de M. Robert, "Determining the Impact of Distributed Generation on Power Systems. I. Radial distribution systems", IEEE Power Engineering Society Summer Meeting, vol. 3, pp.: 1645 –1656, 2000.

[13] M. Begovic, A. Pregelj, A. Rohatgi, and D. Novosel, "Impact of Renewable Distributed Generation on Power Systems", Proceedings of the 34th Annual Hawaii International Conference, pp. 654 –6, Jan 2001.

[14] IEEE Std 1547-2003 IEEE Standard for Interconnecting Distributed Resources with Electric Power Systems

[15] 太陽能學刊第二卷第一期，1997 年 4 月，41 頁。

[16] D. E. Carlson, "Resent Advances in Photovoltaics, "Proceedings of the International Society Engineering Conference on Energy Conversion, 1995.

[17] 阮憲熙，"具有換流器故障偵測之太陽能發電系統"，國立台灣科技大學碩士論文，2000 年。

[18] 江律穎，"單向三線式光伏能量轉換系統之研究"，國立成功大學碩士論文，1999 年。

[19] 劉文漢，"中壢地區全天候即時太陽光電能發電之監測分析"，中原大學碩士論文，2002 年。

[20] 莊嘉琛，"太陽能工程-太陽電池篇"，全華圖書，1997 年 8 月。

[21] 吳財福，張健軒，陳裕愷，"太陽能供電與照明系統綜論(第二版)"，全華圖書，2007 年。

[22] P. Dobrorolny, J. Woods, and P. D. Ziogas, "A Phase-locked-loop Synchronization Scheme for Parallel Operation of Modular Power Supplies , "Proceedings of the IEEE Power Electronics Specialists Conference, pp.861-869, 1989.

[23] J. F. Chen, C. L. Chu, and O. L. Huang, "The Parallel Operation of Two UPS by the Coupled-Inductor Method," Proceedings of the IECON'92, pp. 733-736.

[24] 黃崇傑，"太陽電池的製作技術"，太陽光電發電系統技術研討會，2002 年。

[25] T. Markvart, "Solar Electricity," John Willy & Sons, 1995.

[26] F. Nakanishi, T. Ikegami, K. Ebihara, S. Kuriyama, Y. Shiota, "Modeling and Operation of a 10kW Photovoltaic Power GeneratorUsing Equivalent Electric Circuit Method," Photovoltaic Specialists Conference, pp.1703-1706, 2000.

[27] https://km.twenergy.org.tw

[28] 氣象局，http://www.cwb.gov.tw/。

[29] 賴耿陽，小型風車設計及製造，復漢出版社有限公司，2001 年。

[30] 再生能源‧風力發電，http://wind,erl,itri.org.tw/。

[31] 黃恒倫，"風力發電之網路連接動態模擬"，國立中山大學電機工程學研究所碩士論文，2004 年 6 月。

[32] S. Muller et al, "Adjustable Speed Generators for Wind Turbines bases on Doubly-fed Induction Machines and 4-Quadrant IGBT Converters Linked to the Rotor," Proceedings of IEEE Industry Applications Conference, vol. 4, pp. 2249-2254, Oct. 2000.

[33] J. Usaola, P. Ledesma, "Dynamic incidence of wind turbines in networks with high wind penetration," Proceedings of Power Engineering Society Summer Meeting, vol. 2, pp.15-19, July 2001.

[34] R. C. Dugan, Distributed Generation and Power Quality, McGraw-Hill Book Co. New York, 1996.

[35] 王永川，"天文年鑑"，台北市立天文教育館，2007 年。

[36] 王炳忠，"太陽能輻射的測量與標準"，科學出版社，1988 年。

[37] 卜毅，"建築日照設計"，科技圖書股份有限公司，1994 年。

[38] 高筱爵、張義鋒譯，"太陽能之應用"，徐氏基金會出版，1980 年。

[39] 黃文雄，"太陽能之應用及理論"，協志工業叢書，1978 年。

[40] Lalit Kumar, Andrew K. Skidmore and Edmund Knowles, "Modelling Topographic Variation in Solar Radiation in a GIS Environment," Int. J. Geographical Information Science, vol. 11, no. 5, pp.475-497, 1997.

[41] J. G. Slootweg, S.W. H. de Hann, H. Polinder, and W. L. Kling, "General Model for Representing Variable Speed Wind Turbines in Power System Dynamics Simulations," IEEE Trans. Power Systems, vol. 18, no. 1, pp. 144-151, Feb. 2003.

[42] "SimPowerSystems for Use with Simulink," MATLAB, 2006.08.

[43] A. Grauers, "Efficiency of three wind energy generator systems," IEEE Trans. Energy Conversion, vol. 11, no. 3, pp. 650-657, 1996.

[44] 王漢威，"應用智慧型轉速與旋角控制器於離岸式風力發電系統"，國立中山大學電機工程學研究所碩士學位論文，2014 年 7 月。

[45] 張智凱，"應用智慧型最大功率追蹤控制於再生能源發電系統"，國立中山大學電機工程研究所碩士論文，2012 年 6 月。

[46] B. K. Bose, P. M. Szczesny, and R. L. Steigerwald, "Microcomputer control of A Residential Photovoltaic Power Condition System ," IEEE Transactions on Industry Application, vol. 1A-21, no. 5, 1985,

[47] A.D. Hansen, P. Srensen, L. H. Hansen, and H. Bindner, "Models for Stand-Alone PV System," Riso National Laboratory, 2001.

[48] 林群峰，"以分散式太陽能發電系統為主之微電網"， 國立台灣科技大學電機工程學研究所碩士論文，2007 年。

[49] H. Kobayashi, K. Takigawa, E. Hadhimoto, and A. Kitamura, "Problems and Conutermeasures on Safety of Utility Grid with a Number of Small-Scale PV system, " Proceeding of IEEE Photovoltaic Specialists Conference, pp. 850-855, 1990.

[50] F. Antunes and A. M. Torres, "A three-phase grid-connected PV system," Industrial Electronics Society, 2000. IECON 2000. 26th Annual Conference of the IEEE, vol. 1, pp. 723-728, 2000.

[51] K. H. Koh, H. W. Lee, K. Y. Suh, K. Takashi, K. Taniguchi, "The Power Factor Control System of Photovoltaic Power Generation System, " IEEE Power Conversion Conference, vol. 2, pp. 643-646, Feb. 1998.

[52] 李政勳，"小型太陽光能能量轉換系統之研製"，國立中山大學電機工程學研究所碩士論文，2001 年。

[53] 包濬瑋，"太陽光發電系統運轉性能評估"，中原大學碩士論文，2002 年。

[54] K. H. Hussein, I. Muta, T. Hoshino, and M. Osakada, "Maximum Photovoltaic Power Tracking: an Algorimthon for Rapidly Changing Atmospheric Conditions," IEEE proc. Gener. Transm. Distrib, vol. 142, no. 1, pp. 59-64, Jan. 1995.

[55] P. Kundur, Power System Stability and Control, McGraw-Hill, 1994.

[56] S. R. Bull, "Renewable Energy Today and Tomorrow," Proceedings of the IEEE, vol. 89, no. 8, pp. 1216-1226, 2001.

[57] 李春林，歐庭嘉，李昭德，"直流電力系統混合再生能源於智慧型家電之應用"，行政院原子委員會核能研究所，2008 年電力工程研討會。

[58] 曾若玄，"海洋波浪能源的利用"，海洋資源專輯 0286 期，1993 年。

[59] 林宇銜、方銘川，"台灣波浪能發電場址之選定與評估"，能源報導， pp. 34-36，2010 年。

[60] S. McArthur, T. K. A. Brekken, "Ocean Wave Power Data Generation for Grid Integration Studies," IEEE Power and Energy Society General Meeting , Page(s): 1-6, 2010.

[61] I. S. E. Toshifumi, "Advantages and Circuit Configuration of a DC Microgrid", Montreal 2006 – Symposium on Microgrids, 2006

[62] C. L. Fred, B. Dushan, "Center for Power Electronics Systems (CPES) Ninth Annual Report Volume I", March 2007。

[63] 洪志明，"智慧型無轉速感測器之風力發電系統最大功率追蹤控制"，國立中山大學電機工程學研究所博士學位論文，2011 年 8 月。

[64] 張簡南益，"以智慧型控制理論爲基礎之太陽能與柴油-風力複合發電功率控制系統之研製"，國立中山大學電機工程學研究所碩士學位論文，2010 年 6 月。

[65] W. Caisheng, and M. H. Nehrir, "Power Management of a Stand-Alone Wind/Photovoltaic/Fuel Cell Energy System," IEEE Trans. on Energy Conversion, vol. 23, pp. 957-967, Sept. 2008.

[66] 黃品動，"應用模糊控制理論於太陽能儲能充電系統之研製"，國立中山大學電機工程學研究所碩士學位論文，2005 年 7 月。

[67] 游孟霖，"雙饋式與單饋式風力發電機之特性模擬分析比較"，國立中山大學電機工程學研究所碩士學位論文，2005 年 7 月。

[68] 賴忠進，"應用人工智慧於太陽能追日系統之研製"，國立中山大學電機工程學研究所碩士學位論文，民國 2008 年 6 月。

[69] 盧彥良，"應用徑向基底類神經網路於風力發電系統之最大功率控制"，國立中山大學電機工程學研究所碩士學位論文，民國 2008 年 1 月。

[70] 財團法人台灣經濟研究院，台灣燃料電池資訊網。

[71] 陳彥豪、陳士麟等，"微型電網技術發展現況與策略建議"，電力電子雙月刊，Vol. 7, No. 6, pp.48-67, 2009 年。

[72] 台灣智慧型電網產業協會，http://www.smart-grid.org.tw/。

[73] http://www.digitimes.com.tw/tw/B2B/Seminar/

[74] http://ez2.gc-solar.com

[75] 配電自動化和通訊技術在智慧型電網之應用，台電報告書， 2008 年。

[76] 陳彥豪，"推動智慧電網建置與產業"，台灣智慧型電網產業協會，2011 年。

[77] http://www1.eere.energy.gov/geothermal/

[78] K. H. Lu, C. M. Hong, and Q. Q. Xu, "Recurrent Wavelet-based Elman Neural Network Control for Integrated Offshore Wind and Wave Power Generation Systems," Energy, vol. 170, pp. 40-52, 2019.

[79] T. C. Ou, and C. M. Hong, "Dynamic Operation and Control of Mircrogrid Hybrid Power Systems," Energy, vol. 66, pp. 314-323, 2014.

[80] W. M. Lin, C. M. Hong, C. H. Huang, and T. C. Ou, "Hybrid Control of a Wind Induction Generator Based on Grey-Elman Neural Network," IEEE Trans. Control Systems Technology, vol. 21, no. 6, pp. 2367-2373, 2013.

[81] C. M. Hong, T. C. Ou, and K. H. Lu, "Development of Intelligent MPPT Control for a Grid-Connected Hybrid Power Generation System," Energy, vol. 50, pp. 270-279, 2013.

[82] W. M. Lin, C. M. Hong, "A New Elman Neural Network-Based Control Algorithm for Adjustable-Pitch Variable Speed Wind Energy Conversion Systems," IEEE Trans. Power Electronics, vol. 26, no. 2, pp. 473-481, 2011.

[83] W. M. Lin, C. M. Hong, and C. H. Chen, "Neural-Network-Based MPPT Control of a Stand-Alone Hybrid Power Generation System," IEEE Trans. Power Electronics, vol. 26, no. 12, pp. 3571-3581, 2011.

[84] 林惠民、洪志明等，利用智慧型最大功率追蹤器之永磁同步風力發電系統，中華民國發明專利，發明第 I418119 號，2013 年 12 月。

[85] 林惠民、洪志明等，具有旋角控制之風力發電系統及其方法，中華民國發明專利，發明第 I481780 號，2015 年 4 月。

[86] 林惠民、張智凱、洪志明等，具有功率追蹤器之太陽能發電系統，中華民國發明專利，發明第 I481989 號，2015 年 4 月。

[87] 林惠民、洪志明等，具有功率追蹤器之燃料電池系統，中華民國發明專利，發明第 I590573 號，2017 年 7 月。

[88] 林惠民、洪志明等，雙迴路需量控制系統，中華民國發明專利，發明第 I659384 號，2019 年 05 月。

[89] GWEC, Global Wind Report Annual Market Update 2019.

[90] 台電網站：資訊揭露-發電資訊-再生能源發電概況-再生能源發電簡介

[91] 周鵬程，"類神經網路入門"，全華科技圖書股份有限公司，民國 95 年 1 月

[92] 葉瑞仁，"靜態虛功補償器之研究"，國立台灣大學電機工程學研究所碩士學位論文，民國八十五年六月。

[93] 張添嘉，"裝設靜態虛功補償器之汽電共生廠的穩定度分析"，國立中山大學電機研究所碩士學位論文，民國八十三年。

[94] 葉怡成，「類神經網路模式應用與實作」，儒林圖書有限公司，2004 年 9 月。

[95] 張斐章、張麗秋、黃浩倫，「類神經網路-理論與實務」，東華書局，2004 年 3 月。

[96] 風力發電 4 年推動計畫，經濟部能源局網站，民國 106 年 8 月。

[97] 智慧電網總體規劃方案，經濟部能源局網站，民國 106 年 2 月。

[98] 107 年全國電力資源供需報告，經濟部能源局網站，民國 107 年。

[99] 經濟部推動綠色貿易專案辦公室，臺灣太陽光電產業趨勢和市場現況，2018 年 5 月。

[100] 經濟部推動綠色貿易專案辦公室，我國風力發電產業發展現況與未來展望，2018 年 3 月。

[101] 能源政策專案報告，立法院第 9 屆第 5 會期，民國 107 年 5 月。

[102] 黃振東、徐振庭，熱電材料，科學發展 486 期，2013 年 6 月。

[103] T. C. Ou, C. C. Kao, G. Y. Chen, and Y. C. Kao, "基於 ZigBee 與 MDMS 的智慧型電能管理系統" 台電工程月刊, vol. 817, pp 57-69, Nov., 2016.

[104] L. Li, Z. Yuan, and Y. Gao, Maximization of energy absorption for a wave energy converter using the deep machine learning. Energy, vol. 165, pp.340-349, 2018.

[105] H. Norouzi, and A. M. Sharaf, "Two Control Schemes to Enhance the Dynamic Performance of the STATCOM and SSSC," IEEE Transactions on Power Delivery, Vol. 23, No. 1, pp. 435-442, Jan. 2005.

[106] R. K. Varma, and S. Auddy, "Mitigation of Subsynchronous Oscillations in a Series Compensated Wind Farm with Static Var Compensator," IEEE Power Engineering Society General Meeting, pp. 221-229, Jun. 2006.

[107] A. Jain, K. Joshi, A. Behal, and N. Mohan, "Voltage Regulation with STATCOMs：Modeling, Control and Results," IEEE Trans. on Power Delivery, Vol. 21, No. 2, pp. 726-735, Apr. 2006.

[108] 吳鴻辰，”應用改良型蜂群演算法於微電網最佳化電力調度及冷熱電聯產評估”，國立中山大學電機工程學系研究所碩士學位論文，2015 年 7 月。

[109] 呂凱弘，” 應用智慧型控制之彈性交流輸電裝置於大型再生能源併網電力系統之暫態穩定度研究”， 國立中山大學電機工程學系研究所博士學位論文，2015 年 7 月。

[110] 李承翰，”應用於微電網之分散式能源管理智慧型控制策略”，國立中山大學電機工程學系研究所碩士學位論文，2015 年 7 月。

※ (請由此線剪下)

歡迎加入 全華會員

● **會員獨享**

會員享購書折扣、紅利積點、生日禮金、不定期優惠活動…等。

● **如何加入會員**

填妥讀者回函卡直接傳真 (02) 2262-0900 或寄回，將由專人協助登入會員資料，待收到
E-MAIL 通知後即可成為會員。

如何購買 全華書籍

1. **網路購書**

全華網路書店「http://www.opentech.com.tw」，加入會員購書更便利，並享有紅利積點
回饋等各式優惠。

2. **全華門市、全省書局**

歡迎至全華門市（新北市土城區忠義路 21 號）或全省各大書局、連鎖書店選購。

3. **來電訂購**

(1) 訂購專線：(02) 2262-5666 轉 321-324
(2) 傳真專線：(02) 6637-3696
(3) 郵局劃撥（帳號：0100836-1 戶名：全華圖書股份有限公司）
※ 購書未滿一千元者，酌收運費 70 元。

OpenTech.com.tw 全華網路書店

全華網路書店 www.opentech.com.tw
E-mail: service@chwa.com.tw

※ 本會員制如有變更則以最新修訂制度為準，造成不便請見諒。

讀者回函卡

（請由此線剪下）

填寫日期： ／ ／

姓名： 生日：西元 年 月 日 性別：□男 □女

電話：（ ） 傳真：（ ） 手機：

e-mail： （必填）

註：數字零，請用 Φ 表示，數字 1 與英文 L 請另註明並書寫端正，謝謝。

通訊處：□□□□□

學歷：□博士 □碩士 □大學 □專科 □高中‧職

職業：□工程師 □教師 □學生 □軍‧公 □其他

學校／公司： 科系／部門：

‧需求書類：

□ A. 電子 □ B. 電機 □ C. 計算機工程 □ D. 資訊 □ E. 機械 □ F. 汽車 □ I. 工管 □ J. 土木

□ K. 化工 □ L. 設計 □ M. 商管 □ N. 日文 □ O. 美容 □ P. 休閒 □ Q. 餐飲 □ B. 其他

‧本次購買圖書為： 書號：

‧您對本書的評價：

封面設計：□非常滿意 □滿意 □尚可 □需改善，請說明

內容表達：□非常滿意 □滿意 □尚可 □需改善，請說明

版面編排：□非常滿意 □滿意 □尚可 □需改善，請說明

印刷品質：□非常滿意 □滿意 □尚可 □需改善，請說明

書籍定價：□非常滿意 □滿意 □尚可 □需改善，請說明

整體評價：請說明

‧您在何處購買本書？

□書局 □網路書店 □書展 □團購 □其他

‧您購買本書的原因？（可複選）

□個人需要 □幫公司採購 □親友推薦 □老師指定之課本 □其他

‧您希望全華以何種方式提供出版訊息及特惠活動？

□電子報 □ DM □廣告 （媒體名稱 ）

‧您是否上過全華網路書店？（www.opentech.com.tw）

□是 □否 您的建議

‧您希望全華出版那方面書籍？

‧您希望全華加強那些服務？

～感謝您提供寶貴意見，全華將秉持服務的熱忱，出版更多好書，以饗讀者。

全華網路書店 http://www.opentech.com.tw 客服信箱 service@chwa.com.tw

2011.03 修訂

勘 誤 表

親愛的讀者：

感謝您對全華圖書的支持與愛護，雖然我們很慎重的處理每一本書，但恐仍有疏漏之處，若您發現本書有任何錯誤，請填寫於勘誤表內寄回，我們將於再版時修正，您的批評與指教是我們進步的原動力，謝謝！

全華圖書 敬上

書號		書 名	作 者
頁 數	行 數	錯誤或不當之詞句	建議修改之詞句

我有話要說： （其它之批評與建議，如封面、編排、內容、印刷品質等‧‧‧）